科技部科技基础性工作专项资助
项目名称：青藏高原低涡、切变线年鉴的研编
项目编号：2006FY220300
中国气象局成都高原气象研究所基本科研业务费专项资助
项目名称：高原低涡切变线年鉴2020
项目编号：BROP202104

青藏高原低涡切变线年鉴 2020

中国气象局成都高原气象研究所
中国气象学会高原气象学委员会 编著

主　编：彭　广
副主编：李跃清　郁淑华
编　委：彭　骏　徐会明　肖递祥　向朔育

科学出版社
北京

内 容 简 介

青藏高原低涡、切变线是影响我国灾害性天气的重要天气系统。本书根据对2020年高原低涡、切变线的系统分析，得出该年高原低涡、切变线的编号，名称，日期对照表，概况，影响简表，影响地区分布表，中心位置资料表及活动路径图，高原低涡、切变线移出高原的影响系统；计算得出该年影响降水的各次高原低涡、切变线过程的总降水量图、总降水日数图。

本书可供气象、水文、水利、农业、林业、环保、航空、军事、地质、国土、民政、高原山地等方面的科技人员参考，也可作为相关专业教师、研究生、本科生的基本资料。

审图号：GS（2022）1772号

图书在版编目(CIP)数据

青藏高原低涡切变线年鉴. 2020 / 中国气象局成都高原气象研究所，中国气象学会高原气象学委员会编著；彭广主编. — 北京：科学出版社，2022.4

ISBN 978-7-03-072073-3

I. ①青… II. ①中… ②中… ③彭… III. ①青藏高原－灾害性天气－天气分析－2020－年鉴 IV. ①P44-54

中国版本图书馆CIP数据核字(2022)第059017号

责任编辑：罗 吉 沈 旭 洪 弘 / 责任校对：杨聪敏
责任印制：师艳茹 / 封面设计：许 瑞

科学出版社 出版
北京东黄城根北街16号
邮政编码：100717
http://www.sciencep.com

北京盛通印刷股份有限公司 印刷

科学出版社发行 各地新华书店经销

*

2022年4月第 一 版 开本：A4 (880 × 1230)
2022年4月第一次印刷 印张：20 1/2
字数：482 000

定价：598.00元

（如有印装质量问题，我社负责调换）

前　言

高原低涡、切变线是青藏高原上生成的特有的天气系统，其发生、发展和移动的过程中，常常伴随有暴雨、洪涝等气象灾害。我国夏季多发暴雨洪涝、泥石流滑坡灾害，在很大程度上与高原低涡、切变线东移出青藏高原密切相关。高原低涡、切变线的活动不仅影响青藏高原地区，而且还东移影响我国青藏高原以东广大地区。高原低涡、切变线是影响我国的主要灾害性天气系统之一。

中华人民共和国成立以来，随着青藏高原观测站网的建立、卫星资料的应用，以及我国第一、第二、第三次青藏高原大气科学试验的开展，关于高原低涡、切变线的科研工作也取得了一定的成绩，使我国高原低涡、切变线的科学研究、业务预报水平不断提高，为防灾减灾、公共安全做出了很大的贡献。

为了进一步适应农业、工业、国防和科学技术现代化的需要，满足广大气象台（站）及科研、教学、国防、经济建设等部门的要求，更好地掌握高原低涡、切变线的活动规律，系统地认识高原低涡、切变线发生、发展的基本特征，提高科学研究水平和预报技术能力，做好主要气象灾害的防御工作，在国家科技部的支持下，由中国气象局成都高原气象研究所负责，四川省气象台参加，组织人员，开展了青藏高原低涡、切变线年鉴的研编工作。

经过项目组的共同努力，以及有关省、自治区、直辖市气象局的大力协助，高原低涡、切变线年鉴顺利完成。并且，它的整编出版，将为我国青藏高原低涡、切变线研究和应用提供基础性保障，推动我国灾害性天气研究与业务的深入发展，发挥对国家经济繁荣、社会进步、公共安全的气象支撑作用。

本年鉴由中国气象局成都高原气象研究所、中国气象学会高原气象学委员会完成。

本册《青藏高原低涡、切变线年鉴（2020）》的内容主要包括高原低涡、切变线概况、路径、东移出青藏高原的影响系统以及高原低涡、切变线引起的降水等资料图表。

Foreword

The Tibetan Plateau Vortex (TPV) and Shear Line (SL) are unique weather systems generated over the Qinghai-Xizang Plateau. The rain storms, floods and other meteorological disasters usually occur during the generation, development and movement of the TPV. In China, the regular happening mud-rock flow and land-slip disaster in summer has close relationship with the TPV which moved out of the Plateau. The movements of the TPV and SL not only influence the Qinghai-Xizang Plateau region, but also influence the east vast region of the Plateau. The TPV and SL are two of the most disastrous weather systems that influence China.

After the foundation of P. R. China, the researches on TPV and SL and the operational prediction works have gotten obvious achievements along with the establishment of the observatory station net, the applying of the satellite data, and the development of the first, the second and the third Tibetan Plateau experiment of atmospheric sciences. All these have great contributions to preventing and reducing the happening of the weather disaster and the public safety.

In order to satisfy the modernization demands of the agriculture, industry, national defence and scientific technology, and to meet the requirements of the vast meteorological stations, colleges, national defence administrations and economic bureaus, the Chengdu Institute of Plateau Meteorology did the researches on the yearbook of vortex and shear over Qinghai-Xizang Plateau under the support from the Ministry of Science and Technology of P. R. China. Also, this task is achieved with the helps from the researchers in Sichuan Provincial Meteorology Station. This task improves the understanding of the characteristics of the moving TPV and SL, get thorough recognition of the generation and development of TPV and SL, and improve abilities of the research works and operational predictions to prevent the meteorological disasters.

With the research group's efforts and the great support from related meteorological bureaus of provinces, autonomous regions and cities, the *TPV and SL yearbook* completed successfully. The yearbook offers a basic summary to TPV and SL research works, improves the catastrophic weather research and operational prediction. Also, it is useful to the economy glory, advance of society and public safety.

The *TPV and SL Yearbook 2020* is accomplished by Institute of Plateau Meteorology, CMA, Chengdu and Plateau Meteorology Committee of Chinese Meteorological Society.

The *TPV and SL Yearbook 2020* is mainly composed of figures and charts of survey, tracks, weather systems that move out of the plateau vortex and influenced rainfall of TPV and SL.

说　明

本年鉴主要整编青藏高原上生成的低涡、切变线的位置、路径及青藏高原低涡、切变线引起的降水量、降水日数等基本资料。分为两大部分，即高原低涡和高原切变线。

高原低涡指500hPa等压面上反映的生成于青藏高原，有闭合等高线的低压或有三个站风向呈气旋式环流的低涡，水平尺度约为400～500km。

对高原西部半边涡认定为高原低涡的原则是：半边涡伴有明显云涡，或下一时刻低涡环流明显。对高原切变线上低涡认定为高原低涡的原则是：低涡在切变线上移动。

高原切变线指500hPa等压面上反映在青藏高原上，温度梯度小、三站风向对吹的辐合线或二站风向对吹的辐合线长度大于5个经（纬）距。

对吹风的认定原则是与纬线夹角大于30°的一对辐合风，或一对夹角大于60°的辐合风。对高原切变线上低涡认定为高原切变线过程的原则是：切变线移动时低涡在切变线上的相对位置不变。

冬半年指1～4月和11～12月，夏半年指5~10月。

本年鉴所用时间一律为北京时间。

高原低涡

●高原低涡概况

高原低涡移出高原是指低涡中心移出海拔≥3000m的青藏高原区域。

高原低涡编号是以字母“C”开头，按年份的后两位数与当年低涡顺序两位数组成。

高原低涡移出几率指某月移出高原的高原低涡个数与该年高原低涡个数之比。

高原低涡月移出率指某月移出高原的高原低涡个数与该年移出高原的高原低涡个数之比。

高原东（西）部低涡移出几率指某月移出高原的高原东（西）部低涡个数与该年高原东（西）部低涡个数之比。

高原东（西）部低涡月移出率指某月移出高原的高原东（西）部低涡个数与该年移出高原的高原东（西）部低涡个数之比。

高原东、西部低涡指低涡中心位置分别在≥92.5°E、＜92.5°E。

高原低涡中心位势高度最小值频率分布指按各时次低涡500hPa等压面上位势高度（单位为位势什米）最小值统计的频率分布。

●高原低涡编号、名称、日期对照表

高原低涡出现日期以“月.日”表示。

●高原低涡路径图

高原低涡出现日期以“月.日”表示。

●高原低涡中心位置资料表

“中心强度”指在500hPa等压面上低涡中心位势高度，单位为位势什米。

●高原低涡纪要表

“生成点”指高原低涡活动路径的起始点，由于资料所限，故此点不一定是真正的源地。

高原低涡活动的生成点、移出高原的地点，一般精确到县、市、区。

“转向”指路径总的趋向由偏东方向移动转为偏西方向移动。

“内折向”指高原低涡在青藏高原区域内转为相反方向；“外折向”指高原低涡在青藏高原区域以东转为相反方向。

● 高原低涡降水

高原低涡和其他天气系统共同造成的降水，仍列入整编。

“总降水量图”指一次高原低涡活动过程中在我国引起的降水总量分布图。一般按0.1mm、10mm、25mm、50mm、100mm等级，以色标示出，绘出降水区外廓线，一般标注其最大的总降水量数值。“总降水量图”中高原低涡出现日期以“月.日”表示。

“总降水日数图”指一次高原低涡活动过程中在我国引起的降水总量≥0.1mm的降水日数区域分布图。

高 原 切 变 线

● 高原切变线概况

高原切变线移出高原是指切变线中点移出海拔≥3000m的青藏高原区域。

高原切变线编号是以字母“S”开头，按年份的后两位数与当年切变线顺序两位数组成。

高原切变线移出几率指某月移出高原的高原切变线个数与该年高原切变线个数之比。

高原切变线月移出率指某月移出高原的高原切变线个数与该年移出高原的高原切变线个数之比。

高原东（西）部切变线移出几率指某月移出高原的高原东（西）部切变线个数与该年高原东（西）部切变线个数之比。

高原东（西）部切变线月移出率指某月移出高原的高原东（西）部切变线个数与该年移出高原的高原东（西）部切变线个数之比。

高原东、西部切变线指切变线中点位置分别在≥92.5°E、<92.5°E。

高原切变线两侧最大风速频率分布指按各时次分别在切变线附近的南、北侧最大风速统计的频率分布。

● 高原切变线编号、名称、日期对照表

高原切变线出现日期以“月.日”表示。

● 高原切变线路径图

高原切变线出现日期以“月.日”表示。

● 高原切变线位置资料表

高原切变线位置一般以起点、中点、终点的经/纬度位置表示。

“拐点”指高原切变线上东、西或北、南二段的切线的夹角≥30°的切变线上弯曲点。

● 高原切变线纪要表

“生成位置”指高原切变线活动路径的起始位置，由于资料所限，故此位置不一定是真正的源地。

高原切变线活动的生成位置、移出高原的位置，一般精确到县、市、区。

“移向”指高原切变线中点连线的趋向。“多次折向”指路径出现两次以上由偏东方向移动转为偏西方向移动。

“内向反”指高原切变线在青藏高原区域内由偏东方向移动转为偏西方向移动。

“外向反”指高原切变线在青藏高原区域以东由偏东方向移动转为偏西方向移动。

● 高原切变线降水

高原切变线和其他天气系统共同造成的降水，仍列入整编。

“总降水量图”指一次高原切变线过程中在我国引起的降水总量分布图。一般按0.1mm、10mm、25mm、50mm、100mm等级，以色标示出，绘出降水区外廓线，一般标注其最大的总降水量数值。

“总降水量图”中高原切变线出现日期以“月.日^{时}”表示。

“总降水日数图”指一次高原切变线过程中在我国引起的降水总量≥0.1mm的降水日数区域分布图。

目 录
Contents

目 录

Contents

目 录
Contents

目 录
Contents

第二部分 高原切变线

目 录
Contents

目 录
Contents

第一部分
高原低涡
Tibetan Plateau Vortex

2020年
高原低涡概况

2020年发生在青藏高原上的低涡共有53个，其中在青藏高原东部生成的低涡共有39个，在青藏高原西部生成的低涡共有14个（表1~表3）。

2020年初生成高原低涡出现在1月上旬，最后一个高原低涡生成在9月下旬（表1）。从月际分布看，主要集中在4～7月，约占72%（表1）。移出高原的高原低涡在4～7月均有出现，约占71%（表4）。本年度高原低涡生成在1～9月，且各月生成高原低涡的个数差异大，具体见表1。

2020年青藏高原低涡源地大多数在青藏高原东部。移出高原的青藏高原低涡共有7个，其中5个高原低涡生成于青藏高原东部（表4～表6）。移出高原的地点主要集中在甘肃和四川，均为2个，其余在宁夏、陕西、新疆各1个（表7）。

2020年高原低涡中心位势高度最小值以572～587位势什米的频率最多，约占83%（表8）。夏半年，高原低涡中心位势高度最小值以576～587位势什米的频率最多，约占90%（表9）。冬半年，高原低涡中心位势高度最小值在572～579位势什米的频率最多，约占57%（表10）。

全年除影响青藏高原外对我国其余地区有影响的高原低涡共有20个。其中6个高原低涡造成过程降水量在50mm以上，造成过程降水量在100mm以上的高原低涡有2个，它们是C2028和C2038，分别在安徽马鞍山和四川苍溪造成过程降水量为137.1mm和122.9mm，降水日数均为1天。2020年对我国降水影响较大的高原低涡主要是C2028和C2038低涡，其中C2028高原低涡引起的降水是影响我国省份最多、大暴雨量级降水站点数量最多的一次过程。6月4日08时在高原东部色达生成的C2028高原低涡，中心位势高度为579位势什米，低涡形成后东北行移出高原，中心强度维持；20时，低涡移入陕西，中心位势高度为579位势什米。之后低涡向东南移，5日08时，低涡移入湖北，中心强度为579位势什米；之后低涡继续向东移，20时，低涡移至江苏，中心位势高度增强为577位势什米，之后减弱消失。受其影响，湖南、江西、安徽、江苏、上海和浙江等部分地区有大到暴雨，局部地区出现大暴雨天气，降水日数为1天；青海和川西高原部分地区出现中到大雨，降水日数为1天；西藏、甘肃、四川、湖北和河南等部分地区有小雨，局部地区为小到中雨，降水日数为1天。7月10日08时生成在高原东部色达的C2038高原低涡是2020年对我国西部地区降水影响最大的高原低涡。低涡形成初期中心位势高度为578位势什米，高原低涡形成后向东北移；10日20时，低涡移入甘肃，中心强度维持在578位势什米，之后减弱消失。受其影响，青海、甘肃、陕西和四川部分地区出现大到暴雨，局部地区出现大暴雨，降水日数为1天；西藏、宁夏和重庆部分地区有小到中雨，降水日数为1天。

7月3日20时生成在高原中部索县的C2036高原低涡是2020年造成青藏高原降水范围最大的高原低涡。低涡形成初期中心位势高度为584位势什米，高原低涡形成后向东移。4日08时，低涡移入青海，中心强度维持在584位势什米，之后继续向东移；4日20时，低涡移入川西高原，中心强度为583位势什米，之后减弱消失。受其影响，西藏南、中、东南、东部，青海西、南部和川西高原中、北部普降小到中雨，降水日数为1～2天。其中，西藏、青海部分地区出现大雨，降水日数为1～2天。

表1 高原低涡出现次数

年＼月	1	2	3	4	5	6	7	8	9	10	11	12	合计
2020	3	4	1	9	9	9	11	5	2	0	0	0	53
几率 / %	5.66	7.55	1.89	16.98	16.98	16.98	20.75	9.43	3.77	0.00	0.00	0.00	99.99

表2 高原东部低涡出现次数

年＼月	1	2	3	4	5	6	7	8	9	10	11	12	合计
2020	3	4	0	6	3	9	9	3	2	0	0	0	39
几率 / %	7.69	10.26	0.00	15.38	7.69	23.08	23.08	7.69	5.13	0.00	0.00	0.00	100

表3 高原西部低涡出现次数

年＼月	1	2	3	4	5	6	7	8	9	10	11	12	合计
2020	0	0	1	3	6	0	2	2	0	0	0	0	14
几率 / %	0.00	0.00	7.14	21.42	42.86	0.00	14.29	14.29	0.00	0.00	0.00	0.00	100

表4　高原低涡移出高原次数

年＼月	1	2	3	4	5	6	7	8	9	10	11	12	合计
2020	1	0	0	2	1	1	1	0	1	0	0	0	7
移出几率 / %	1.89	0.00	0.00	3.77	1.89	1.89	1.89	0.00	1.89	0.00	0.00	0.00	13.22
月移出率 / %	14.28	0.00	0.00	28.57	14.28	14.29	14.29	0.00	14.29	0.00	0.00	0.00	100

表5　高原东部低涡移出高原次数

年＼月	1	2	3	4	5	6	7	8	9	10	11	12	合计
2020	1	0	0	1	0	1	1	0	1	0	0	0	5
移出几率 / %	2.56	0.00	0.00	2.56	0.00	2.56	2.56	0.00	2.56	0.00	0.00	0.00	12.80
月移出率 / %	20.00	0.00	0.00	20.00	0.00	20.00	20.00	0.00	20.00	0.00	0.00	0.00	100

表6　高原西部低涡移出高原次数

年＼月	1	2	3	4	5	6	7	8	9	10	11	12	合计
2020	0	0	0	1	1	0	0	0	0	0	0	0	2
移出几率 / %	0.00	0.00	0.00	7.14	7.14	0.00	0.00	0.00	0.00	0.00	0.00	0.00	14.28
月移出率 / %	0.00	0.00	0.00	50.00	50.00	0.00	0.00	0.00	0.00	0.00	0.00	0.00	100

表7　高原低涡移出高原的地区分布

地区/年	青海	甘肃	宁夏	四川	陕西	重庆	贵州	新疆	合计
2020		2	1	2	1			1	7
出高原率 / %		28.57	14.29	28.57	14.29			14.28	100

表8　高原低涡中心位势高度最小值频率分布

中心位势高度 / 位势什米	587 | 584	583 | 580	579 | 576	575 | 572	571 | 568	567 | 564	563 | 560	559 | 556	555 | 552	551 | 548	合计
2020年 / %	14.60	15.73	37.08	15.73	6.74	3.37	2.25	2.25	2.25	0.00	100

表9　夏半年高原低涡中心位势高度最小值频率分布

中心位势高度 / 位势什米	587 | 584	583 | 580	579 | 576	575 | 572	571 | 568	567 | 564	563 | 560	559 | 556	555 | 552	551 | 548	合计
2020年 / %	21.31	22.95	45.90	4.92	4.92	0.00	0.00	0.00	0.00	0.00	100

表10　冬半年高原低涡中心位势高度最小值频率分布

中心位势高度 / 位势什米	587 | 584	583 | 580	579 | 576	575 | 572	571 | 568	567 | 564	563 | 560	559 | 556	555 | 552	551 | 548	合计
2020年 / %	0.00	0.00	17.86	39.29	10.71	10.71	7.14	7.14	7.14	0.00	99.99

高原低涡纪要表

序号	编号	名称	起止日期(月.日)	中心最小位势高度/位势什米	发现点经纬度	移出高原的地点	移出高原的时间	移出高原中心位势高度/位势什米	路径趋向	影响低涡移出高原的天气系统
1	C2001	托勒, Tuole	1.5	555	97.8°E,38.3°N				原地生消	
2	C2002	贵德, Guide	1.6～1.7	552	102.2°E,35.9°N	同心	1.6^{20}	556	东北行移出高原	低槽
3	C2003	工布江达, Gongbujiangda	1.23	561	93.0°E,28.8°N				原地生消	
4	C2004	治多, Zhiduo	2.7	562	94.5°E,35.0°N				原地生消	
5	C2005	五道梁, Wudaoliang	2.7	565	93.1°E,36.4°N				原地生消	
6	C2006	工布江达, Gongbujiangda	2.14	568	92.8°E,29.1°N				原地生消	
7	C2007	杂多, Zaduo	2.22～2.23	570	94.3°E,33.2°N				东北行	
8	C2008	沱沱河, Tuotuohe	3.19～3.20	564	91.8°E,33.6°N				东北行	
9	C2009	囊谦, Nangqian	4.5	573	97.8°E,32.0°N				原地生消	
10	C2010	嘉黎, Jiali	4.7	572	92.6°E,30.8°N				原地生消	
11	C2011	五道梁, Wudaoliang	4.9	571	91.8°E,35.4°N				原地生消	
12	C2012	外斯, Waisi	4.12～4.13	572	102.0°E,34.0°N				东南行	

高原低涡纪要表（续-1）

序号	编号	名称	起止日期(月.日)	中心最小位势高度/位势什米	发现点经纬度	移出高原的地点	移出高原的时间	移出高原中心位势高度/位势什米	路径趋向	影响低涡移出高原的天气系统
13	C2013	茫崖, Mangya	4.16	572	88.7°E,37.0°N	若羌	4.16[20]	572	东北行移出高原	低槽
14	C2014	五道梁, Wudaoliang	4.18～4.19	574	91.7°E,36.0°N				东北行	
15	C2015	工布江达, Gongbujiangda	4.24～4.26	573	92.5°E,29.7°N				东南行转东北行	
16	C2016	刚察, Gangcha	4.30	578	100.0°E,37.8°N				原地生消	
17	C2017	玉树, Yushu	4.30～5.2	577	96.0°E,33.8°N	仪陇	5.2[08]	577	东南行转东北行 移出高原	切变线
18	C2018	南木林, Nanmulin	5.2	579	88.4°E,29.8°N				原地生消	
19	C2019	茫崖, Mangya	5.5	570	88.8°E,37.3°N				东行	
20	C2020	果洛, Guoluo	5.7	572	99.7°E,35.2°N				原地生消	
21	C2021	茫崖, Mangya	5.11～5.12	574	89.0°E,37.8°N				东南行转东行	
22	C2022	那曲, Naqu	5.16	579	93.2°E,33.0°N				原地生消	
23	C2023	安多, Anduo	5.23～5.24	577	92.2°E,33.2°N				东南行	
24	C2024	左贡, Zuogong	5.26	579	98.0°E,30.0°N				原地生消	

高原低涡纪要表（续-2）

序号	编号	名称	起止日期(月.日)	中心最小位势高度/位势什米	发现点经纬度	移出高原的地点	移出高原的时间	移出高原中心位势高度/位势什米	路径趋向	影响低涡移出高原的天气系统
25	C2025	当雄, Dangxiong	5.30	579	90.5°E,30.9°N				原地生消	
26	C2026	安多, Anduo	5.31～6.1	579	90.6°E,34.3°N	岷县	6.1[20]	579	渐东行移出高原	低槽
27	C2027	沱沱河, Tuotuohe	6.1	580	93.2°E,32.8°N				原地生消	
28	C2028	色达, Seda	6.4～6.5	577	101.6°E,32.6°N	宝鸡	6.4[20]	579	东北行移出高原	低槽
29	C2029	曲麻莱, Qumalai	6.5～6.6	578	95.5°E,34.9°N				东南行	
30	C2030	托勒, Tuole	6.6	576	98.4°E,39.0°N				原地生消	
31	C2031	曲麻莱, Qumalai	6.7	576	96.4°E,34.9°N				原地生消	
32	C2032	杂多, Zaduo	6.8	579	94.1°E,33.0°N				原地生消	
33	C2033	曲麻莱, Qumalai	6.16	579	95.9°E,35.2°N				原地生消	
34	C2034	兴海, Xinghai	6.25	578	100.3°E,35.6°N				原地生消	
35	C2035	玛多, Maduo	6.30	584	96.4°E,35.2°N				东南行	
36	C2036	索县, Suoxian	7.3～7.4	583	91.7°E,32.9°N				渐东行	

高原低涡纪要表（续-3）

序号	编号	名称	起止日期（月.日）	中心最小位势高度/位势什米	发现点经纬度	移出高原的地点	移出高原的时间	移出高原中心位势高度/位势什米	路径趋向	影响低涡移出高原的天气系统
37	C2037	白玉，Baiyu	7.8～7.9	581	98.9°E,32.3°N	平武	7.9[20]	581	东行移出高原	低槽
38	C2038	色达，Seda	7.10	578	100.0°E,32.6°N				东北行	
39	C2039	甘孜，Ganzi	7.12	584	100.7°E,32.0°N				原地生消	
40	C2040	壤塘，Rangtang	7.15	584	102.1°E,32.2°N				原地生消	
41	C2041	白玉，Baiyu	7.19	583	99.4°E,31.0°N				原地生消	
42	C2042	曲麻莱，Qumalai	7.20	579	94.9°E,34.3°N				原地生消	
43	C2043	若尔盖，Ruo'ergai	7.20	579	102.6°E,33.9°N				原地生消	
44	C2044	安多，Anduo	7.28	584	91.7°E,32.8°N				东南行	
45	C2045	沱沱河，Tuotuohe	7.29	583	93.8°E,32.8°N				东行	
46	C2046	杂多，Zaduo	7.31	568	93.9°E,32.8°N				原地生消	
47	C2047	沱沱河，Tuotuohe	8.3	581	93.3°E,33.0°N				原地生消	
48	C2048	泽当，Zedang	8.8～8.9	585	92.0°E,27.9°N				西行	

高原低涡纪要表（续-4）

序号	编号	名称	起止日期(月.日)	中心最小位势高度/位势什米	发现点经纬度	移出高原的地点	移出高原的时间	移出高原中心位势高度/位势什米	路径趋向	影响低涡移出高原的天气系统
49	C2049	贵德, Guide	8.11	580	101.8°E,36.0°N				原地生消	
50	C2050	日喀则, Rikaze	8.12	582	88.0°E,29.4°N				原地生消	
51	C2051	嘉黎, Jiali	8.14～8.15	581	92.9°E,30.5°N				东北行转东行	
52	C2052	祁连, Qilian	9.10	580	100.2°E,38.0°N				原地生消	
53	C2053	玛多, Maduo	9.20～9.21	579	96.5°E,35.6°N	兰州	9.21^{08}	579	东行移出高原	低槽

高原低涡对我国影响简表

序号	编号	简述活动的情况	高原低涡对我国的影响			
			项目	时间（月.日）	概况	极值
1	C2001	高原东北部原地生消	降水	1.5	青海中、北部地区降水量为0.1～3mm，降水日数为1天	青海天峻2.4mm（1天）
2	C2002	高原东北部东北行移出高原	降水	1.6～1.7	青海中、东部，甘肃、宁夏、山西中南部，陕西中、北部，河北南部，河南、四川北部和山东西部地区降水量为0.1～21mm，降水日数为1～2天	陕西洛川20.4mm（1天）
3	C2003	高原南部原地生消	降水	1.23	西藏东南部个别地区降水量为0.1～1mm，降水日数为1天	西藏错那0.3mm（1天）
4	C2004	高原北部原地生消	降水	2.7	西藏东部和青海南部个别地区降水量为0.1～1mm，降水日数为1天	西藏索县0.3mm（1天）
5	C2005	高原北部原地生消	降水	2.7	无降水	无
6	C2006	高原南部原地生消	降水	2.14	无降水	无
7	C2007	高原中部东北行	降水	2.22～2.23	西藏中、南、东部和青海西、南部地区降水量为0.1～6mm，降水日数为1～2天	西藏索县5.1mm（1天）
8	C2008	高原中部东北行	降水	3.19～3.20	西藏中、南、东部和青海中、西、南部地区降水量为0.1～3mm，降水日数为1天	西藏嘉黎2.5mm（1天）
9	C2009	高原东部原地生消	降水	4.5	西藏东、东南部，青海南部个别地区和四川西北部地区降水量为0.1～2mm，降水日数为1天	西藏嘉黎2.0mm（1天）

高原低涡对我国影响简表（续-1）

序号	编号	简述活动的情况	高原低涡对我国的影响			
			项目	时间（月.日）	概况	极值
10	C2010	高原南部原地生消	降水	4.7	西藏中、南部地区降水量为0.1～10mm，降水日数为1天	西藏泽当 9.6mm（1天）
11	C2011	高原北部原地生消	降水	4.9	西藏东部和青海南部地区降水量为0.1～5mm，降水日数为1天	西藏那曲 4.9mm（1天）
12	C2012	高原东部东南行	降水	4.12～4.13	西藏东部，青海东、南部，甘肃南部和四川西、西北、北、中部地区降水量为0.1～12mm，降水日数为1～2天	四川道孚 11.5mm（2天）
13	C2013	高原北部东北行移出高原	降水	4.16	青海西部个别地区降水量为0.1～1mm，降水日数为1天	青海沱沱河 0.2mm（1天）
14	C2014	高原北部东北行	降水	4.18～4.19	西藏中、东部，青海中、西、南部和四川西北部个别地区降水量为0.1～10mm，降水日数为1～2天	西藏比如 9.9mm（1天）
15	C2015	高原南部东南行转东北行	降水	4.24～4.26	西藏南、中、东南、东部，青海西、南部和四川西、西北部地区降水量为0.1～23mm，降水日数为1～3天	西藏加查 22.3mm（2天）
16	C2016	高原东北部原地生消	降水	4.30	无降水	无
17	C2017	高原东部东南行转东北行移出高原	降水	4.30～5.2	西藏东、东南部，青海南、东部，四川西、西北、北、西南、南部和云南西北、东北部地区降水量为0.1～23mm，降水日数为1～3天	四川壤塘 22.5mm（3天）
18	C2018	高原南部原地生消	降水	5.2	西藏中、南部个别地区降水量为0.1～1mm，降水日数为1天	西藏申扎 0.3mm（1天）

高原低涡对我国影响简表（续-2）

序号	编号	简述活动的情况	高原低涡对我国的影响			
			项目	时间（月.日）	概况	极值
19	C2019	高原北部东行	降水	5.5	青海西、南、东、北部和甘肃北部地区降水量为0.1～10mm，降水日数为1天	青海天峻 10.0mm（1天）
20	C2020	高原东北部原地生消	降水	5.7	青海南、中、东部，甘肃南部和四川西北、北部地区降水量为0.1～22mm，降水日数为1天	甘肃迭部 22.0mm（1天）
21	C2021	高原北部东南行转东行	降水	5.11～5.12	西藏中、东部，青海西、南、中、东部和四川西北、北、中部地区降水量为0.1～13mm，降水日数为1天	青海五道梁 12.1mm（1天）
22	C2022	高原中部原地生消	降水	5.16	西藏南、中、东南、东部地区降水量为0.1～22mm，降水日数为1天	西藏林芝 21.6mm（1天）
23	C2023	高原中部东南行	降水	5.23～5.24	西藏中、南、东、东南部，青海西、南部和四川西、西北部地区降水量为0.1～29mm，降水日数为1～2天	西藏类乌齐 28.5mm（1天）
24	C2024	高原东南部原地生消	降水	5.26	西藏东、东南部，四川西、中、西南、南部，青海南部和云南西北部地区降水量为0.1～90mm，降水日数为1天。其中西藏、云南和四川有成片降水量大于25mm的降水区，降水日数为1天	云南贡山 85.4mm（1天）
25	C2025	高原南部原地生消	降水	5.30	西藏东南、南、东部地区降水量为0.1～16mm，降水日数为1天	西藏当雄 15.1mm（1天）
26	C2026	高原中部渐东行移出高原	降水	5.31～6.1	西藏东、东南、南、中部，青海南、中、东、西部，甘肃、宁夏南部，陕西中、西南部和四川西北、北、中部地区降水量为0.1～30mm，降水日数为1天	宁夏六盘山 29.1mm（1天）
27	C2027	高原中部原地生消	降水	6.1	西藏东南、中、东部和青海南、西部地区降水量为0.1～13mm，降水日数为1天	西藏嘉黎 13.0mm（1天）

高原低涡对我国影响简表（续-3）

序号	编号	简述活动的情况	高原低涡对我国的影响			
			项目	时间（月.日）	概况	极值
28	C2028	高原东部东北行移出高原	降水	6.4～6.5	西藏东南、东部，青海南、东部，甘肃南部，四川西、西北、西南部，湖北西、东部，湖南西、中北、东部，江苏中、南部，安徽南半部，上海，江西、浙江中、北部和河南个别地区降水量为0.1～140mm，降水日数为1天。其中，湖南、江西、浙江、江苏、上海、安徽有成片降水量大于25mm的降水区，降水日数为1天	安徽马鞍山 137.1mm（1天）
29	C2029	高原东部东南行	降水	6.5～6.6	西藏东南、东部，青海南、东、西部，甘肃、陕西南部，重庆东北部个别地区和四川西、西北、北、东北部地区降水量为0.1～25mm，降水日数为1～2天	四川南江 24.7mm（1天）
30	C2030	高原东北部原地生消	降水	6.6	青海南、东、北、西部，甘肃南部和四川西北、北部地区降水量为0.1～16mm，降水日数为1天	青海杂多 15.1mm（1天）
31	C2031	高原东部原地生消	降水	6.7	西藏东南、中、东部，青海南、中、东、西部，甘肃中、南部，宁夏南部和四川西北、北部地区降水量为0.1～31mm，降水日数为1天	西藏嘉黎 31.0mm（1天）
32	C2032	高原中部原地生消	降水	6.8	西藏东南、南、中、东部和青海南部地区降水量为0.1～19mm，降水日数为1天	西藏嘉黎 18.3mm（1天）
33	C2033	高原东北部原地生消	降水	6.16	青海南、中、东、西部和四川西北部个别地区降水量为0.1～22mm，降水日数为1天	青海治多 21.7mm（1天）
34	C2034	高原东北部原地生消	降水	6.25	青海西、南、中、东、北部，甘肃中、南部和四川西北、北部地区降水量为0.1～23mm，降水日数为1天	甘肃康乐 22.6mm（1天）
35	C2035	高原东北部东南行	降水	6.30	西藏东部，青海西、南、中、东、北部，甘肃中、南部和四川西北部地区降水量为0.1～31mm，降水日数为1天	青海河南 30.2mm（1天）

高原低涡对我国影响简表（续-4）

序号	编号	简述活动的情况	高原低涡对我国的影响			
			项目	时间（月.日）	概　况	极值
36	C2036	高原中部渐东行	降水	7.3～7.4	西藏南、中、东南、东部，青海西、南部和四川西、西北部地区降水量为0.1～24mm，降水日数为1～2天	西藏嘉黎 23.6mm（2天）
37	C2037	高原东部东行移出高原	降水	7.8～7.9	西藏东部，青海西、南、东部，甘肃南部和四川西、西北、北、中部地区降水量为0.1～35mm，降水日数为1～2天	西藏类乌齐 34.5mm（2天）
38	C2038	高原东部东北行	降水	7.10	西藏东部，青海中、南、东部，甘肃、宁夏、陕西中、南部，重庆西部和四川中、北半部地区降水量为0.1～125mm，降水日数为1天。其中甘肃、陕西和四川有成片降水量大于50mm的降水区，降水日数为1天	四川苍溪 122.9mm（1天）
39	C2039	高原东南部原地生消	降水	7.12	西藏东部和四川西、西北、中部地区降水量为0.1～33mm，降水日数为1天	四川雅江 32.1mm（1天）
40	C2040	高原东南部原地生消	降水	7.15	西藏东、东南部，青海、甘肃南部和四川北、中、南、西、西北部地区降水量为0.1～65mm，降水日数为1天	四川夹江 63.8mm（1天）
41	C2041	高原东南部原地生消	降水	7.19	西藏东部，青海南部和四川西、西北部地区降水量为0.1～13mm，降水日数为1天	四川理塘 13.0mm（1天）
42	C2042	高原中部原地生消	降水	7.20	西藏中、东部，青海西、南部和四川西北部个别地区降水量为0.1～26mm，降水日数为1天	西藏安多 25.9mm（1天）
43	C2043	高原东部原地生消	降水	7.20	青海东、南部，甘肃、陕西南部和四川西、西北、北、东北部地区降水量为0.1～19mm，降水日数为1天	四川南江 18.3mm（1天）
44	C2044	高原中部东南行	降水	7.28	西藏中、东部，青海西、南部和四川西北部个别地区降水量为0.1～28mm，降水日数为1天	西藏嘉黎 27.7mm（1天）

高原低涡对我国影响简表（续-5）

序号	编号	简述活动的情况	高原低涡对我国的影响			
			项目	时间（月.日）	概况	极值
45	C2045	高原中部东行	降水	7.29	西藏中、东部，青海南部和四川西北部地区降水量为0.1～16mm，降水日数为1天	四川德格 15.8mm（1天）
46	C2046	高原中部原地生消	降水	7.31	西藏中、东部，青海西、南部和四川西、西北部地区降水量为0.1～28mm，降水日数为1天	西藏丁青 27.8mm（1天）
47	C2047	高原中部原地生消	降水	8.3	西藏中、南、东部，青海西、南部和四川西北部个别地区降水量为0.1～27mm，降水日数为1天	西藏那曲 26.4mm（1天）
48	C2048	高原南部西行	降水	8.8～8.9	西藏南、东、东南部地区降水量为0.1～60mm，降水日数为1～2天	西藏林芝 58.3mm（2天）
49	C2049	高原东北部原地生消	降水	8.11	青海东、中部，甘肃中、南部，宁夏、陕西南部和四川北、西北部地区降水量为0.1～90mm，降水日数为1天	四川平武 86.4mm（1天）
50	C2050	高原南部原地生消	降水	8.12	西藏南、中、东南部地区降水量为0.1～26mm，降水日数为1天	西藏江孜 25.8mm（1天）
51	C2051	高原南部东北行转东行	降水	8.14～8.15	西藏南、中、东、东南部，青海南、东、西部和四川西北部地区降水量为0.1～26mm，降水日数为1～2天	青海久治 26.0mm（1天）
52	C2052	高原东北部原地生消	降水	9.10	青海北部地区降水量为0.1～3mm，降水日数为1天	青海天峻 2.8mm（1天）
53	C2053	高原东北部东行移出高原	降水	9.20～9.21	青海南、中、东部，甘肃南部和四川西北、北部地区降水量为0.1～34mm，降水日数为1～2天	甘肃舟曲 33.9mm（1天）

2020年高原低涡编号、名称、日期对照表

未移出高原的高原东部涡	未移出高原的高原西部涡	移出高原的高原低涡
① C2001 托勒，Tuole	⑧ C2008 沱沱河，Tuotuohe	② C2002贵德，Guide
1.5	3.19～3.20	1.6～1.7
③ C2003 工布江达，Gongbujiangda	⑪ C2011 五道梁，Wudaoliang	⑬ C2013 茫崖，Mangya
1.23	4.9	4.16
④ C2004 治多，Zhiduo	⑭ C2014 五道梁，Wudaoliang	⑰ C2017 玉树，Yushu
2.7	4.18～4.19	4.30～5.2
⑤ C2005 五道梁，Wudaoliang	⑱ C2018 南木林，Nanmulin	㉖ C2026 安多，Anduo
2.7	5.2	5.31～6.1
⑥ C2006 工布江达，Gongbujiangda	⑲ C2019 茫崖，Mangya	㉘ C2028 色达，Seda
2.14	5.5	6.4～6.5
⑦ C2007 杂多，Zaduo	㉑ C2021 茫崖，Mangya	㊲ C2037 白玉，Baiyu
2.22～2.23	5.11～5.12	7.8～7.9
⑨ C2009 囊谦，Nangqian	㉓ C2023 安多，Anduo	53 C2053 玛多，Maduo
4.5	5.23～5.24	9.20～9.21
⑩ C2010 嘉黎，Jiali	㉕ C2025 当雄，Dangxiong	
4.7	5.30	
⑫ C2012 外斯，Waisi	㊱ C2036 索县，Suoxian	
4.12～4.13	7.3～7.4	

2020年高原低涡编号、名称、日期对照表（续-1）

未移出高原的高原东部涡		未移出高原的高原西部涡
⑮ C2015 工布江达，Gongbujiangda	㉜ C2032 杂多，Zaduo	㊹ C2044 安多，Anduo
4.24～4.26	6.8	7.28
⑯ C2016 刚察，Gangcha	㉝ C2033 曲麻莱，Qumalai	㊽ C2048 泽当，Zedang
4.30	6.16	8.8～8.9
⑳ C2020 果洛，Guoluo	㉞ C2034 兴海，Xinghai	㊿ C2050 日喀则，Rikaze
5.7	6.25	8.12
㉒ C2022 那曲，Naqu	㉟ C2035 玛多，Maduo	
5.16	6.30	
㉔ C2024 左贡，Zuogong	㊳ C2038 色达，Seda	
5.26	7.10	
㉗ C2027 沱沱河，Tuotuohe	㊴ C2039 甘孜，Ganzi	
6.1	7.12	
㉙ C2029 曲麻莱，Qumalai	㊵ C2040 壤塘，Rangtang	
6.5～6.6	7.15	
㉚ C2030 托勒，Tuole	㊶ C2041 白玉，Baiyu	
6.6	7.19	
㉛ C2031 曲麻莱，Qumalai	㊷ C2042 曲麻莱，Qumalai	
6.7	7.20	

2020年高原低涡编号、名称、日期对照表（续-2）

未移出高原的高原东部涡	
㊸ C2043 若尔盖，Ruoergai	㊾ C2049 贵德，Guide
7.20	8.11
㊺ C2045 沱沱河，Tuotuohe	(51) C2051 嘉黎，Jiali
7.29	8.14～8.15
㊻ C2046 杂多，Zaduo	(52) C2052 祁连，Qilian
7.31	9.10
㊼ C2047 沱沱河，Tuotuohe	
8.3	

高原低涡路径图

2020年1月

C2001Tuole
1.5

C2002Guide
1.6~1.7

C2003Gongbujiangda
1.23

图例

- ★ 首都
- ◎ 省级行政中心
- ○ 其他城市
- 国界
- 未定国界
- 地区界
- 军事分界线
- 省、自治区、直辖市界
- 特别行政区界
- 常年河
- 时令河
- 运河
- 珊瑚礁
- ▲ 6621 山峰及高程
- 海拔(m)：6000、5000、4000
- ● 08时
- ○ 20时

1: 2500 万

南海诸岛 比例尺 1:5000 万

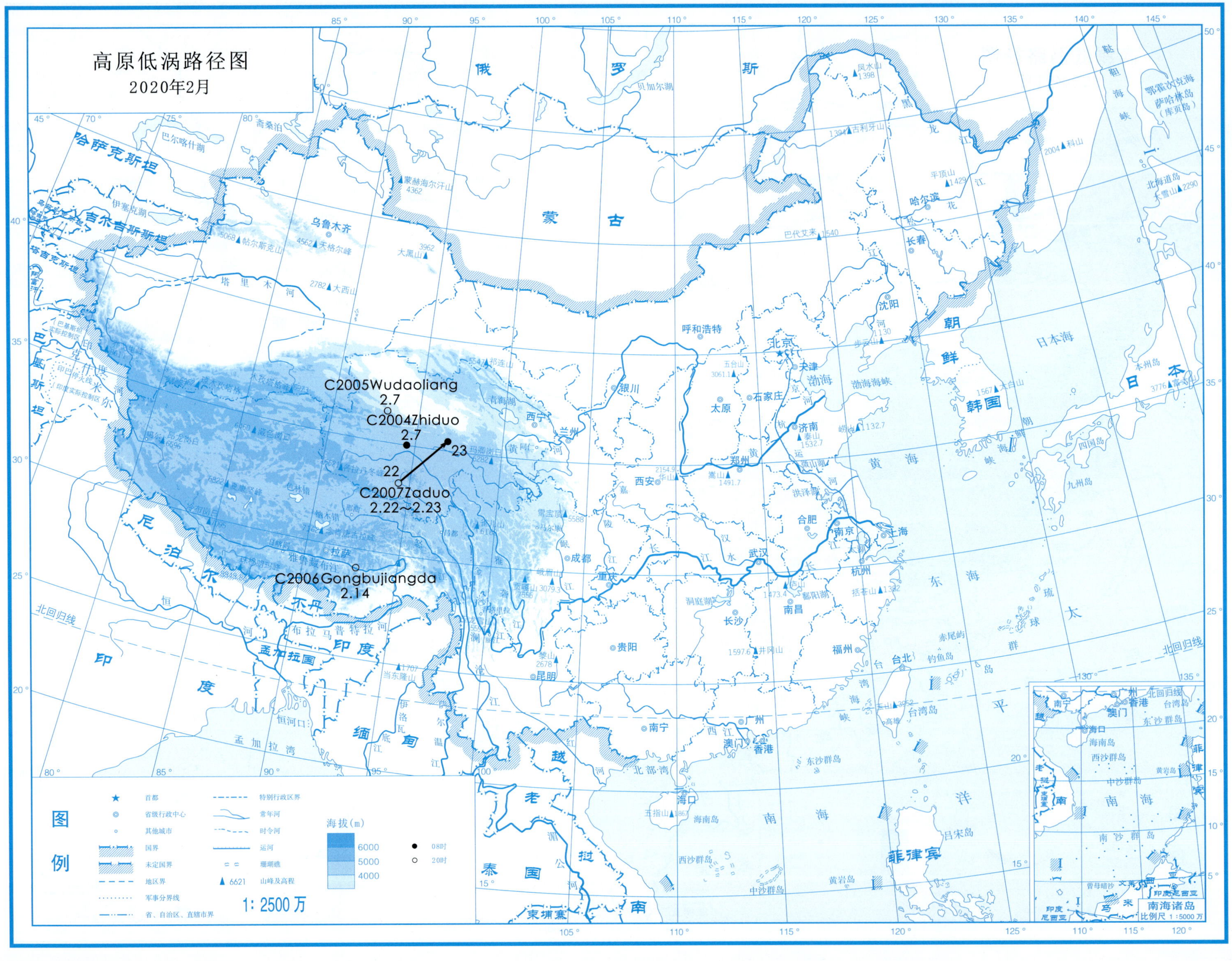
高原低涡路径图
2020年2月
C2005Wudaoliang
2.7
C2004Zhiduo
2.7
23
22
C2007Zaduo
2.22~2.23
C2006Gongbujiangda
2.14
图例
首都
省级行政中心
其他城市
国界
未定国界
地区界
军事分界线
省、自治区、直辖市界
特别行政区界
常年河
时令河
运河
珊瑚礁
6621 山峰及高程
海拔(m)
6000
5000
4000
08时
20时
1: 2500 万
南海诸岛
比例尺 1 : 5000 万

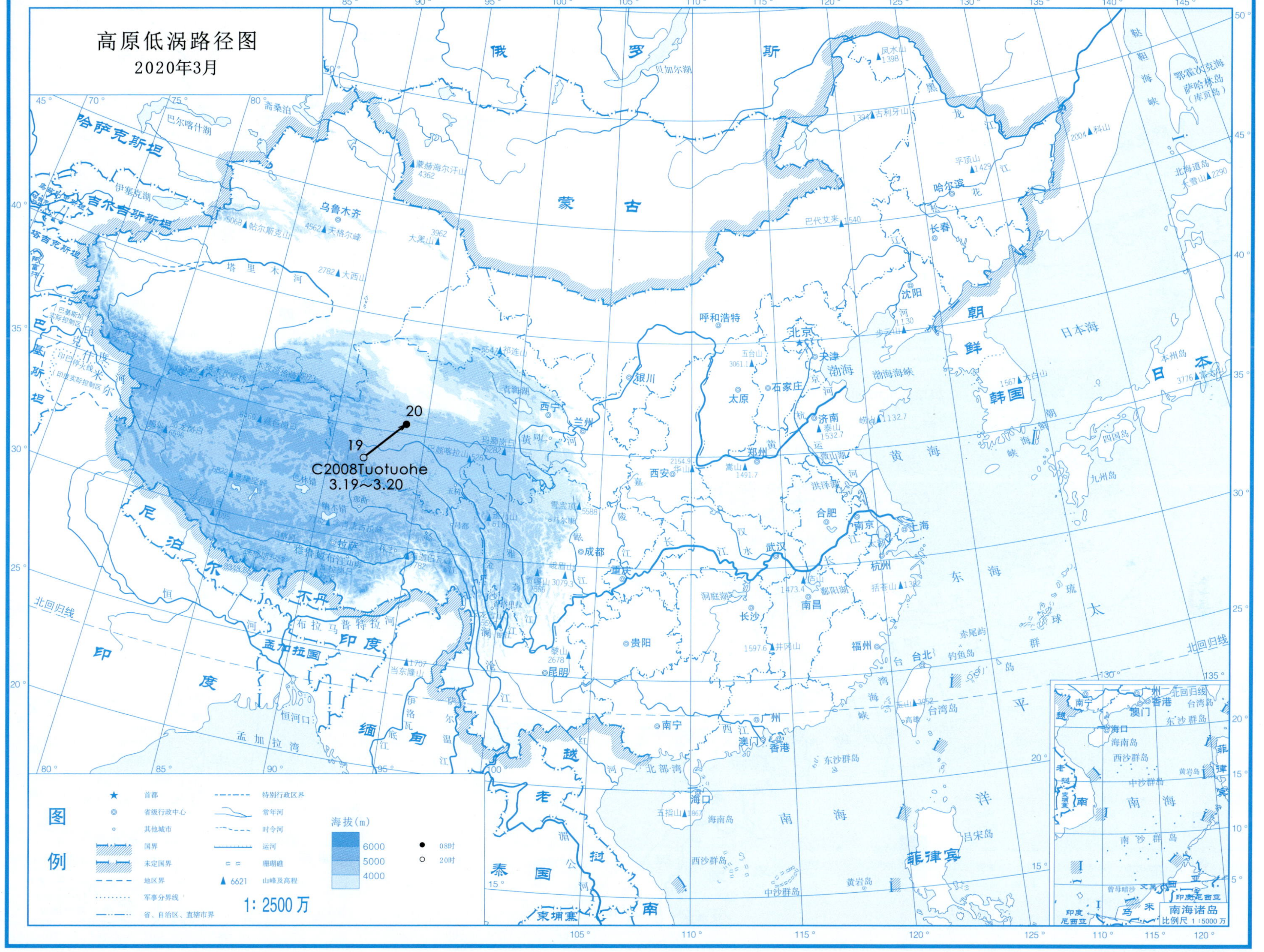

高原低涡路径图
2020年3月
20
19
C2008Tuotuohe
3.19~3.20
图例
1: 2500万

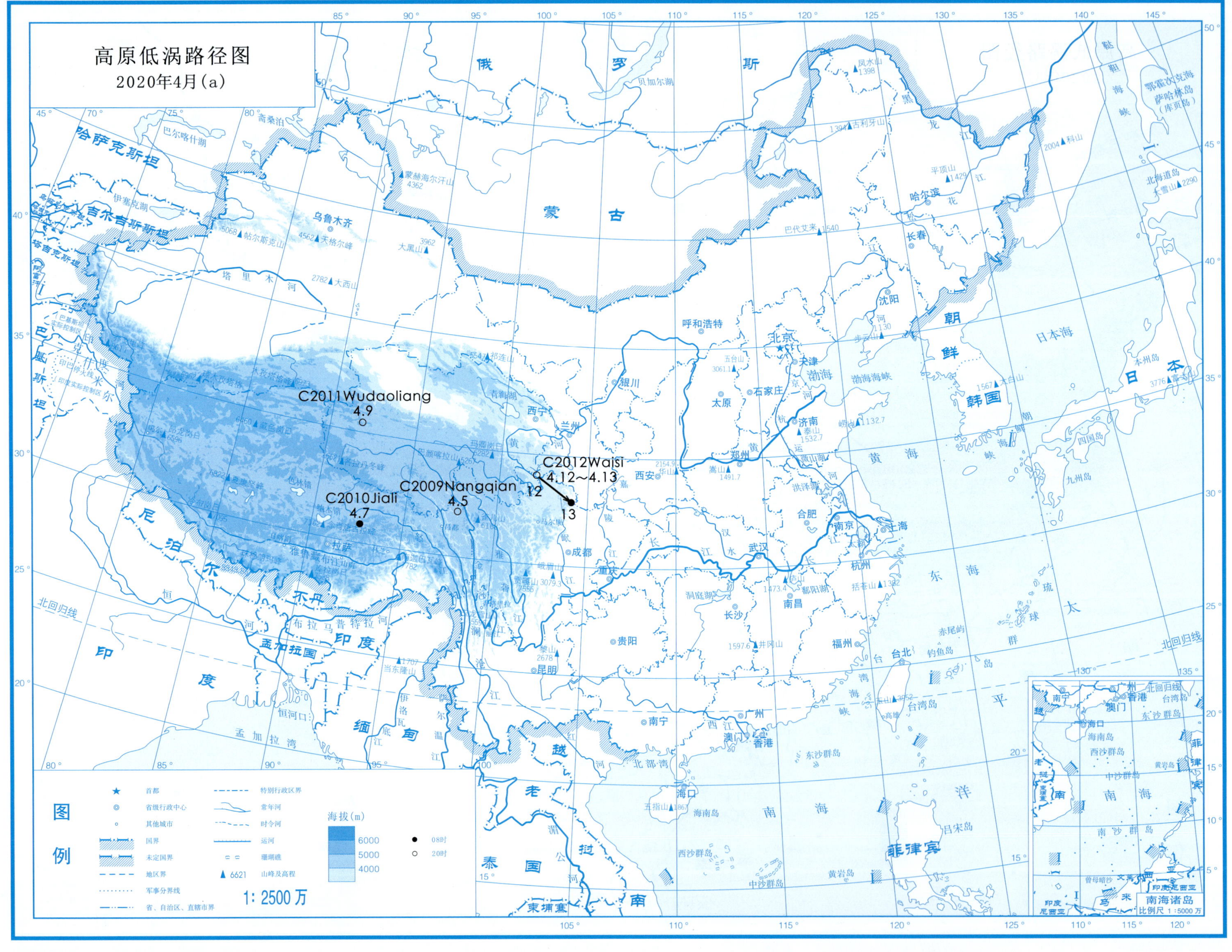
高原低涡路径图
2020年4月(a)
C2011Wudaoliang
4.9
C2012Waisi
4.12~4.13
12
13
C2009Nangqian
4.5
C2010Jiali
4.7
图例
首都
省级行政中心
其他城市
国界
未定国界
地区界
军事分界线
省、自治区、直辖市界
特别行政区界
常年河
时令河
运河
珊瑚礁
6621 山峰及高程
海拔(m)
6000
5000
4000
08时
20时
1: 2500 万
南海诸岛
比例尺 1:5000 万

高原低涡路径图

2020年4月(b)

C2013Mangya
4.16

18
19

C2014Wudaoliang
4.18～4.19

C2015Gongbujiangda
4.24～4.26

24
25
26

C2016Gangcha
4.30

C2017Yushu
4.30～5.2

4.30
5.1
2

图例

★ 首都
◎ 省级行政中心
○ 其他城市
国界
未定国界
地区界
军事分界线
省、自治区、直辖市界
特别行政区界
常年河
时令河
运河
珊瑚礁
▲ 6621 山峰及高程

海拔(m)
6000
5000
4000

● 08时
○ 20时

1：2500万

南海诸岛
比例尺 1：5000万

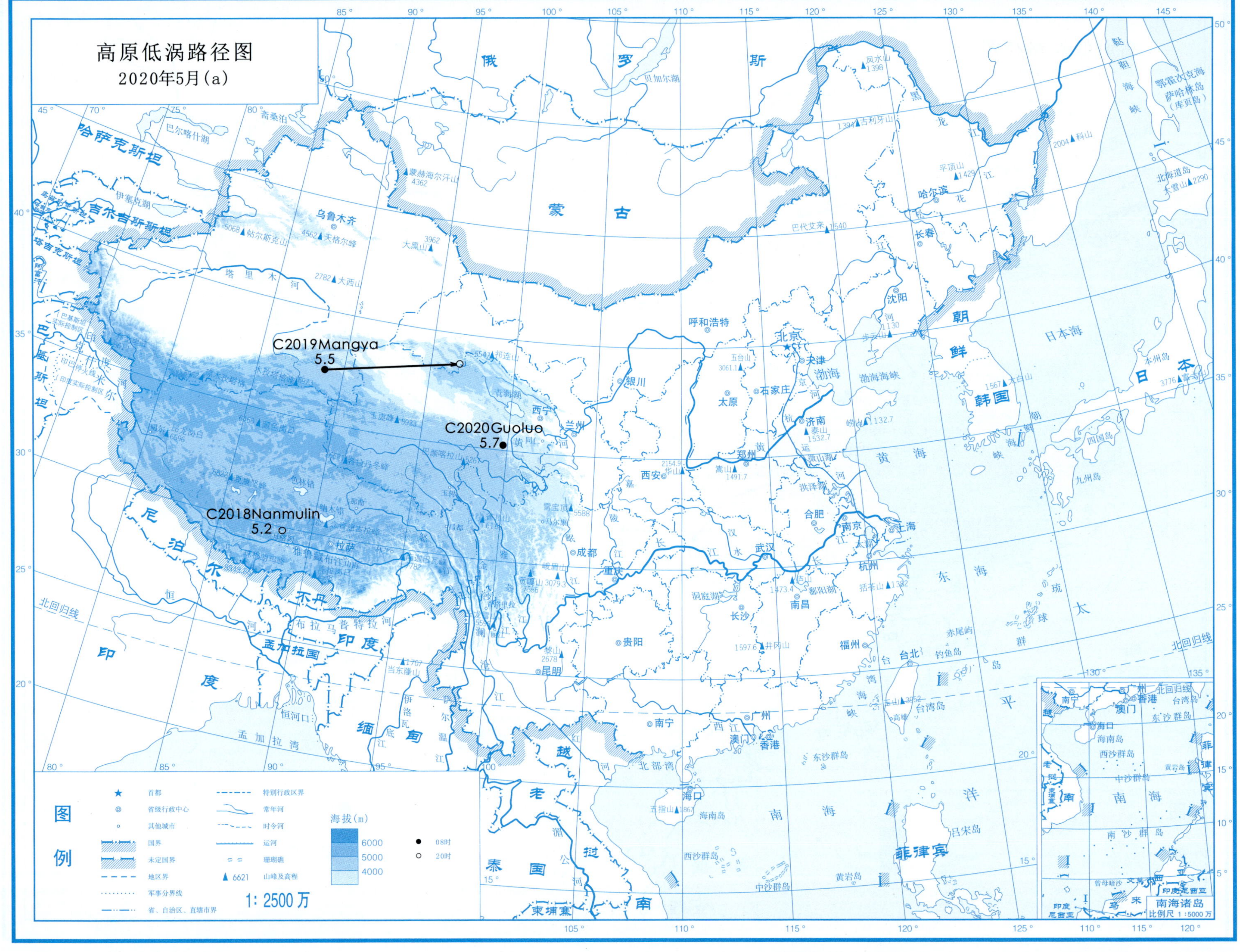
高原低涡路径图
2020年5月(a)
C2019Mangya
5.5
C2020Guoluo
5.7
C2018Nanmulin
5.2
图例
首都
省级行政中心
其他城市
国界
未定国界
地区界
军事分界线
省、自治区、直辖市界
特别行政区界
常年河
时令河
运河
珊瑚礁
山峰及高程
海拔(m)
6000
5000
4000
08时
20时
1:2500万
南海诸岛
比例尺 1:5000万

高原低涡路径图

2020年5月(b)

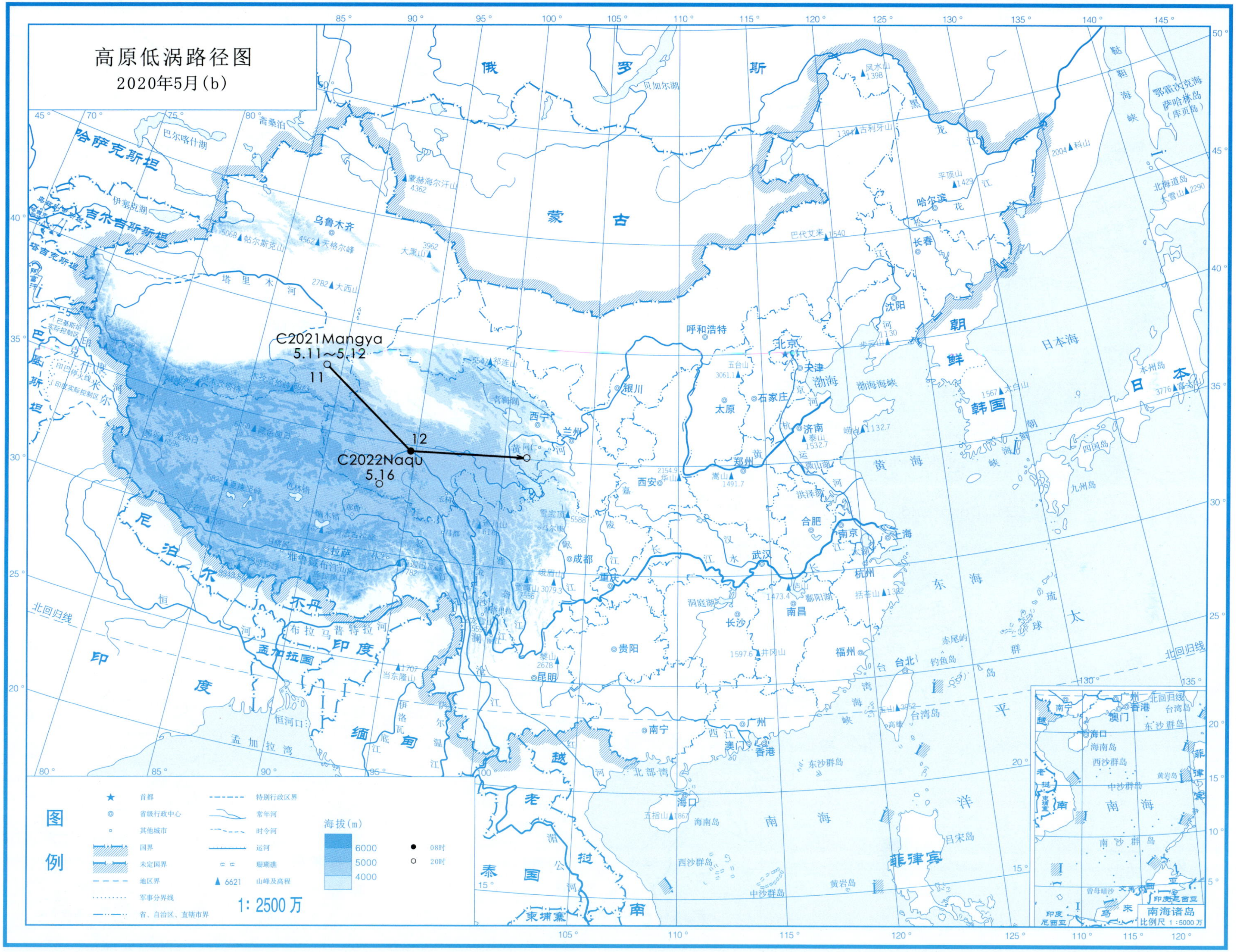

C2021Mangya
5.11～5.12

C2022Naqu
5.16

1: 2500万

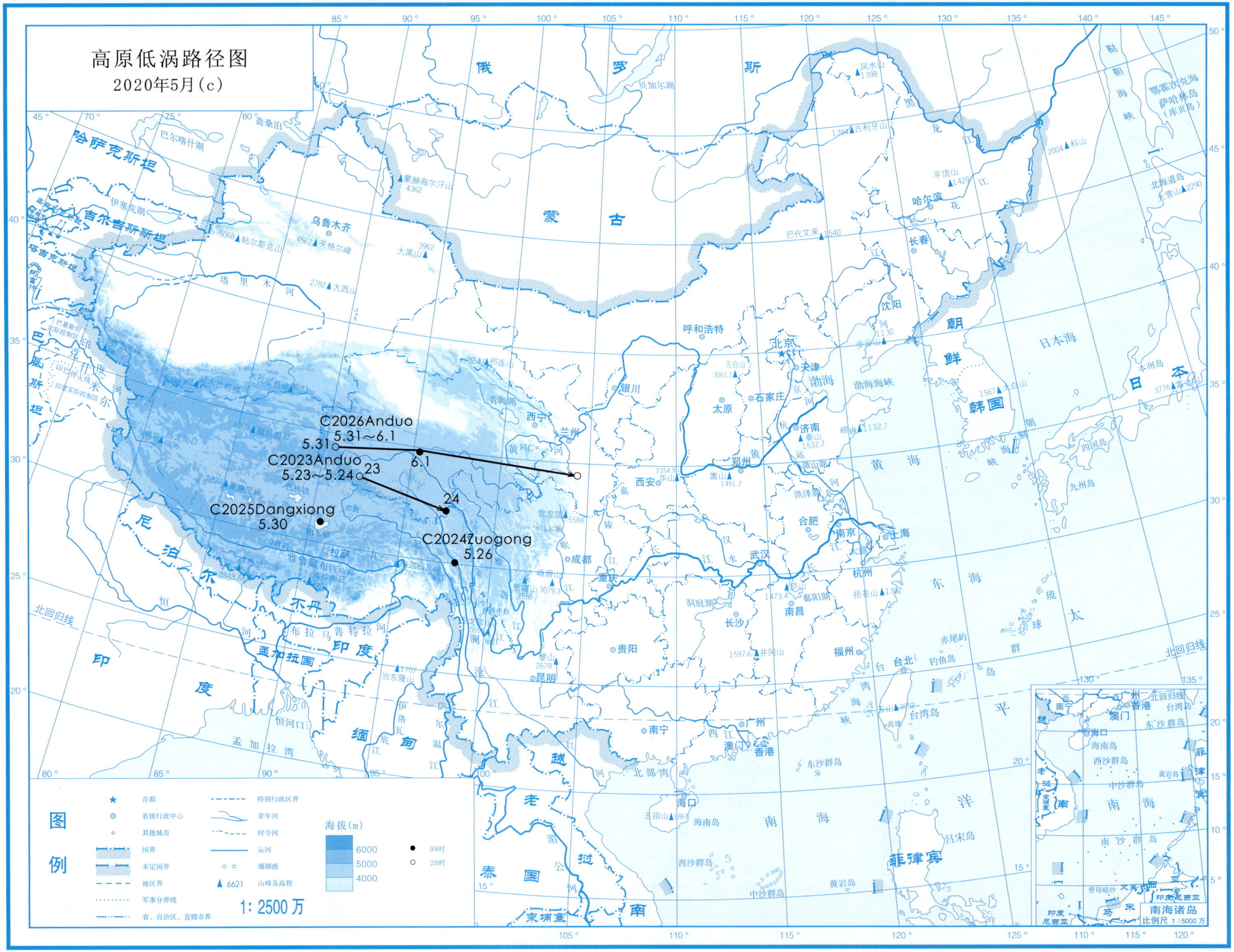

# 高原低涡路径图
2020年5月(c)

C2026Anduo
5.31~6.1
5.31
6.1
C2023Anduo
5.23~5.24
23
24
C2025Dangxiong
5.30
C2024Zuogong
5.26

图例

符号	说明	符号	说明
★	首都		特别行政区界
◎	省级行政中心		常年河
○	其他城市		时令河
	国界		运河
	未定国界		珊瑚礁
	地区界	▲ 6621	山峰及高程
	军事分界线		
	省、自治区、直辖市界		

海拔(m)：6000、5000、4000

● 08时
○ 20时

1:2500万

南海诸岛 比例尺 1:5000万

高原低涡路径图

2020年6月(a)

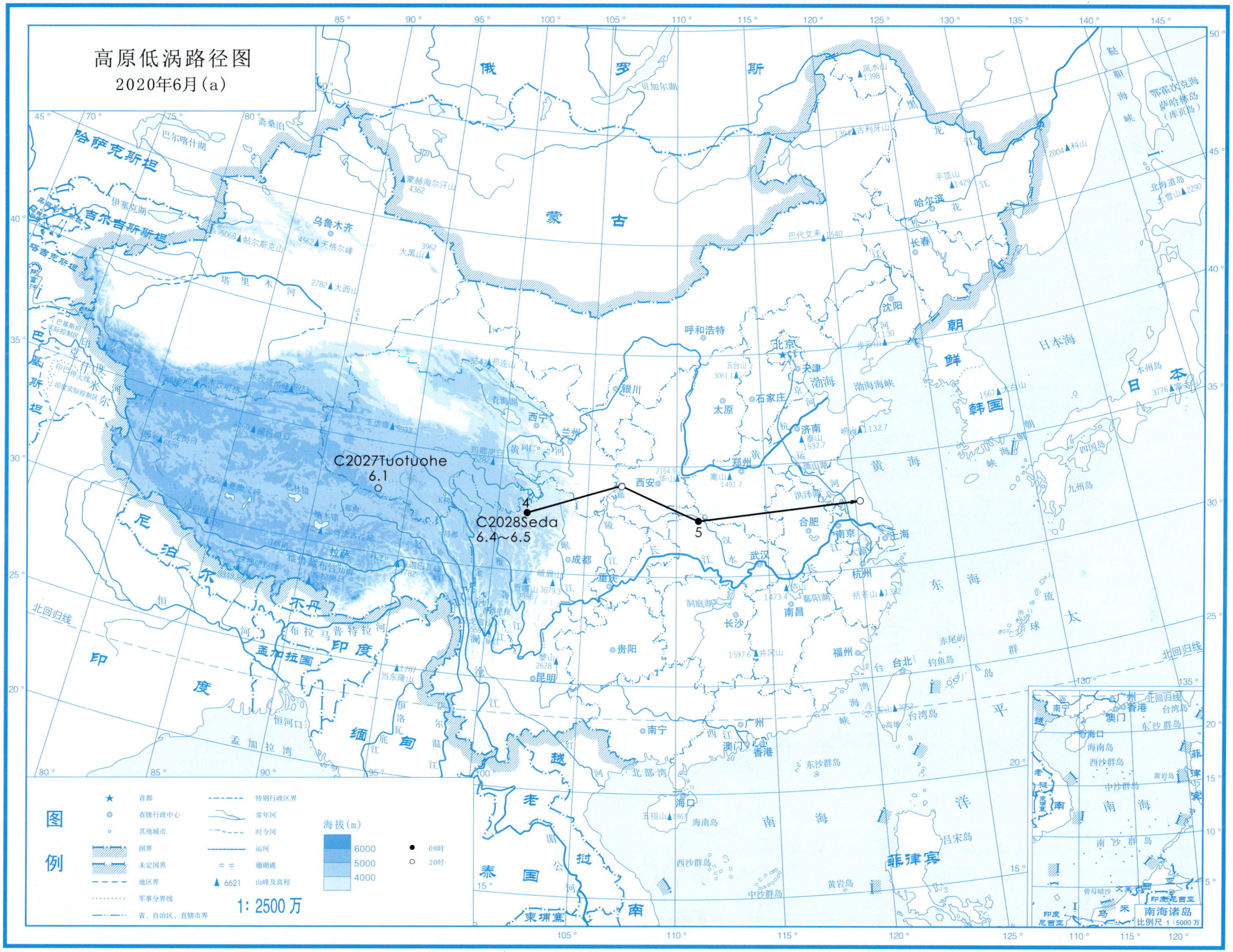

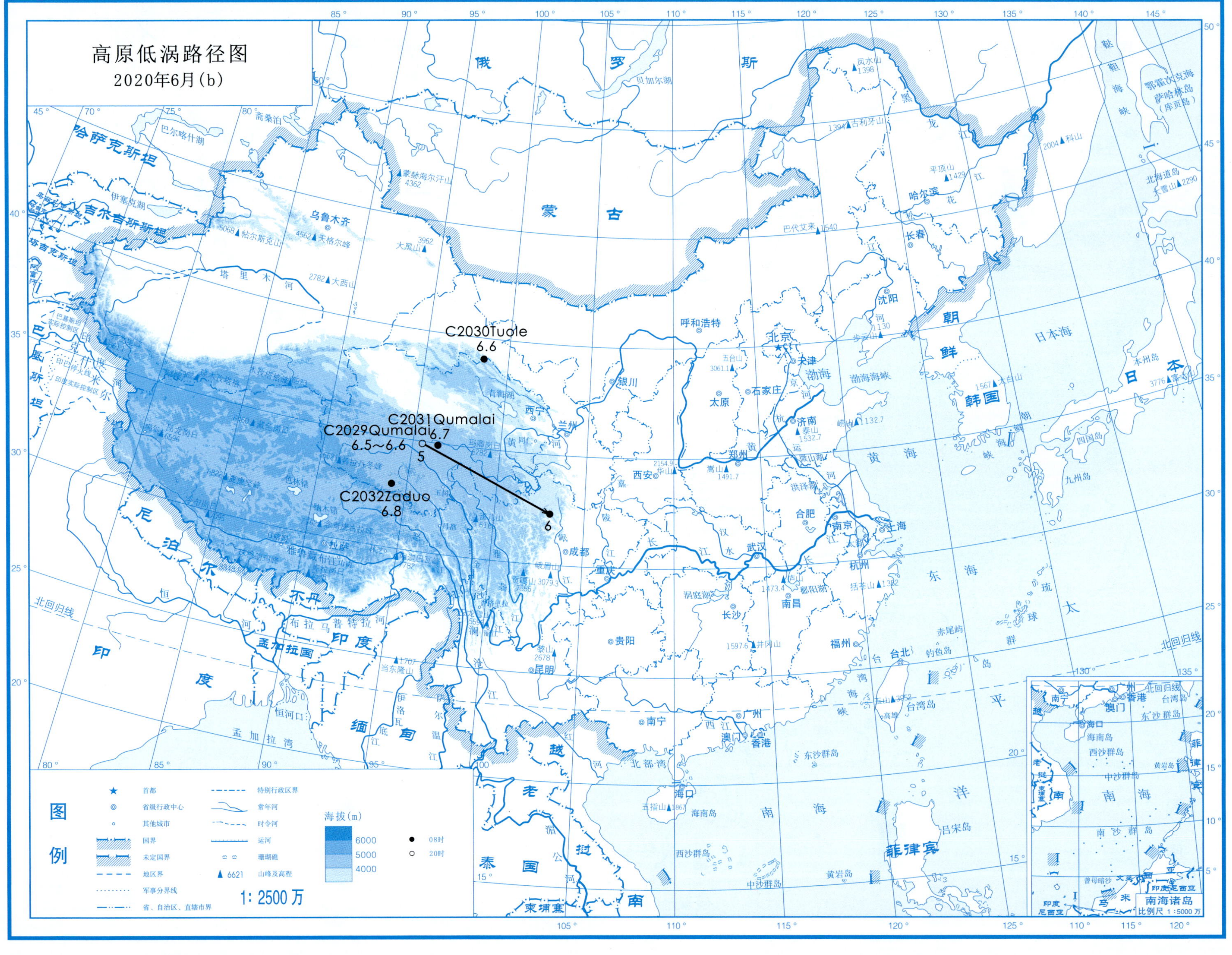
高原低涡路径图
2020年6月(b)
C2030Tuole
6.6
C2031Qumalai
6.7
C2029Qumalai
6.5～6.6
5
6
C2032Zaduo
6.8
图例
首都
省级行政中心
其他城市
国界
未定国界
地区界
军事分界线
省、自治区、直辖市界
特别行政区界
常年河
时令河
运河
珊瑚礁
6621 山峰及高程
海拔(m)
6000
5000
4000
08时
20时
1: 2500 万
南海诸岛
比例尺 1:5000 万

高原低涡路径图

2020年6月(c)

C2033Qumalai
6.16

C2034Xinghai
6.25

C2035Maduo
6.30

图例

★	首都		特别行政区界
◎	省级行政中心		常年河
○	其他城市		时令河
	国界		运河
	未定国界		珊瑚礁
	地区界	▲ 6621	山峰及高程
	军事分界线		
	省、自治区、直辖市界		

海拔(m)

6000

5000

4000

● 08时

○ 20时

1:2500万

南海诸岛

比例尺 1:5000万

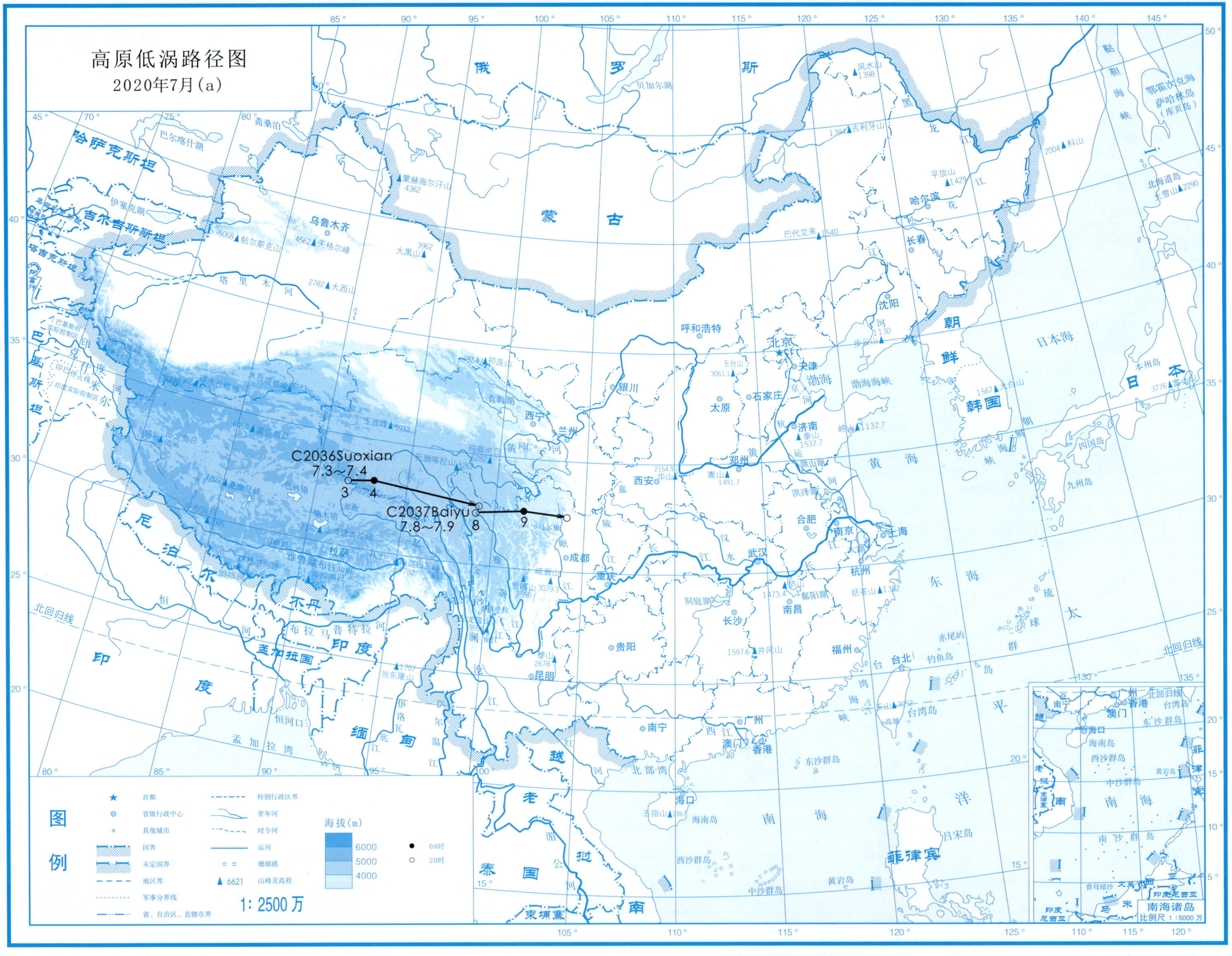
高原低涡路径图
2020年7月(a)
C2036Suoxian
7.3～7.4
3
4
C2037Baiyu
7.8～7.9
8
9
图例
首都
省级行政中心
其他城市
国界
未定国界
地区界
军事分界线
省、自治区、直辖市界
特别行政区界
常年河
时令河
运河
珊瑚礁
6621 山峰及高程
海拔(m)
6000
5000
4000
08时
20时
1:2500万
南海诸岛
比例尺 1:5000万

高原低涡路径图

2020年7月(b)

C2038Seda
7.10

C2040Rangtang
7.15

C2039Ganzi
7.12

图例

★ 首都
◎ 省级行政中心
○ 其他城市
国界
未定国界
地区界
军事分界线
省、自治区、直辖市界
特别行政区界
常年河
时令河
运河
珊瑚礁
▲ 6621 山峰及高程

海拔(m)
6000
5000
4000

● 08时
○ 20时

1: 2500万

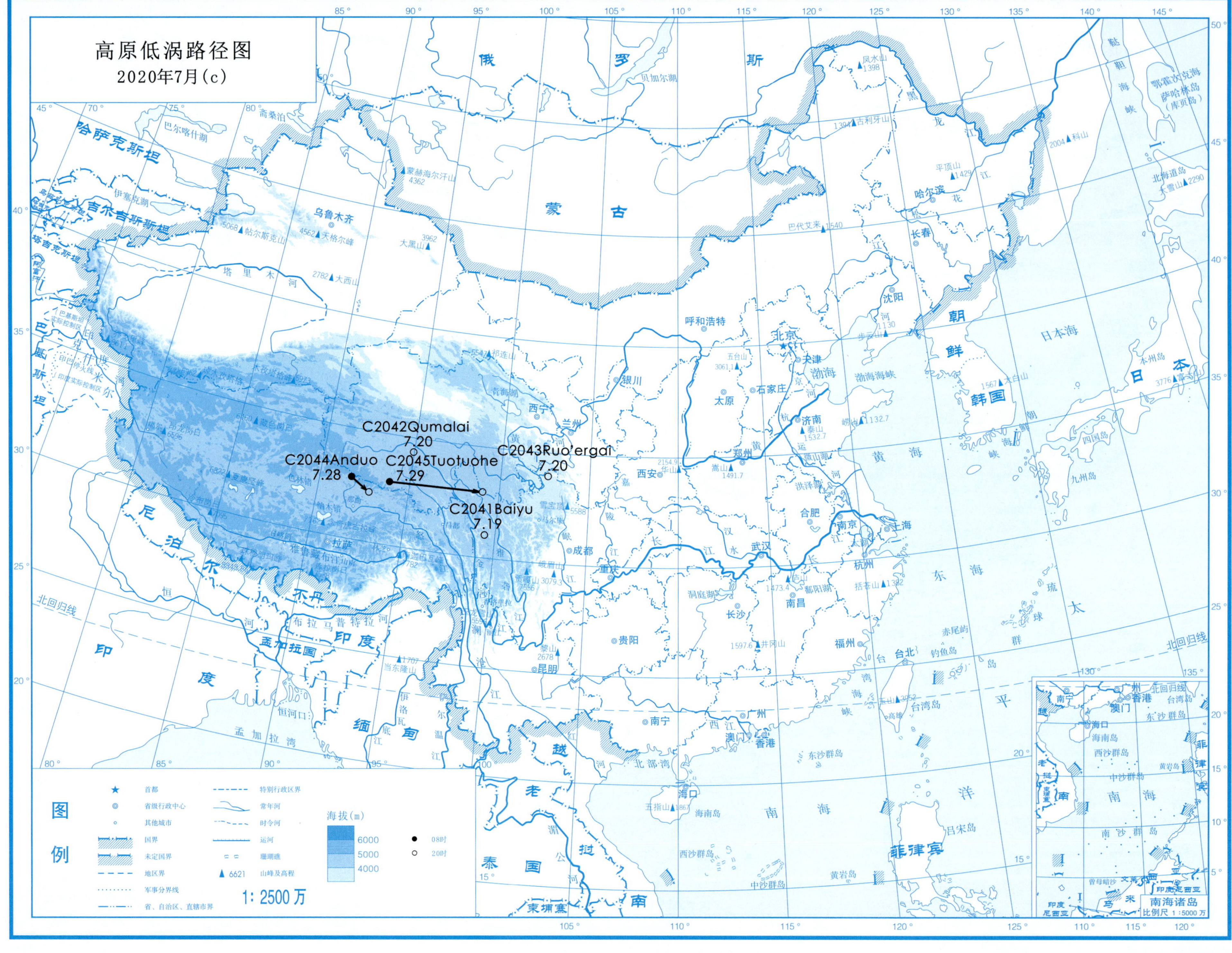
高原低涡路径图
2020年7月(c)
C2042Qumalai
7.20
C2044Anduo
7.28
C2045Tuotuohe
7.29
C2043Ruo'ergai
7.20
C2041Baiyu
7.19
图例
首都
省级行政中心
其他城市
国界
未定国界
地区界
军事分界线
省、自治区、直辖市界
特别行政区界
常年河
时令河
运河
珊瑚礁
6621 山峰及高程
海拔(m)
6000
5000
4000
08时
20时
1: 2500 万
南海诸岛
比例尺 1:5000 万

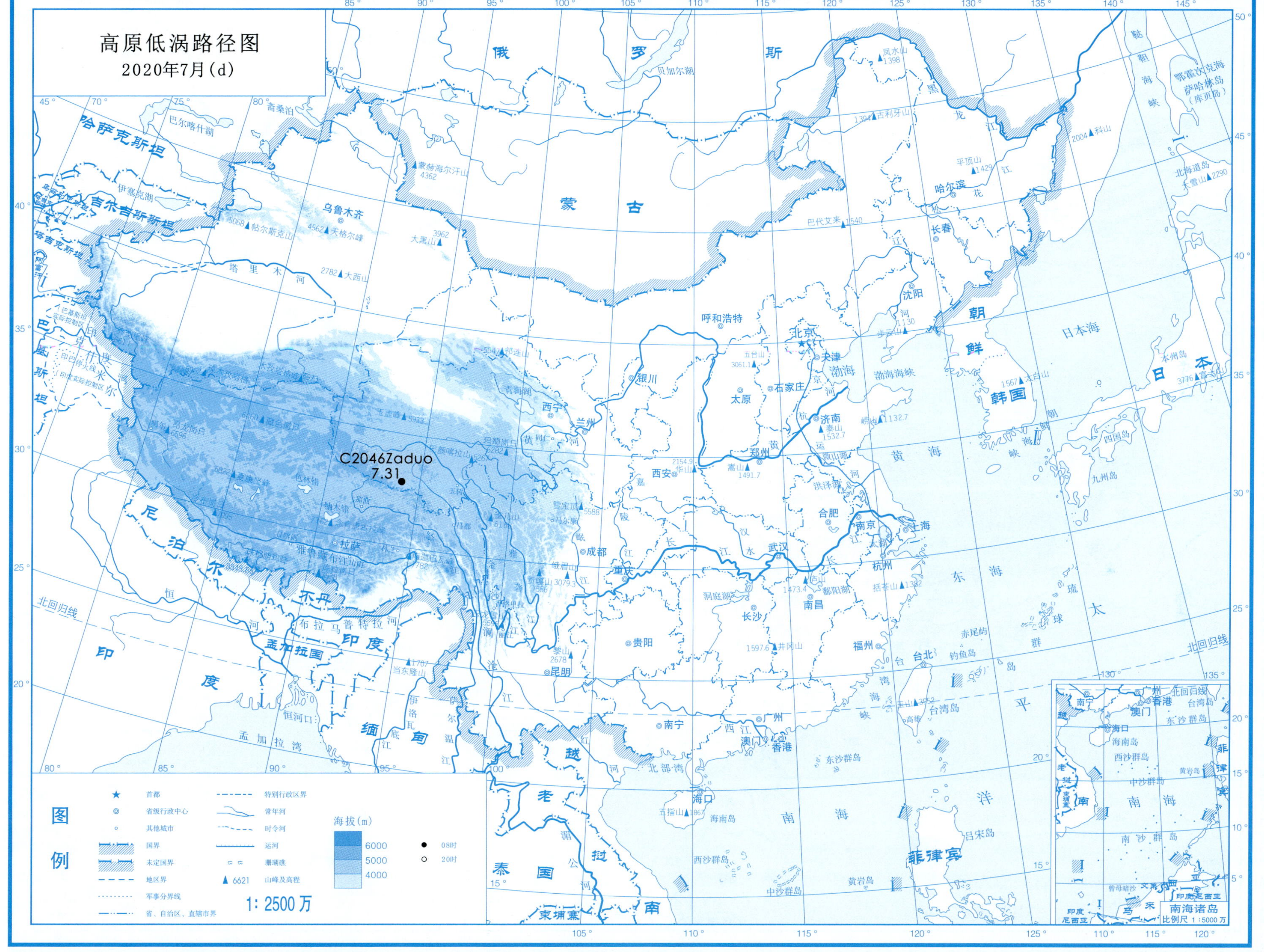
高原低涡路径图
2020年7月(d)
C2046Zaduo
7.31
图例
首都
省级行政中心
其他城市
国界
未定国界
地区界
军事分界线
省、自治区、直辖市界
特别行政区界
常年河
时令河
运河
珊瑚礁
6621 山峰及高程
海拔(m)
6000
5000
4000
08时
20时
1: 2500 万
南海诸岛
比例尺 1:5000 万
俄
罗
斯
蒙
古
哈萨克斯坦
吉尔吉斯斯坦
塔吉克斯坦
尼
泊
尔
不丹
印
度
孟加拉国
缅
甸
老
挝
越
南
泰
国
柬埔寨
朝
鲜
韩国
日
本
菲律宾
乌鲁木齐
拉萨
西宁
兰州
银川
呼和浩特
北京
天津
石家庄
太原
济南
郑州
西安
成都
重庆
武汉
合肥
南京
上海
杭州
南昌
长沙
贵阳
昆明
南宁
广州
福州
台北
海口
香港
澳门
沈阳
长春
哈尔滨
黄海
东海
南海
日本海
渤海
太平洋

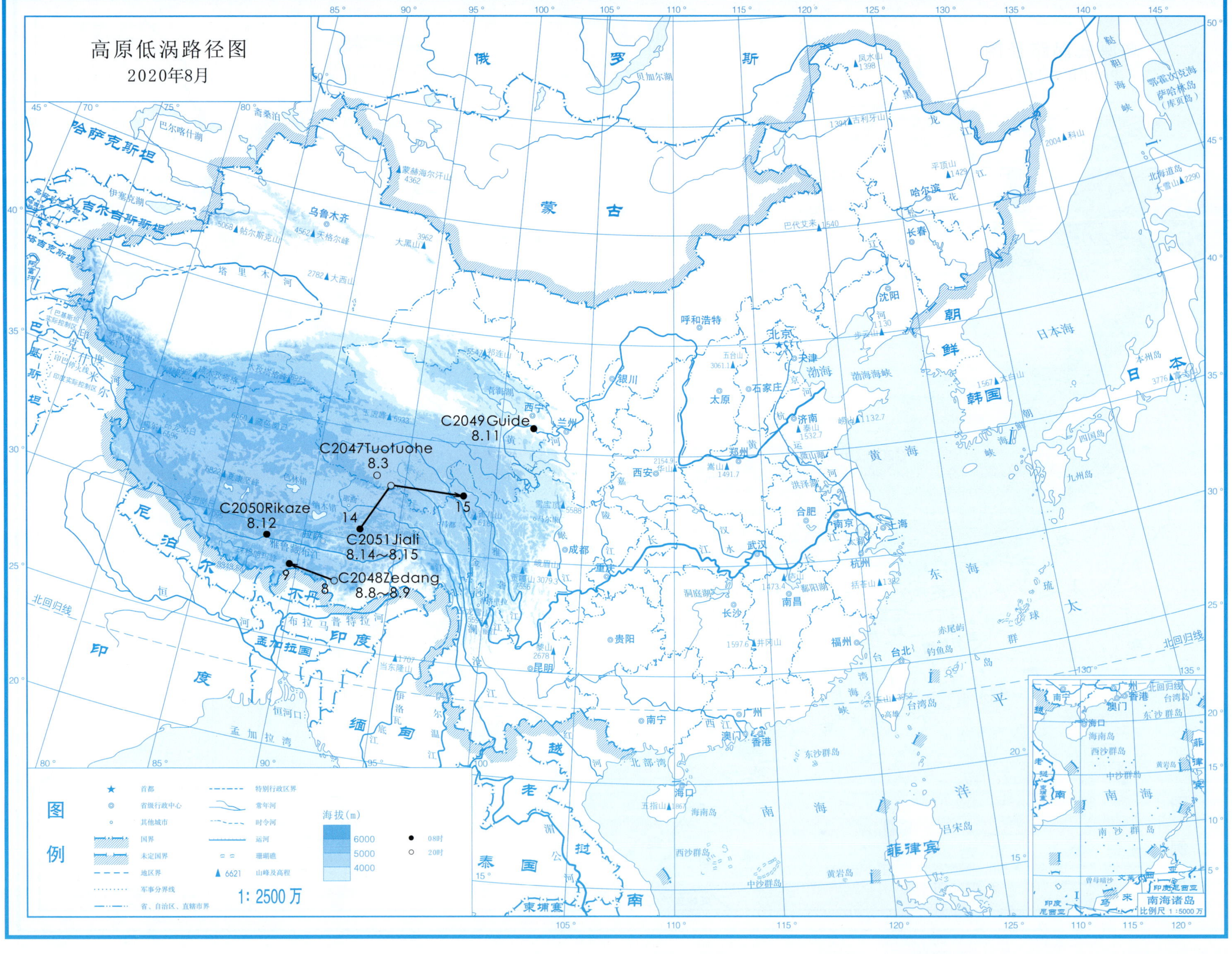

高原低涡路径图
2020年8月
C2049Guide
8.11
C2047Tuotuohe
8.3
15
14
C2050Rikaze
8.12
C2051Jiali
8.14~8.15
9
8
C2048Zedang
8.8~8.9
图例
1: 2500万
海拔(m)
6000
5000
4000
08时
20时
南海诸岛
比例尺 1:5000万

高原低涡路径图

2020年9月

C2052Qilian
9.10

C2053Maduo
9.20～9.21

20

21

图例

符号	说明	符号	说明
★	首都		特别行政区界
◎	省级行政中心		常年河
○	其他城市		时令河
	国界		运河
	未定国界		珊瑚礁
	地区界	▲ 6621	山峰及高程
	军事分界线		
	省、自治区、直辖市界		

海拔(m)

6000

5000

4000

● 08时

○ 20时

1: 2500 万

南海诸岛
比例尺 1:5000 万

青 藏 高 原 低 涡 降 水 资 料

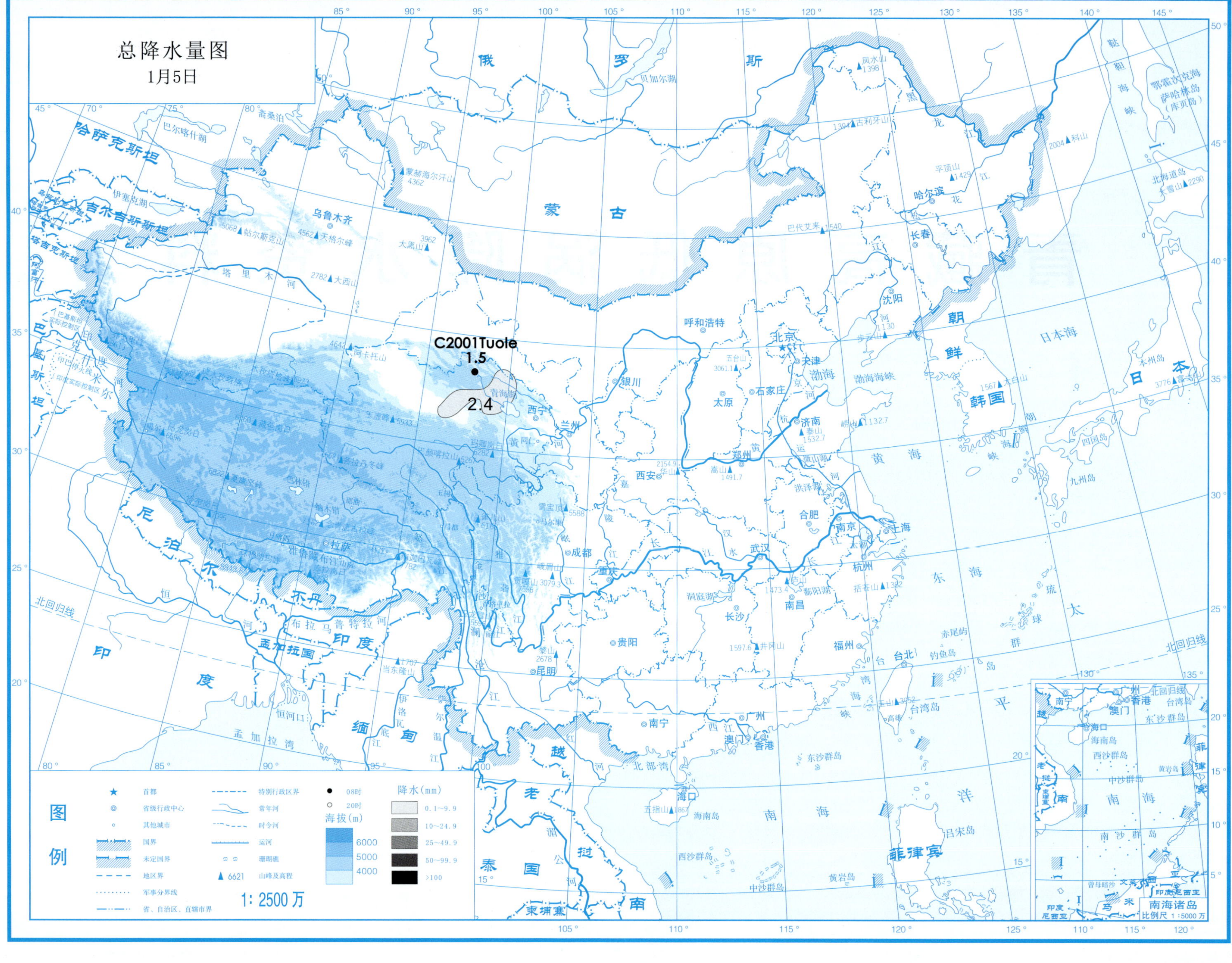
总降水量图
1月5日
C2001Tuole
1.5
2.4
图例
首都
省级行政中心
其他城市
国界
未定国界
地区界
军事分界线
省、自治区、直辖市界
特别行政区界
常年河
时令河
运河
珊瑚礁
山峰及高程
08时
20时
海拔(m)
6000
5000
4000
降水(mm)
0.1~9.9
10~24.9
25~49.9
50~99.9
>100
1: 2500 万
南海诸岛
比例尺 1:5000 万

总降水日数图

1月5日

图例

★ 首都
◎ 省级行政中心
○ 其他城市
国界
未定国界
地区界
军事分界线
省、自治区、直辖市界
特别行政区界
常年河
时令河
运河
珊瑚礁
▲ 6621 山峰及高程

海拔(m)
6000
5000
4000

降水日数
1天
2~3天
4天以上

1: 2500 万

南海诸岛
比例尺 1:5000 万

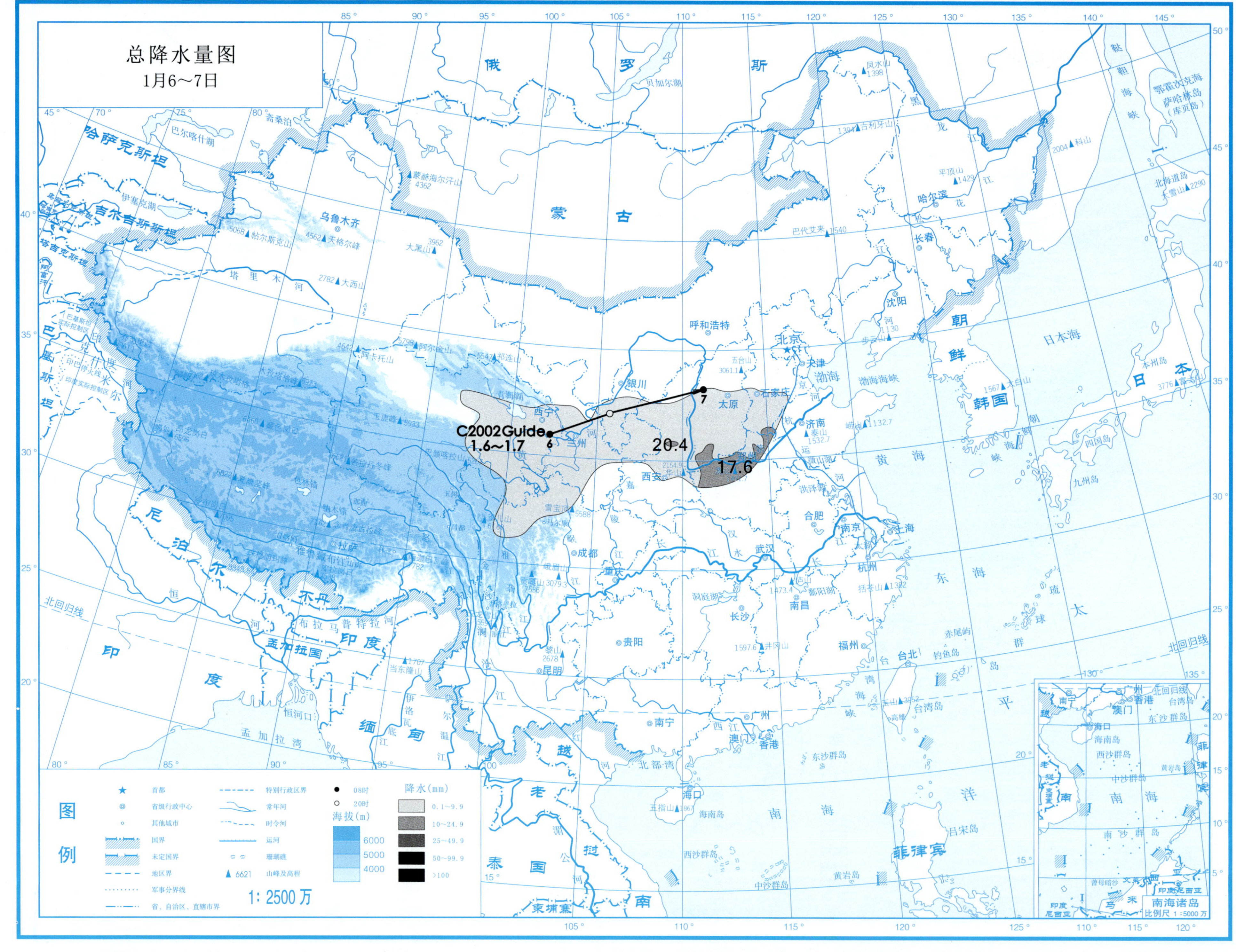
总降水量图
1月6~7日
C2002Guide
1.6~1.7
6
7
20.4
17.6
图例
首都
省级行政中心
其他城市
国界
未定国界
地区界
军事分界线
省、自治区、直辖市界
特别行政区界
常年河
时令河
运河
珊瑚礁
6621 山峰及高程
08时
20时
海拔(m)
6000
5000
4000
降水(mm)
0.1~9.9
10~24.9
25~49.9
50~99.9
>100
1: 2500万
南海诸岛
比例尺 1:5000万

总降水日数图

1月6～7日

图例

符号	含义	符号	含义
★	首都		特别行政区界
◎	省级行政中心		常年河
○	其他城市		时令河
	国界		运河
	未定国界		珊瑚礁
	地区界	▲ 6621	山峰及高程
	军事分界线		
	省、自治区、直辖市界		

海拔(m)：6000、5000、4000

降水日数：1天、2～3天、4天以上

1: 2500 万

南海诸岛

比例尺 1 : 5000 万

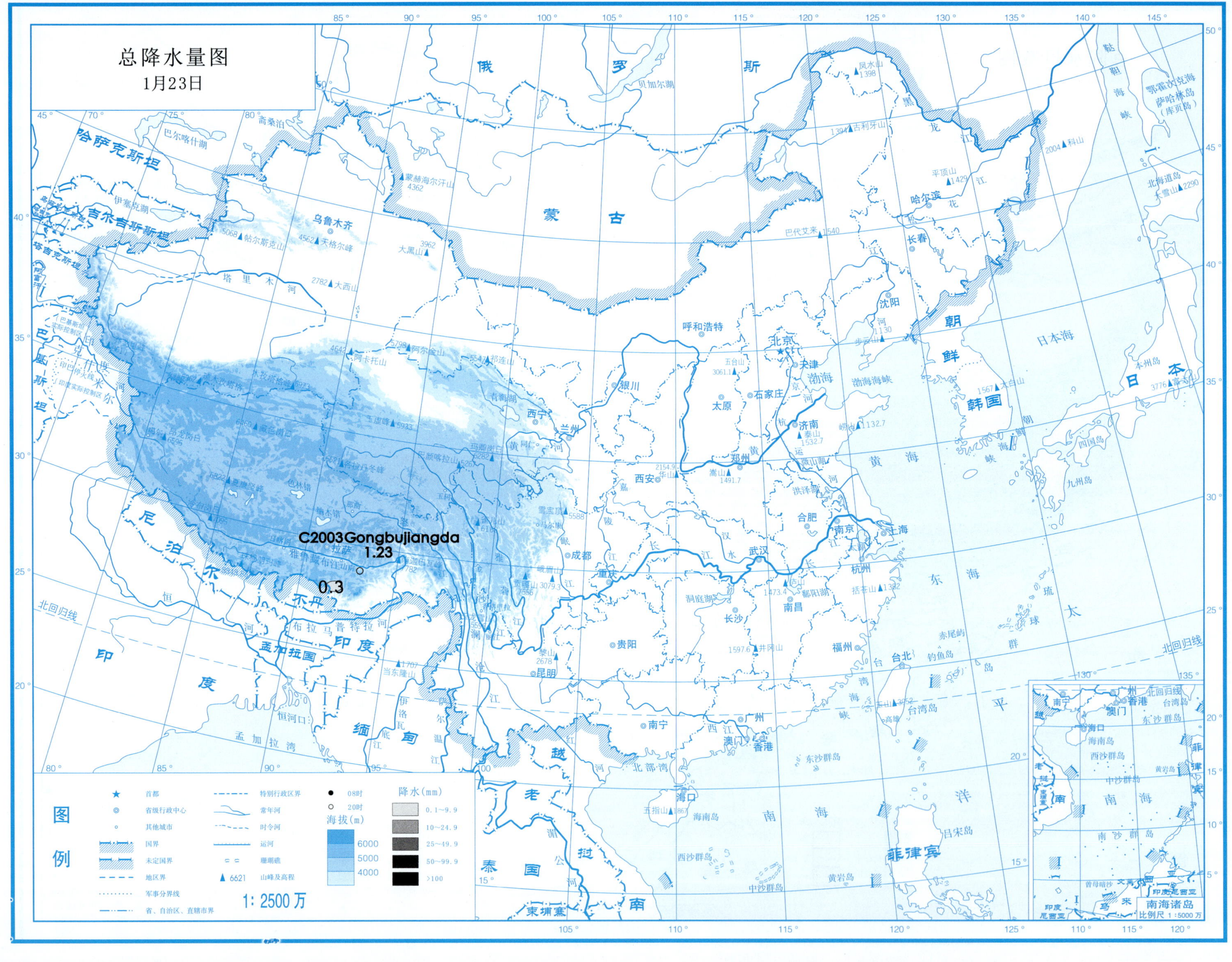
总降水量图
1月23日
C2003Gongbujiangda
1.23
0.3
俄
罗
斯
蒙
古
哈萨克斯坦
吉尔吉斯斯坦
塔吉克斯坦
巴基斯坦
尼泊尔
不丹
印度
孟加拉国
缅甸
老
泰国
柬埔寨
越
朝
鲜
韩国
日本
菲律宾
乌鲁木齐
拉萨
西宁
兰州
银川
呼和浩特
北京
天津
石家庄
太原
济南
郑州
西安
成都
重庆
武汉
合肥
南京
上海
杭州
南昌
长沙
贵阳
昆明
福州
台北
南宁
广州
澳门
香港
海口
哈尔滨
长春
沈阳
渤海
黄海
东海
南海
日本海
太
平
洋
雅鲁藏布江
图
例
首都
省级行政中心
其他城市
国界
未定国界
地区界
军事分界线
省、自治区、直辖市界
特别行政区界
常年河
时令河
运河
珊瑚礁
6621 山峰及高程
08时
20时
海拔(m)
6000
5000
4000
降水(mm)
0.1～9.9
10～24.9
25～49.9
50～99.9
>100
1: 2500 万
南海诸岛
比例尺 1：5000 万

总降水日数图

1月23日

图例

- ★ 首都
- ◎ 省级行政中心
- ∘ 其他城市
- 国界
- 未定国界
- 地区界
- 军事分界线
- 省、自治区、直辖市界
- 特别行政区界
- 常年河
- 时令河
- 运河
- 珊瑚礁
- ▲ 6621 山峰及高程

海拔(m)：6000、5000、4000

降水日数：1天、2~3天、4天以上

1：2500万

南海诸岛

比例尺 1：5000万

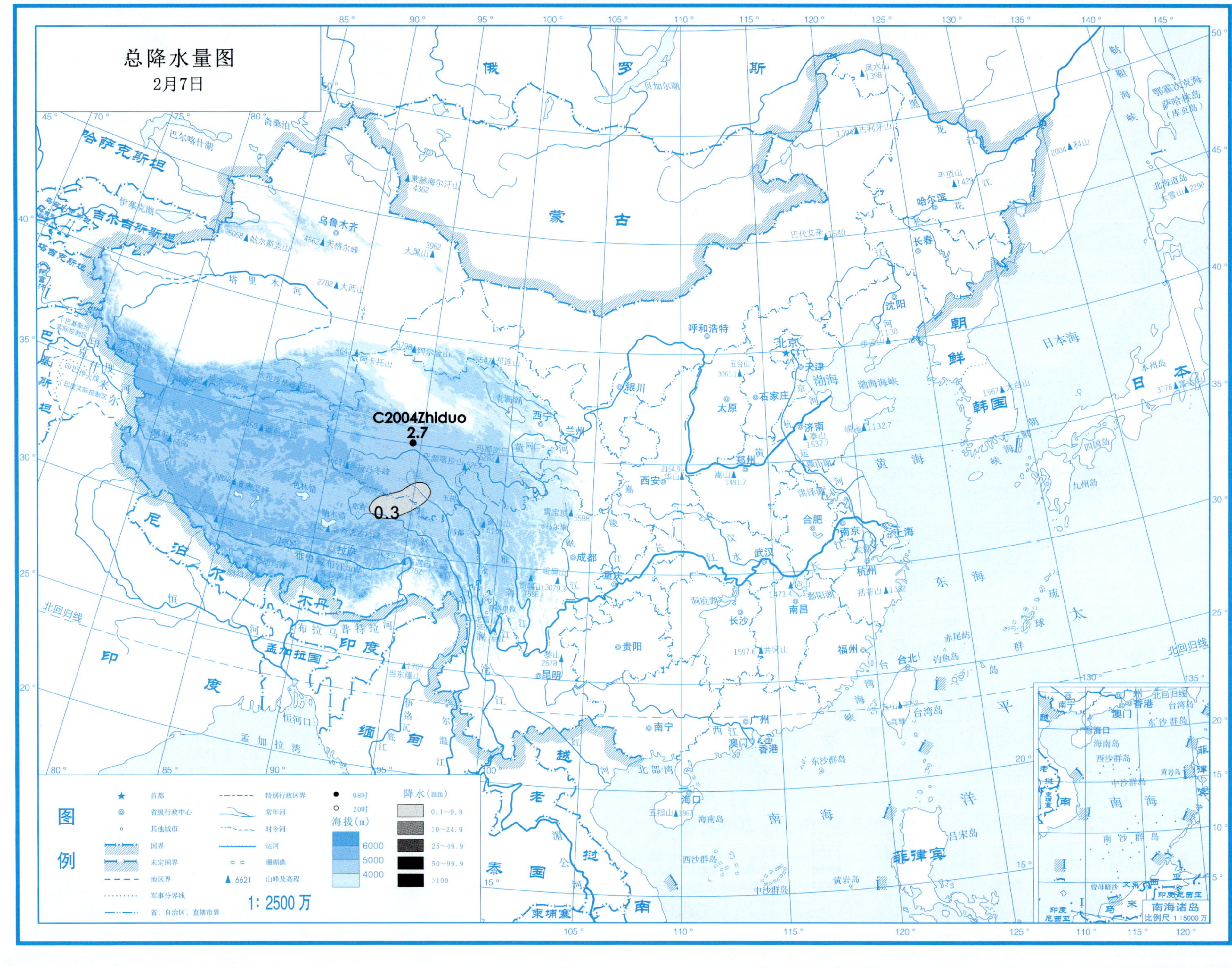
总降水量图
2月7日
C2004Zhiduo
2.7
0.3
图例
首都
省级行政中心
其他城市
国界
未定国界
地区界
军事分界线
省、自治区、直辖市界
特别行政区界
常年河
时令河
运河
珊瑚礁
6621 山峰及高程
08时
20时
海拔(m)
6000
5000
4000
降水(mm)
0.1～9.9
10～24.9
25～49.9
50～99.9
>100
1: 2500 万
南海诸岛
比例尺 1:5000 万

总降水日数图

2月7日

图例

★ 首都
◎ 省级行政中心
○ 其他城市
国界
未定国界
地区界
军事分界线
省、自治区、直辖市界
特别行政区界
常年河
时令河
运河
珊瑚礁
▲ 6621 山峰及高程

海拔（m）
6000
5000
4000

降水日数
1天
2～3天
4天以上

1：2500万

南海诸岛
比例尺 1：5000万

总降水量图

2月7日

C2005Wudaoliang
2.7

图例

★ 首都
◎ 省级行政中心
○ 其他城市
国界
未定国界
地区界
军事分界线
省、自治区、直辖市界
特别行政区界
常年河
时令河
运河
珊瑚礁
▲ 6621 山峰及高程

● 08时
○ 20时

海拔(m)
6000
5000
4000

降水(mm)
0.1~9.9
10~24.9
25~49.9
50~99.9
>100

1: 2500 万

南海诸岛
比例尺 1：5000 万

总降水日数图

2月7日

图例

- ★ 首都
- ◎ 省级行政中心
- ○ 其他城市
- 国界
- 未定国界
- 地区界
- 军事分界线
- 省、自治区、直辖市界
- 特别行政区界
- 常年河
- 时令河
- 运河
- 珊瑚礁
- ▲ 6621 山峰及高程

海拔(m)

- 6000
- 5000
- 4000

降水日数

- 1天
- 2~3天
- 4天以上

1: 2500 万

南海诸岛
比例尺 1:5000 万

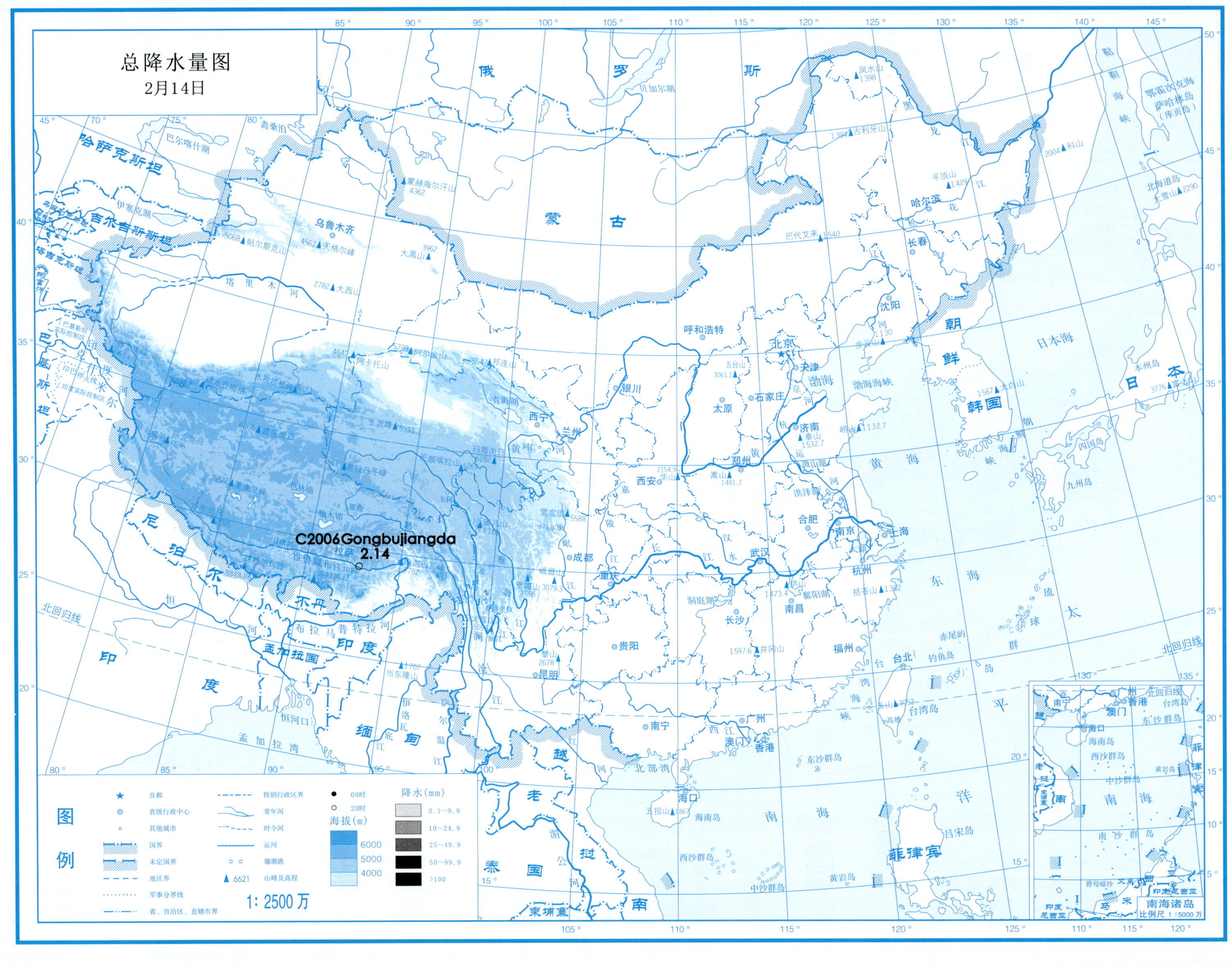
总降水量图
2月14日
C2006Gongbujiangda
2.14
图例
首都
省级行政中心
其他城市
国界
未定国界
地区界
军事分界线
省、自治区、直辖市界
特别行政区界
常年河
时令河
运河
珊瑚礁
6621 山峰及高程
08时
20时
海拔(m)
6000
5000
4000
降水(mm)
0.1~9.9
10~24.9
25~49.9
50~99.9
>100
1：2500 万
南海诸岛
比例尺 1：5000 万

总降水日数图

2月14日

图例

- ★ 首都
- ◎ 省级行政中心
- ∘ 其他城市
- 国界
- 未定国界
- 地区界
- 军事分界线
- 省、自治区、直辖市界
- 特别行政区界
- 常年河
- 时令河
- 运河
- 珊瑚礁
- ▲ 6621 山峰及高程

海拔(m)

- 6000
- 5000
- 4000

降水日数

- 1天
- 2~3天
- 4天以上

1:2500万

南海诸岛

比例尺 1:5000万

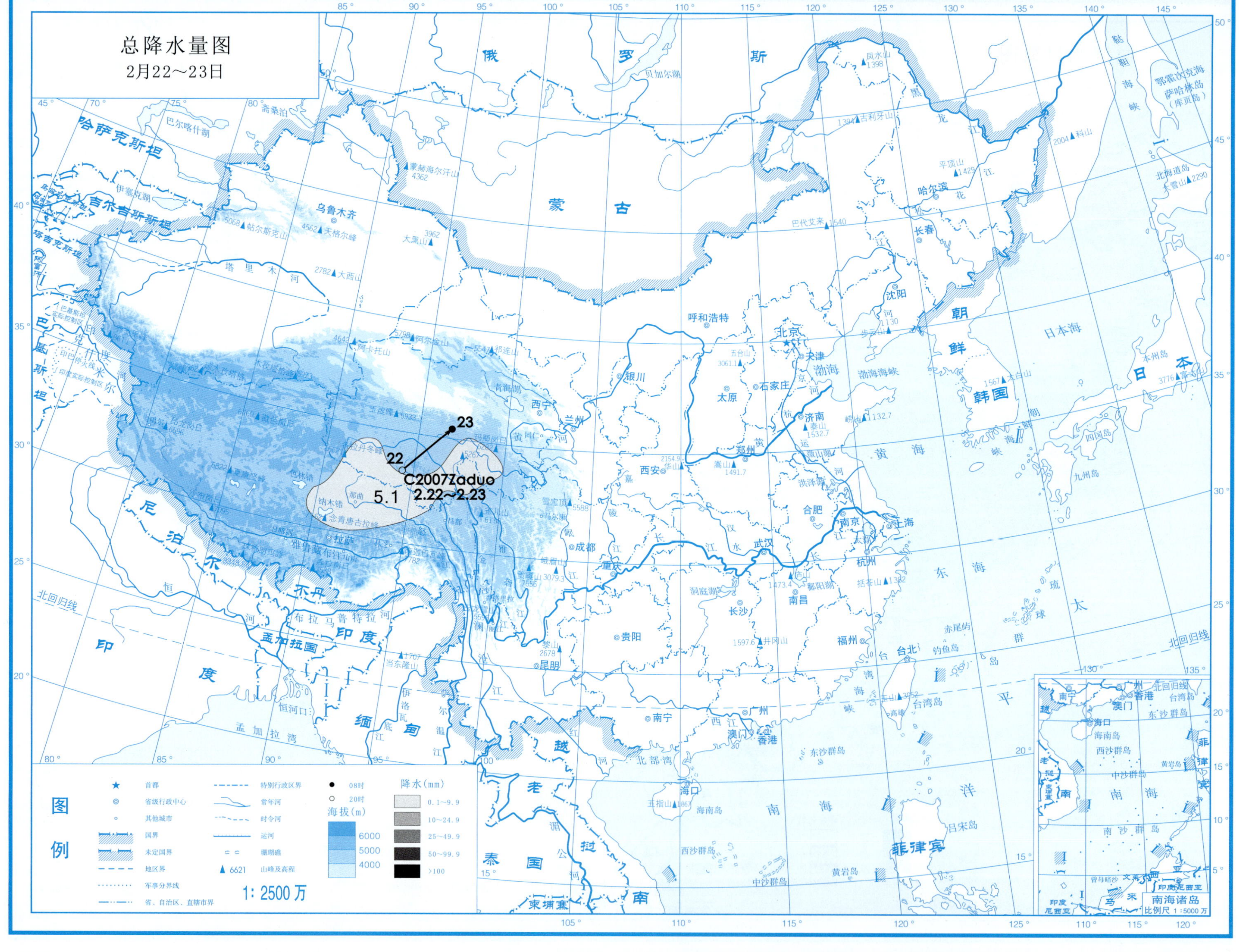
总降水量图
2月22～23日
23
22
C2007Zaduo
2.22～2.23
5.1
图例
降水(mm)
0.1～9.9
10～24.9
25～49.9
50～99.9
>100
海拔(m)
6000
5000
4000
1: 2500 万
南海诸岛

总降水日数图

2月22～23日

图例

符号	说明	符号	说明
★	首都		特别行政区界
◎	省级行政中心		常年河
○	其他城市		时令河
	国界		运河
	未定国界		珊瑚礁
	地区界	▲ 6621	山峰及高程
	军事分界线		
	省、自治区、直辖市界		

海拔（m）：6000、5000、4000

降水日数：1天、2～3天、4天以上

1：2500万

南海诸岛
比例尺 1：5000万

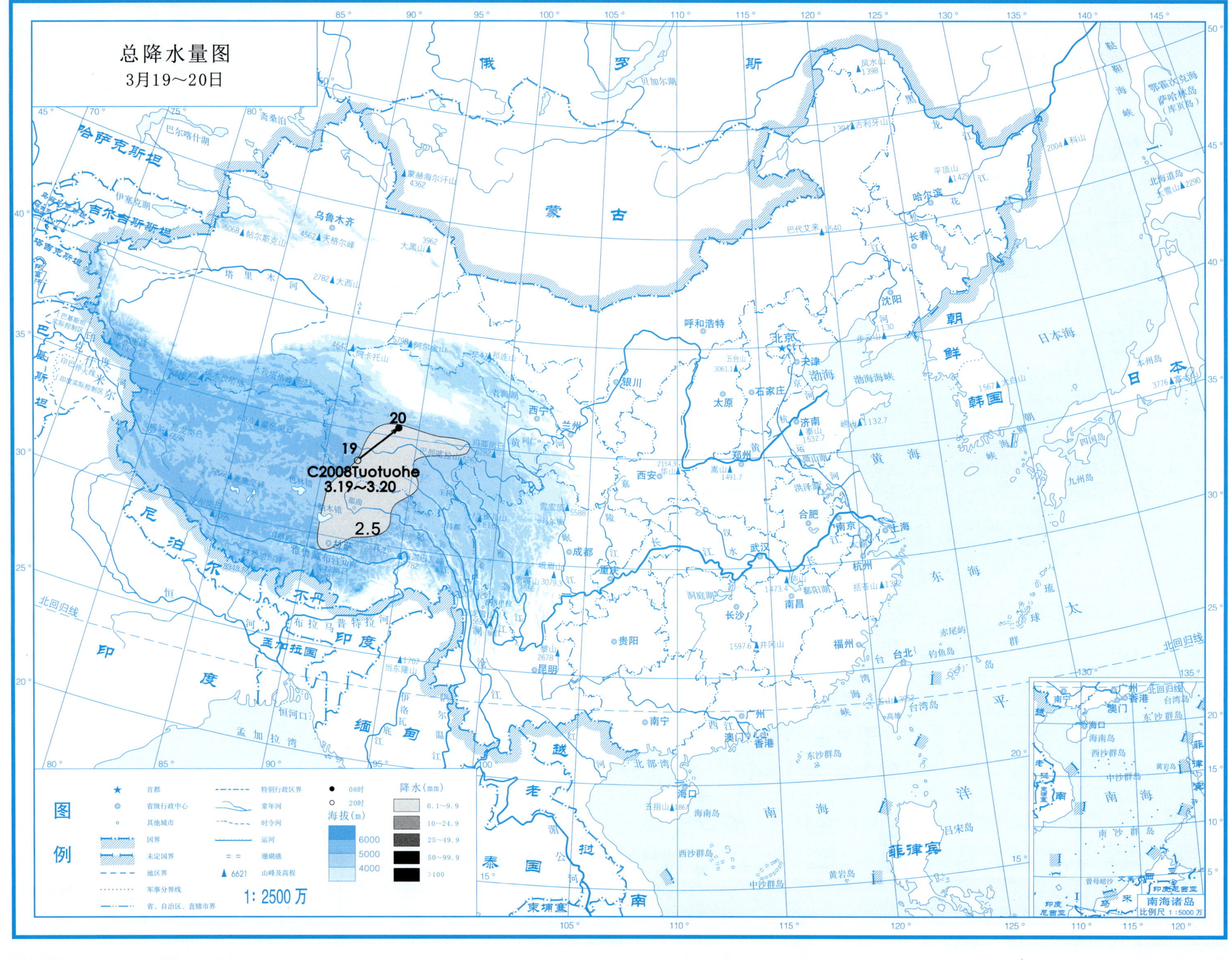
总降水量图
3月19～20日
20
19
C2008Tuotuohe
3.19～3.20
2.5
图例
首都
省级行政中心
其他城市
国界
未定国界
地区界
军事分界线
省、自治区、直辖市界
特别行政区界
常年河
时令河
运河
珊瑚礁
6621 山峰及高程
08时
20时
海拔(m)
6000
5000
4000
降水(mm)
0.1～9.9
10～24.9
25～49.9
50～99.9
>100
1: 2500 万
南海诸岛
比例尺 1:5000 万

总降水日数图

3月19～20日

图例

- ★ 首都
- ◎ 省级行政中心
- ○ 其他城市
- 国界
- 未定国界
- 地区界
- 军事分界线
- 省、自治区、直辖市界
- 特别行政区界
- 常年河
- 时令河
- 运河
- 珊瑚礁
- ▲ 6621 山峰及高程

海拔(m)：6000、5000、4000

降水日数：1天；2～3天；4天以上

1：2500万

南海诸岛 比例尺 1：5000万

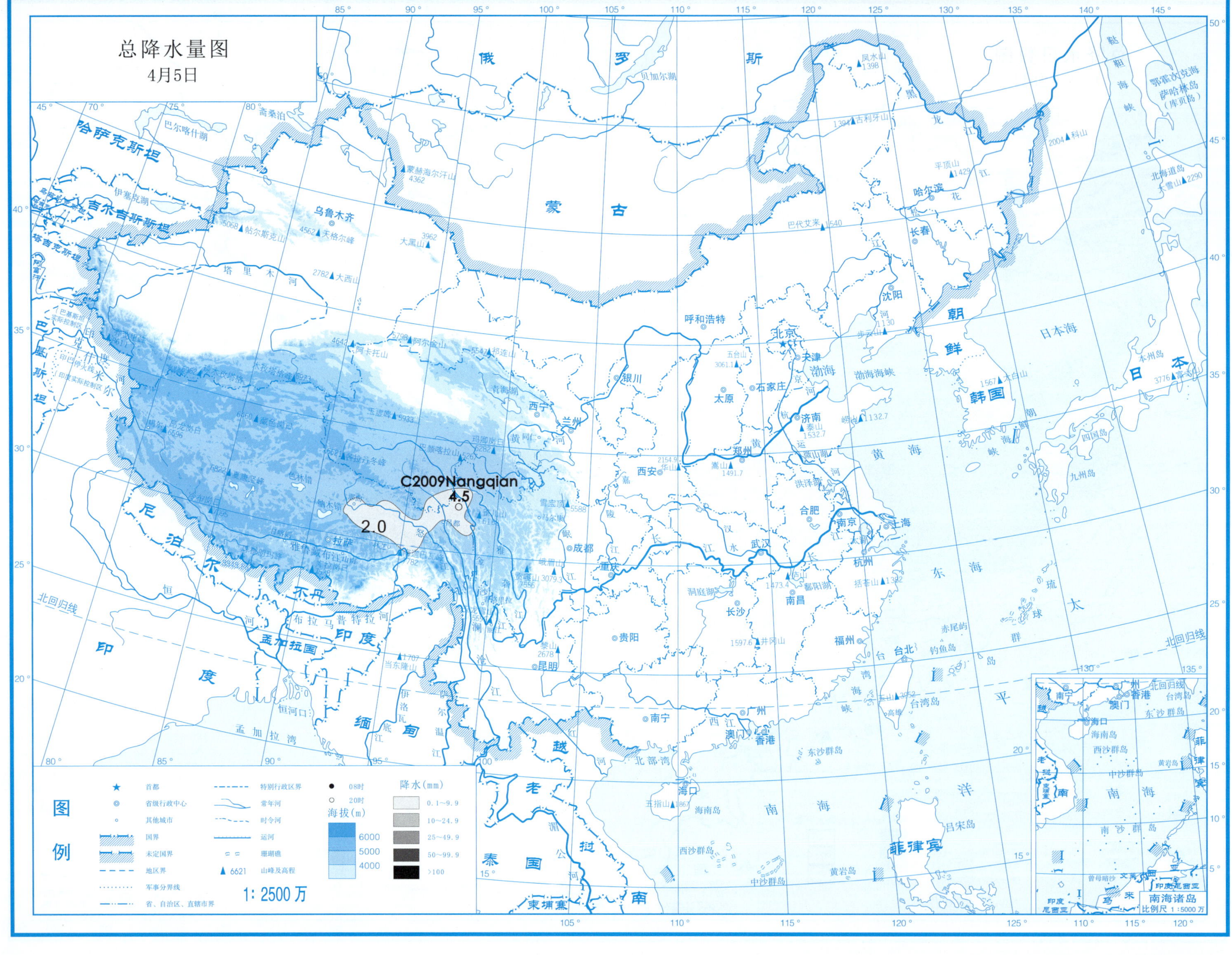
总降水量图
4月5日
C2009Nangqian
4.5
2.0
图例
降水(mm)
0.1~9.9
10~24.9
25~49.9
50~99.9
>100
海拔(m)
6000
5000
4000
1: 2500 万

总降水日数图

4月5日

图例

★ 首都
◎ 省级行政中心
○ 其他城市
国界
未定国界
地区界
军事分界线
省、自治区、直辖市界
特别行政区界
常年河
时令河
运河
珊瑚礁
▲ 6621 山峰及高程

海拔(m)
6000
5000
4000

降水日数
1天
2~3天
4天以上

1∶2500万

南海诸岛
比例尺 1∶5000万

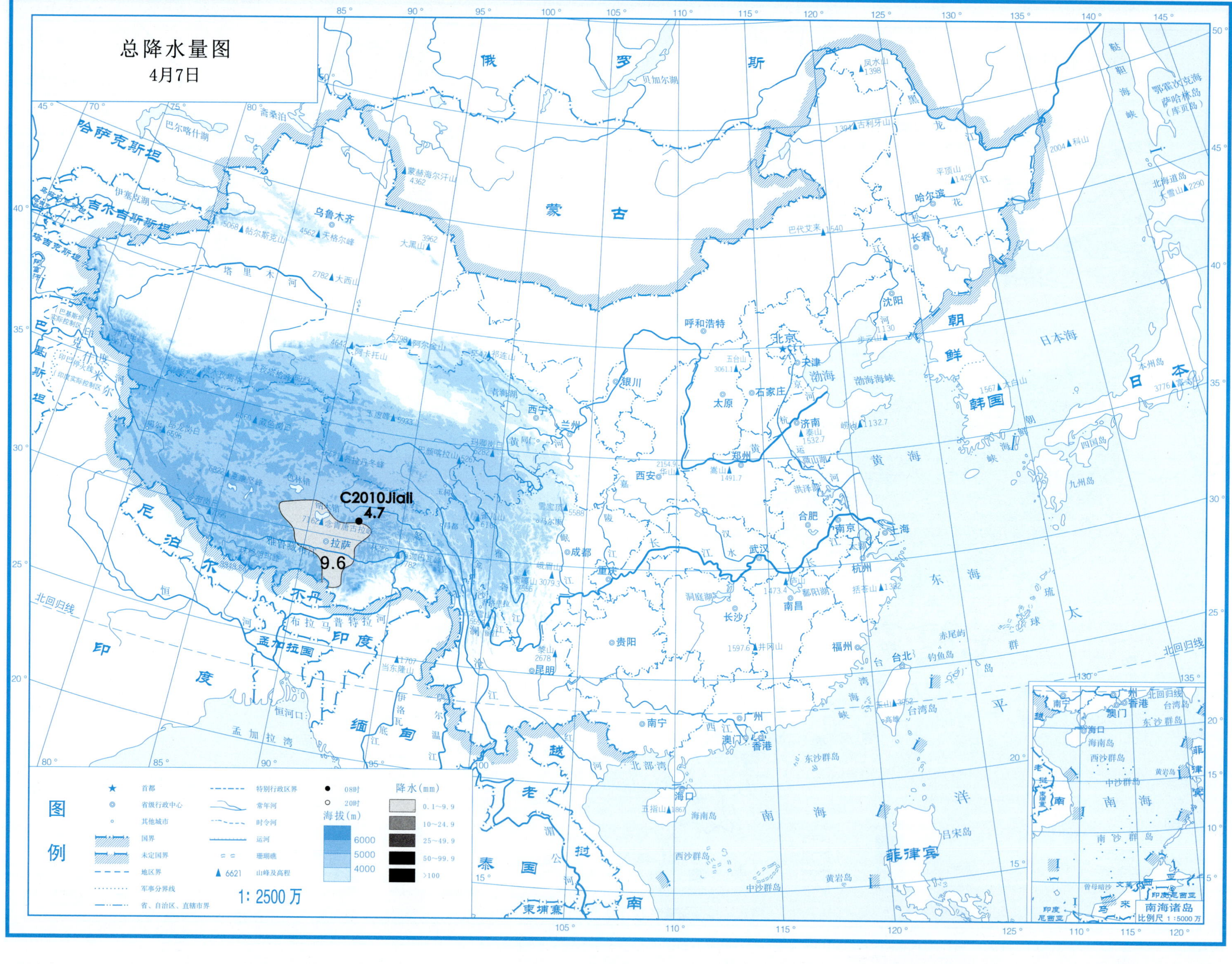
总降水量图
4月7日
C2010Jiali
4.7
9.6
拉萨
图例
首都
省级行政中心
其他城市
国界
未定国界
地区界
军事分界线
省、自治区、直辖市界
特别行政区界
常年河
时令河
运河
珊瑚礁
6621 山峰及高程
08时
20时
海拔(m)
6000
5000
4000
降水(mm)
0.1~9.9
10~24.9
25~49.9
50~99.9
>100
1: 2500 万
南海诸岛
比例尺 1:5000 万

总降水日数图

4月7日

图例

- 首都
- 省级行政中心
- 其他城市
- 国界
- 未定国界
- 地区界
- 军事分界线
- 省、自治区、直辖市界
- 特别行政区界
- 常年河
- 时令河
- 运河
- 珊瑚礁
- 6621 山峰及高程

海拔(m)：6000、5000、4000

降水日数：1天、2~3天、4天以上

1：2500万

南海诸岛 比例尺 1：5000万

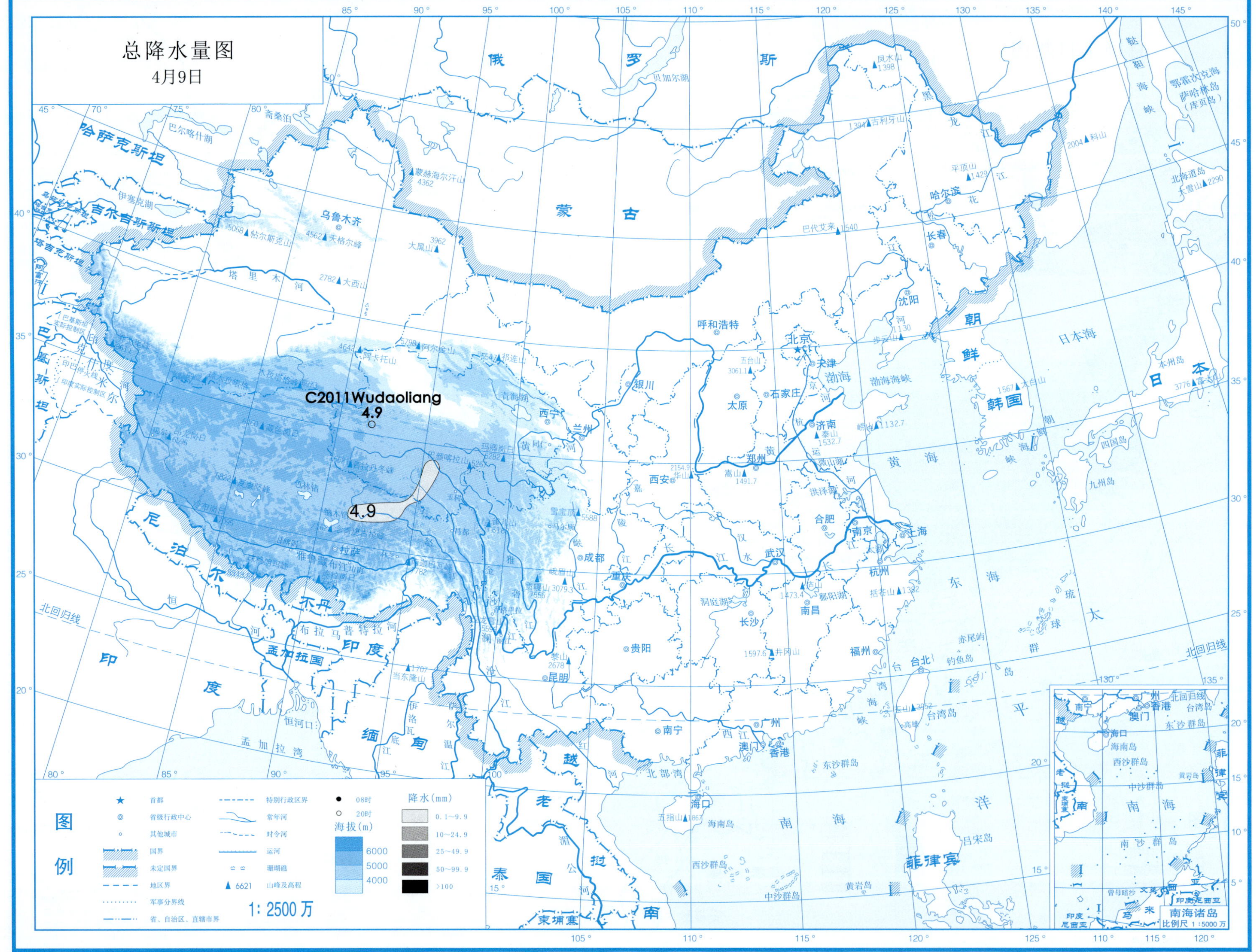
总降水量图
4月9日
C2011Wudaoliang
4.9
4.9
图例
首都
省级行政中心
其他城市
国界
未定国界
地区界
军事分界线
省、自治区、直辖市界
特别行政区界
常年河
时令河
运河
珊瑚礁
6621 山峰及高程
08时
20时
海拔(m)
6000
5000
4000
降水(mm)
0.1~9.9
10~24.9
25~49.9
50~99.9
>100
1: 2500万
南海诸岛
比例尺 1:5000万

总降水日数图

4月9日

图例

★ 首都
◎ 省级行政中心
○ 其他城市
国界
未定国界
地区界
军事分界线
省、自治区、直辖市界
特别行政区界
常年河
时令河
运河
珊瑚礁
▲ 6621 山峰及高程

海拔(m)
6000
5000
4000

降水日数
1天
2~3天
4天以上

1:2500万

南海诸岛
比例尺 1:5000万

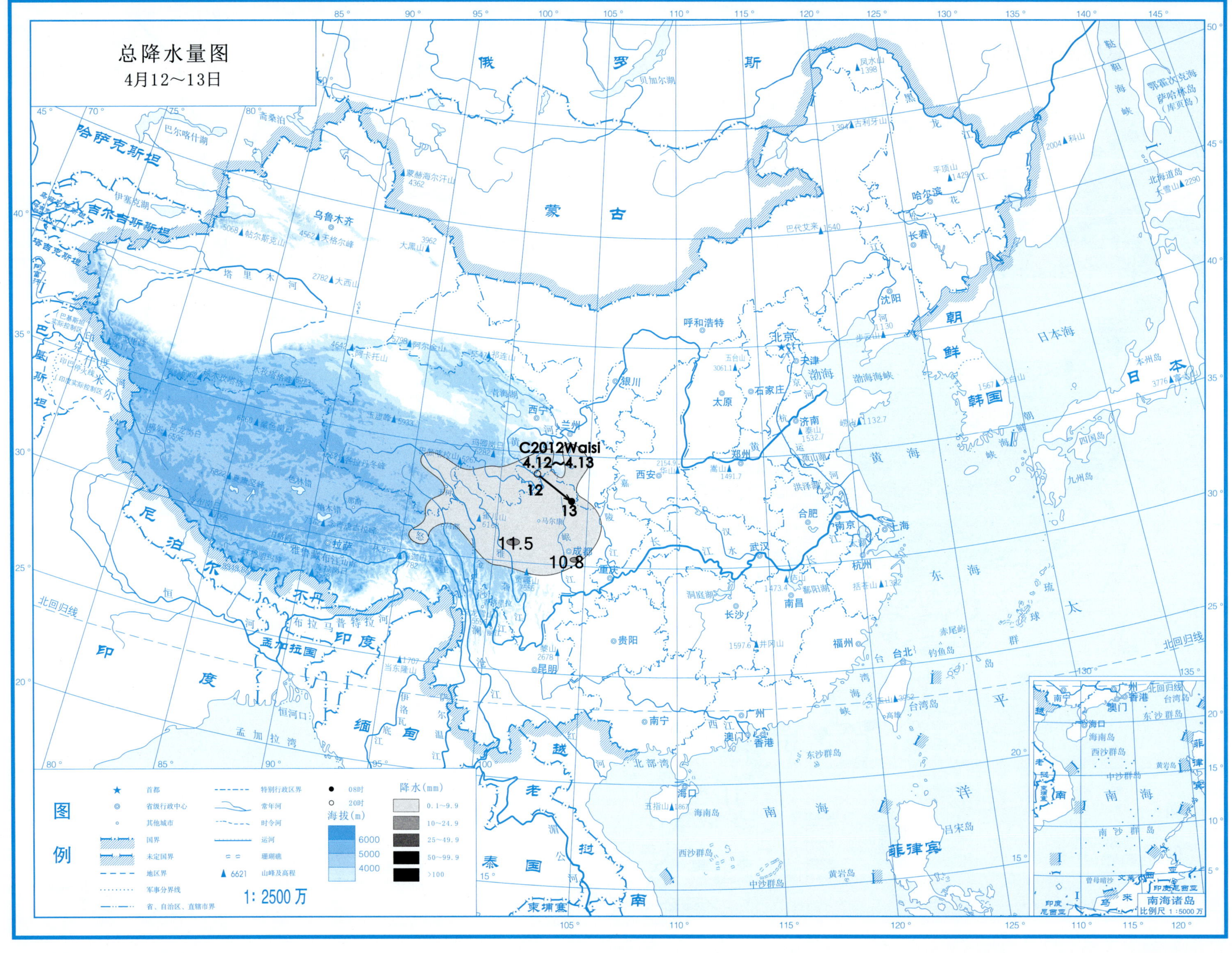
总降水量图
4月12～13日
C2012Waisi
4.12～4.13
12
13
11.5
10.8
图例
首都
省级行政中心
其他城市
国界
未定国界
地区界
军事分界线
省、自治区、直辖市界
特别行政区界
常年河
时令河
运河
珊瑚礁
6621 山峰及高程
08时
20时
海拔(m)
6000
5000
4000
降水(mm)
0.1～9.9
10～24.9
25～49.9
50～99.9
>100
1: 2500 万
南海诸岛
比例尺 1:5000 万

总降水日数图

4月12～13日

图例

首都
省级行政中心
其他城市
国界
未定国界
地区界
军事分界线
省、自治区、直辖市界
特别行政区界
常年河
时令河
运河
珊瑚礁
▲ 6621 山峰及高程

海拔(m)：6000　5000　4000

降水日数：1天　2～3天　4天以上

1：2500万

南海诸岛
比例尺 1：5000万

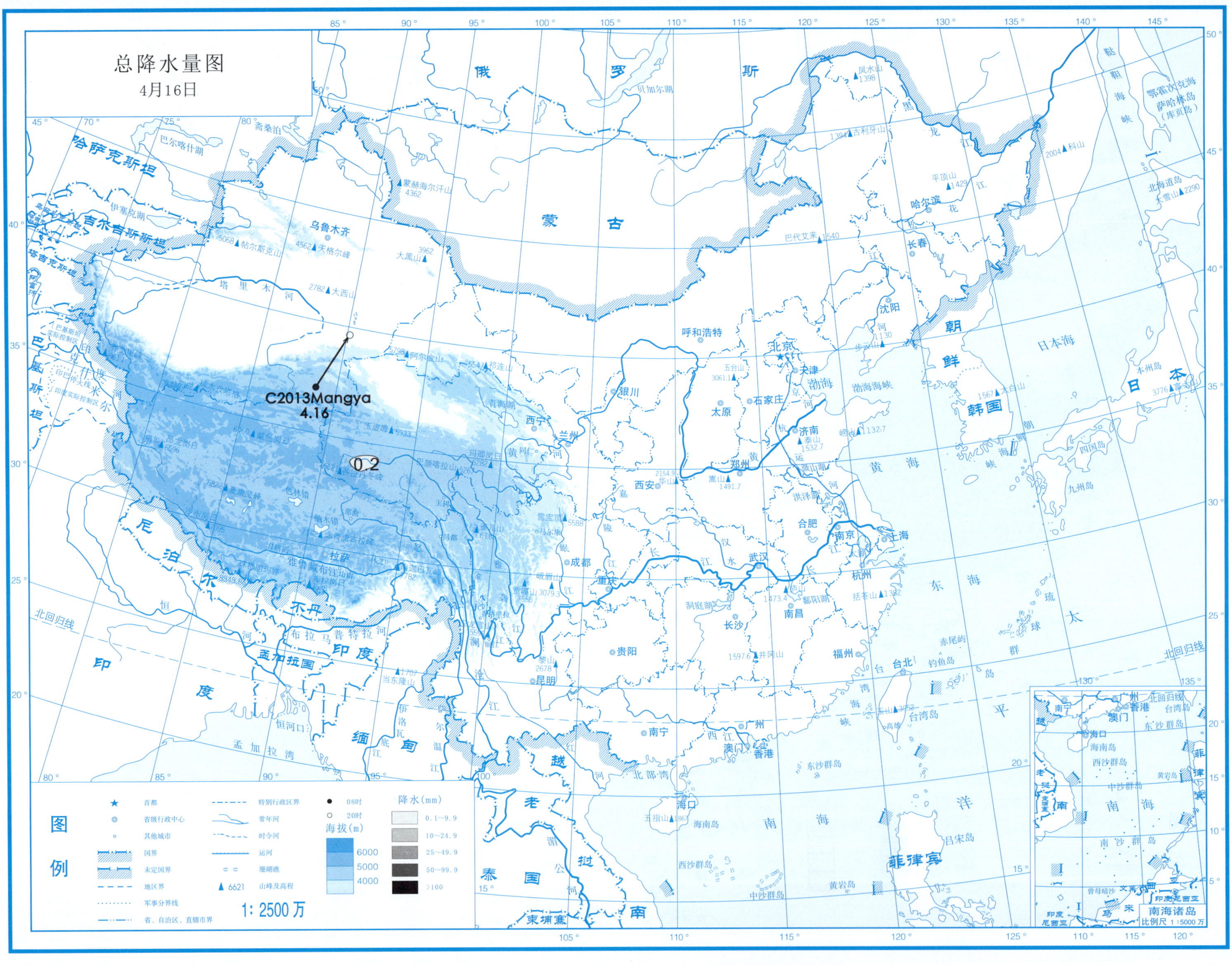
总降水量图
4月16日
C2013Mangya
4.16
0.2
图例
首都
省级行政中心
其他城市
国界
未定国界
地区界
军事分界线
省、自治区、直辖市界
特别行政区界
常年河
时令河
运河
珊瑚礁
山峰及高程
08时
20时
海拔(m)
6000
5000
4000
降水(mm)
0.1~9.9
10~24.9
25~49.9
50~99.9
>100
1: 2500 万
南海诸岛
比例尺 1:5000 万

总降水日数图

4月16日

图例

★ 首都
◎ 省级行政中心
○ 其他城市
国界
未定国界
地区界
军事分界线
省、自治区、直辖市界
特别行政区界
常年河
时令河
运河
珊瑚礁
▲ 6621 山峰及高程

海拔(m)
6000
5000
4000

降水日数
1天
2~3天
4天以上

1: 2500万

南海诸岛
比例尺 1:5000万

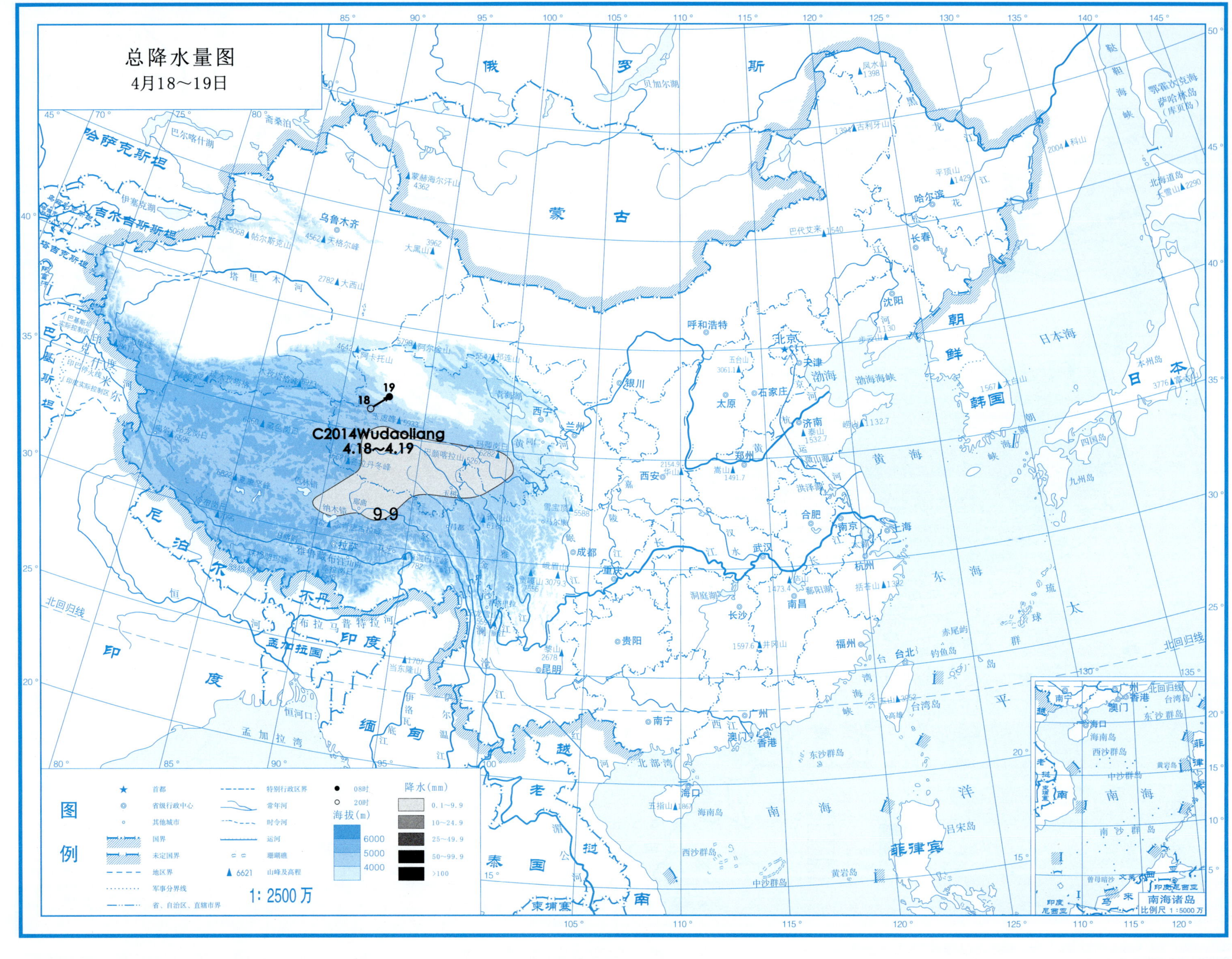
总降水量图
4月18～19日
C2014Wudaoliang
4.18～4.19
18
19
9.9
图例
首都
省级行政中心
其他城市
国界
未定国界
地区界
军事分界线
省、自治区、直辖市界
特别行政区界
常年河
时令河
运河
珊瑚礁
6621 山峰及高程
08时
20时
海拔(m)
6000
5000
4000
降水(mm)
0.1～9.9
10～24.9
25～49.9
50～99.9
>100
1:2500万
南海诸岛
比例尺 1:5000万

总降水日数图

4月18～19日

图例

首都
省级行政中心
其他城市
国界
未定国界
地区界
军事分界线
省、自治区、直辖市界
特别行政区界
常年河
时令河
运河
珊瑚礁
山峰及高程

海拔(m)
6000
5000
4000

降水日数
1天
2~3天
4天以上

1:2500万

南海诸岛
比例尺 1:5000万

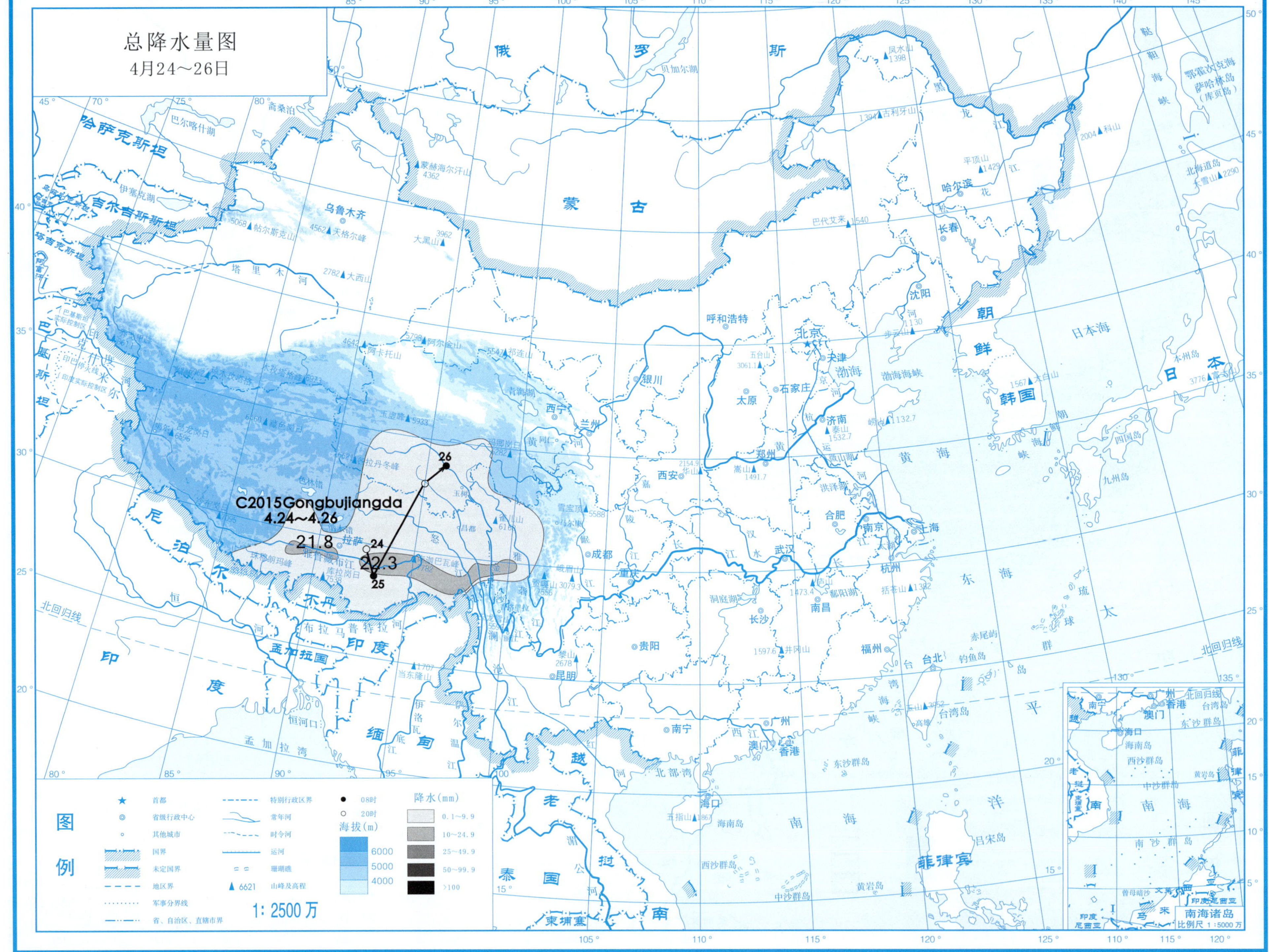

总降水量图
4月24～26日
C2015Gongbujiangda
4.24～4.26
21.8
22.3
24
25
26
图例
首都
省级行政中心
其他城市
国界
未定国界
地区界
军事分界线
省、自治区、直辖市界
特别行政区界
常年河
时令河
运河
珊瑚礁
山峰及高程
08时
20时
海拔(m)
6000
5000
4000
降水(mm)
0.1～9.9
10～24.9
25～49.9
50～99.9
>100
1: 2500 万

总降水日数图

4月24～26日

图例

符号	说明	符号	说明
★	首都		特别行政区界
◎	省级行政中心		常年河
○	其他城市		时令河
	国界		运河
	未定国界		珊瑚礁
	地区界	▲ 6621	山峰及高程
	军事分界线		
	省、自治区、直辖市界		

海拔(m)：6000、5000、4000

降水日数：1天、2～3天、4天以上

1：2500万

南海诸岛 比例尺 1：5000万

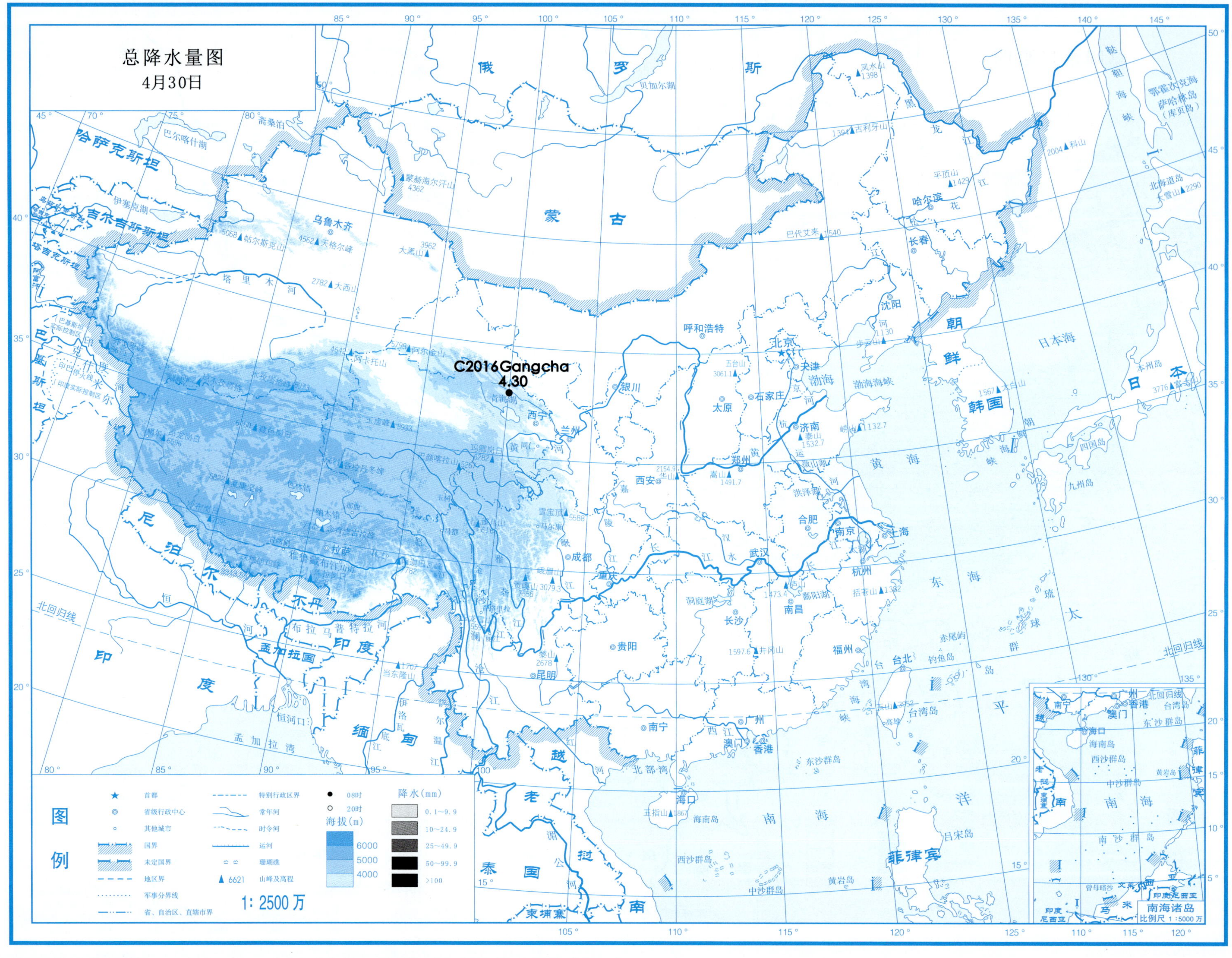
总降水量图
4月30日
C2016Gangcha
4.30
图例
首都
省级行政中心
其他城市
国界
未定国界
地区界
军事分界线
省、自治区、直辖市界
特别行政区界
常年河
时令河
运河
珊瑚礁
6621 山峰及高程
08时
20时
海拔(m)
6000
5000
4000
降水(mm)
0.1~9.9
10~24.9
25~49.9
50~99.9
>100
1：2500万
南海诸岛
比例尺 1：5000万

总降水日数图

4月30日

图例

首都
省级行政中心
其他城市
国界
未定国界
地区界
军事分界线
省、自治区、直辖市界
特别行政区界
常年河
时令河
运河
珊瑚礁
▲ 6621 山峰及高程

海拔(m)
6000
5000
4000

降水日数
1天
2~3天
4天以上

1:2500万

南海诸岛
比例尺 1:5000万

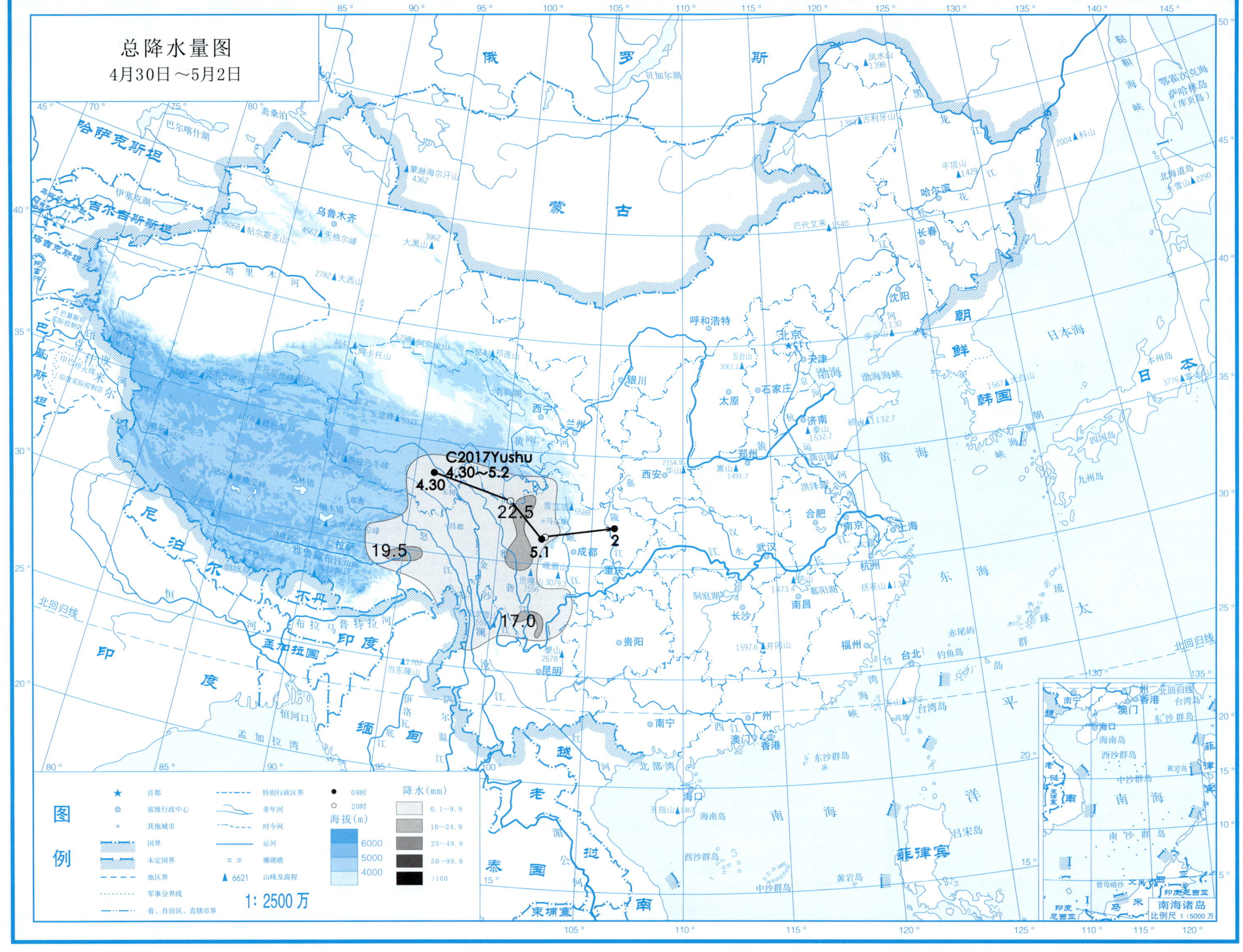
总降水量图
4月30日～5月2日
C2017Yushu
4.30～5.2
4.30
22.5
5.1
2
19.5
17.0
图例
首都
省级行政中心
其他城市
国界
未定国界
地区界
军事分界线
省、自治区、直辖市界
特别行政区界
常年河
时令河
运河
珊瑚礁
6621 山峰及高程
08时
20时
海拔(m)
6000
5000
4000
降水(mm)
0.1～9.9
10～24.9
25～49.9
50～99.9
>100
1: 2500 万
南海诸岛
比例尺 1:5000 万

总降水日数图

4月30日～5月2日

图例

- ★ 首都
- ◎ 省级行政中心
- ○ 其他城市
- 国界
- 未定国界
- 地区界
- 军事分界线
- 省、自治区、直辖市界
- 特别行政区界
- 常年河
- 时令河
- 运河
- 珊瑚礁
- ▲ 6621 山峰及高程

海拔(m)：6000、5000、4000

降水日数：1天、2～3天、4天以上

1：2500万

南海诸岛 比例尺 1：5000万

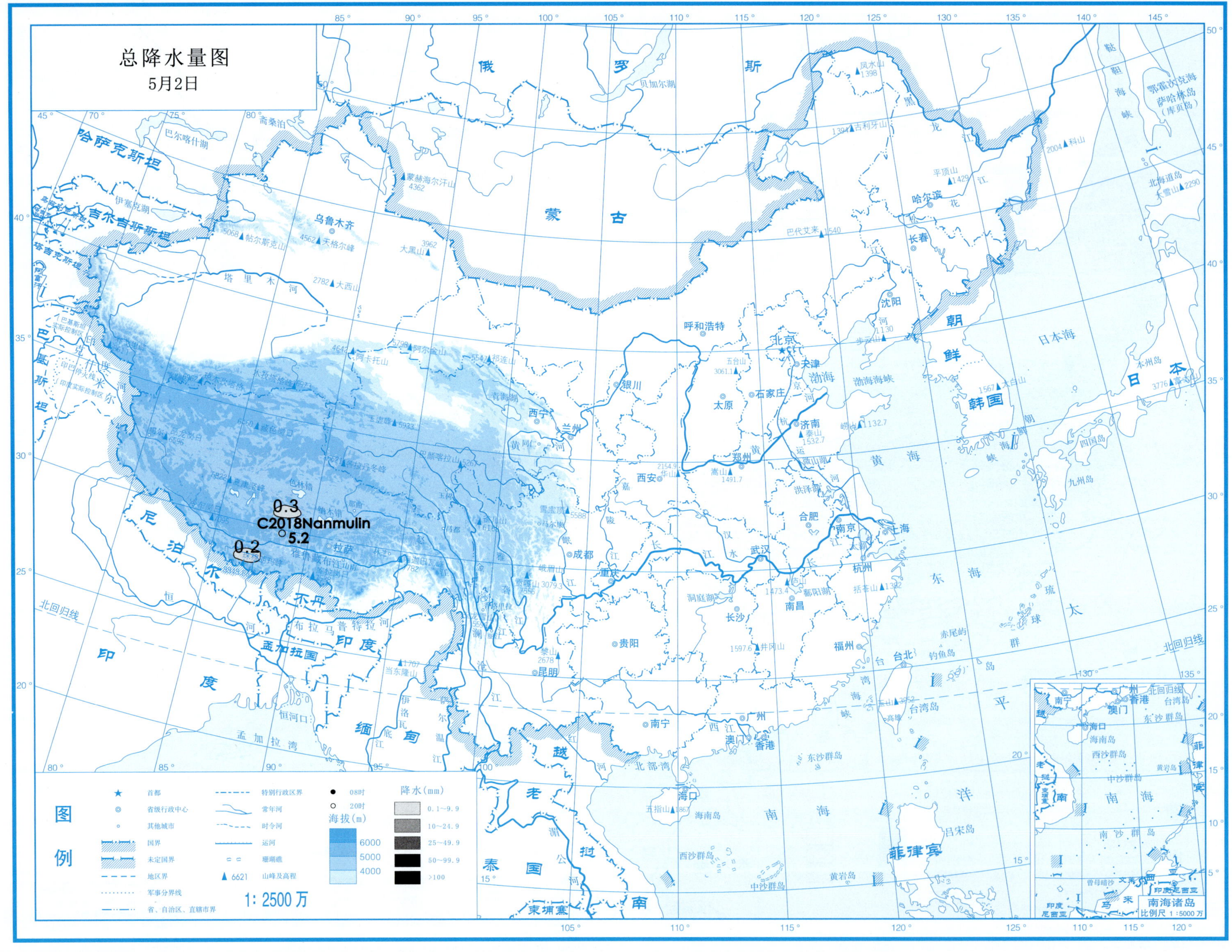
总降水量图
5月2日
0.3
C2018Nanmulin
5.2
0.2
图例
首都
省级行政中心
其他城市
国界
未定国界
地区界
军事分界线
省、自治区、直辖市界
特别行政区界
常年河
时令河
运河
珊瑚礁
6621 山峰及高程
08时
20时
海拔(m)
6000
5000
4000
降水(mm)
0.1~9.9
10~24.9
25~49.9
50~99.9
>100
1:2500万
南海诸岛
比例尺 1:5000万

总降水日数图

5月2日

图例

符号	说明	符号	说明
★	首都		特别行政区界
◎	省级行政中心		常年河
◦	其他城市		时令河
	国界		运河
	未定国界		珊瑚礁
	地区界	▲ 6621	山峰及高程
	军事分界线		
	省、自治区、直辖市界		

海拔(m)：6000、5000、4000

降水日数：1天、2~3天、4天以上

1∶2500万

南海诸岛 比例尺 1∶5000万

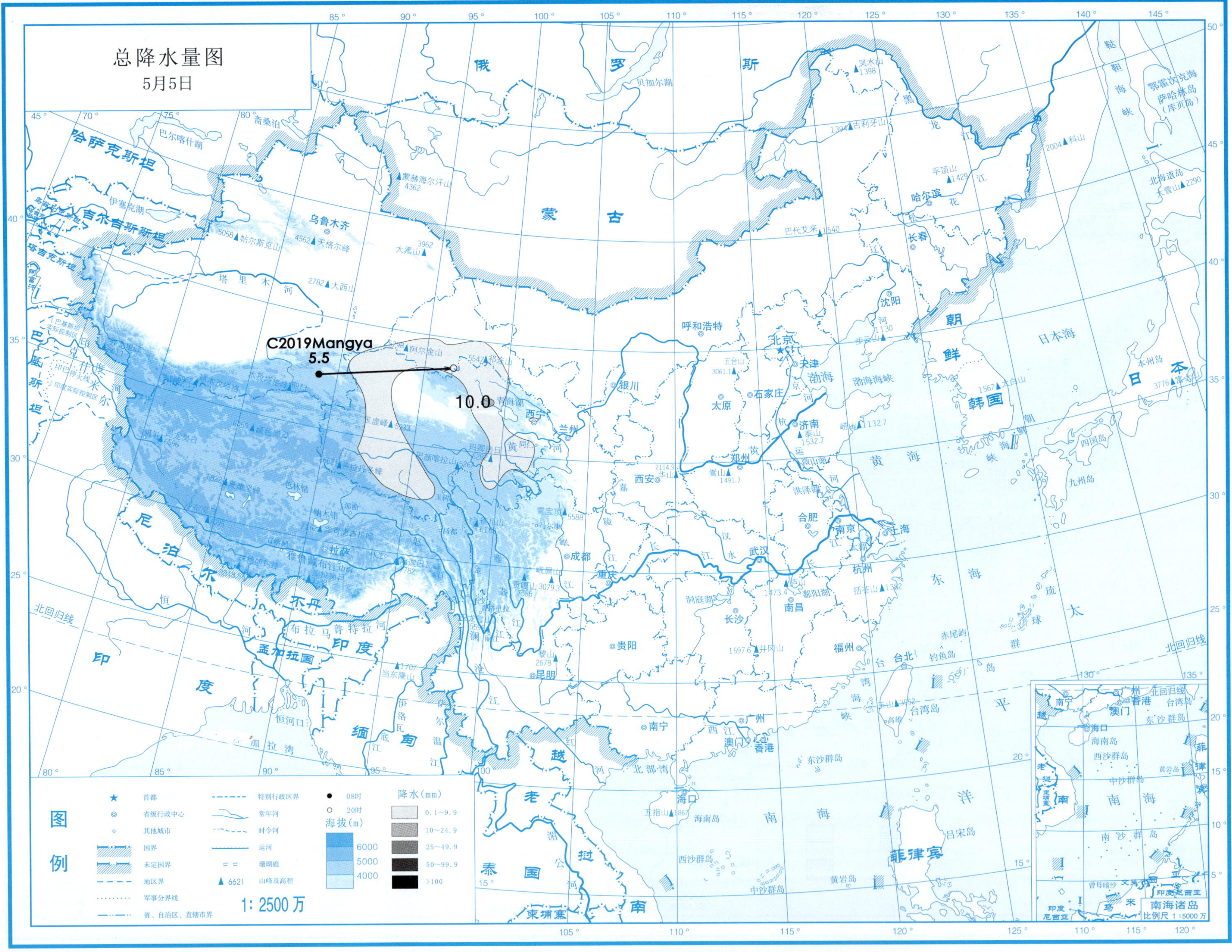
总降水量图
5月5日
C2019Mangya
5.5
10.0
图例
首都
省级行政中心
其他城市
国界
未定国界
地区界
军事分界线
省、自治区、直辖市界
特别行政区界
常年河
时令河
运河
珊瑚礁
山峰及高程
08时
20时
海拔(m)
6000
5000
4000
降水(mm)
0.1~9.9
10~24.9
25~49.9
50~99.9
>100
1:2500万
南海诸岛
比例尺 1:5000万

总降水日数图

5月5日

图例

符号	说明	符号	说明
★	首都		特别行政区界
◎	省级行政中心		常年河
○	其他城市		时令河
	国界		运河
	未定国界		珊瑚礁
	地区界	▲ 6621	山峰及高程
	军事分界线		
	省、自治区、直辖市界		

海拔(m)：6000、5000、4000

降水日数：1天、2~3天、4天以上

1: 2500 万

南海诸岛
比例尺 1 : 5000 万

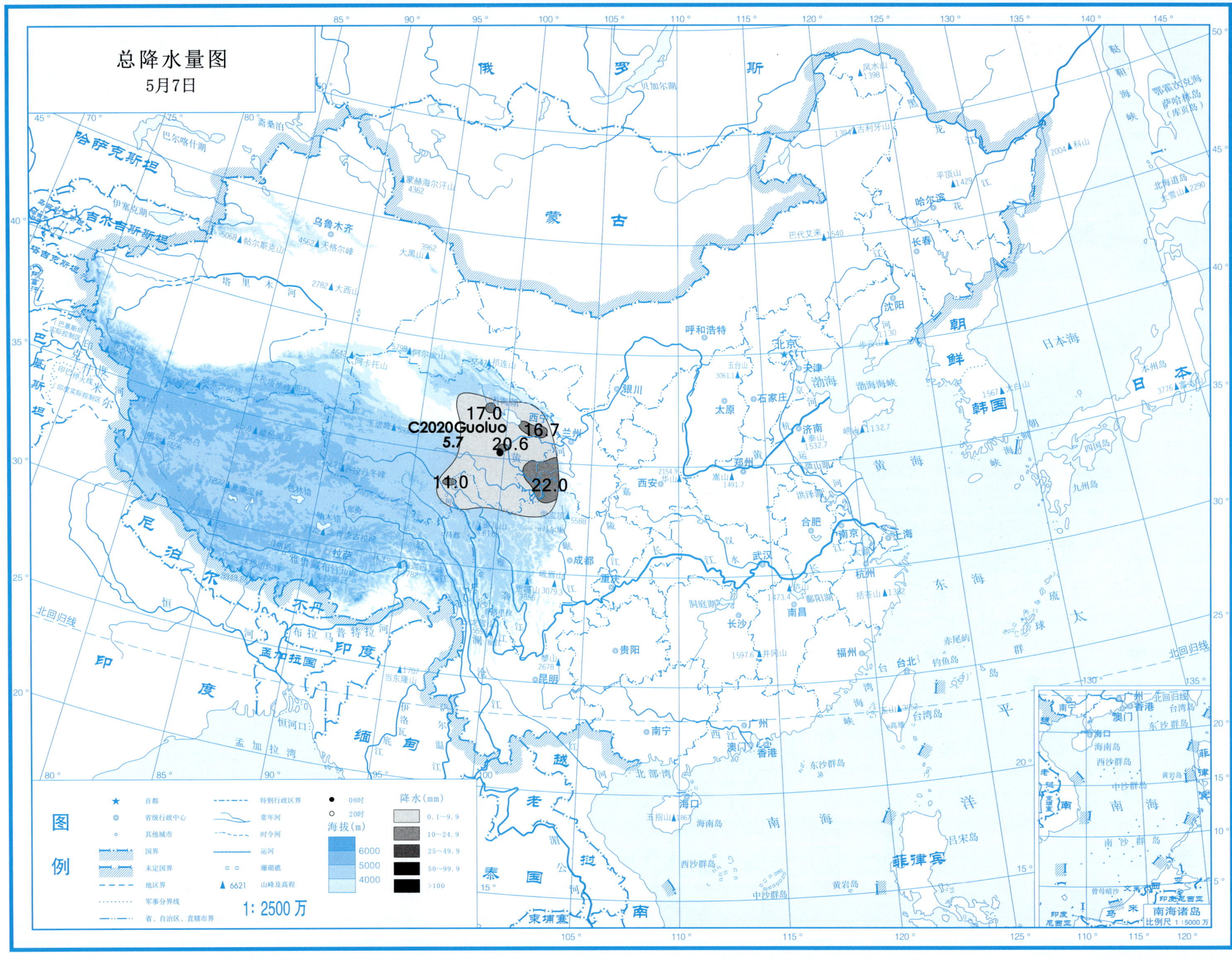
总降水量图
5月7日
C2020Guoluo
17.0
16.7
5.7
20.6
11.0
22.0
图例
首都
省级行政中心
其他城市
国界
未定国界
地区界
军事分界线
特别行政区界
常年河
时令河
运河
珊瑚礁
山峰及高程
省、自治区、直辖市界
08时
20时
海拔(m)
6000
5000
4000
降水(mm)
0.1~9.9
10~24.9
25~49.9
50~99.9
>100
1:2500万
南海诸岛
比例尺 1:5000万

总降水日数图

5月7日

图例

首都
省级行政中心
其他城市
国界
未定国界
地区界
军事分界线
省、自治区、直辖市界
特别行政区界
常年河
时令河
运河
珊瑚礁
6621 山峰及高程

海拔(m)
6000
5000
4000

降水日数
1天
2~3天
4天以上

1：2500万

南海诸岛
比例尺 1：5000万

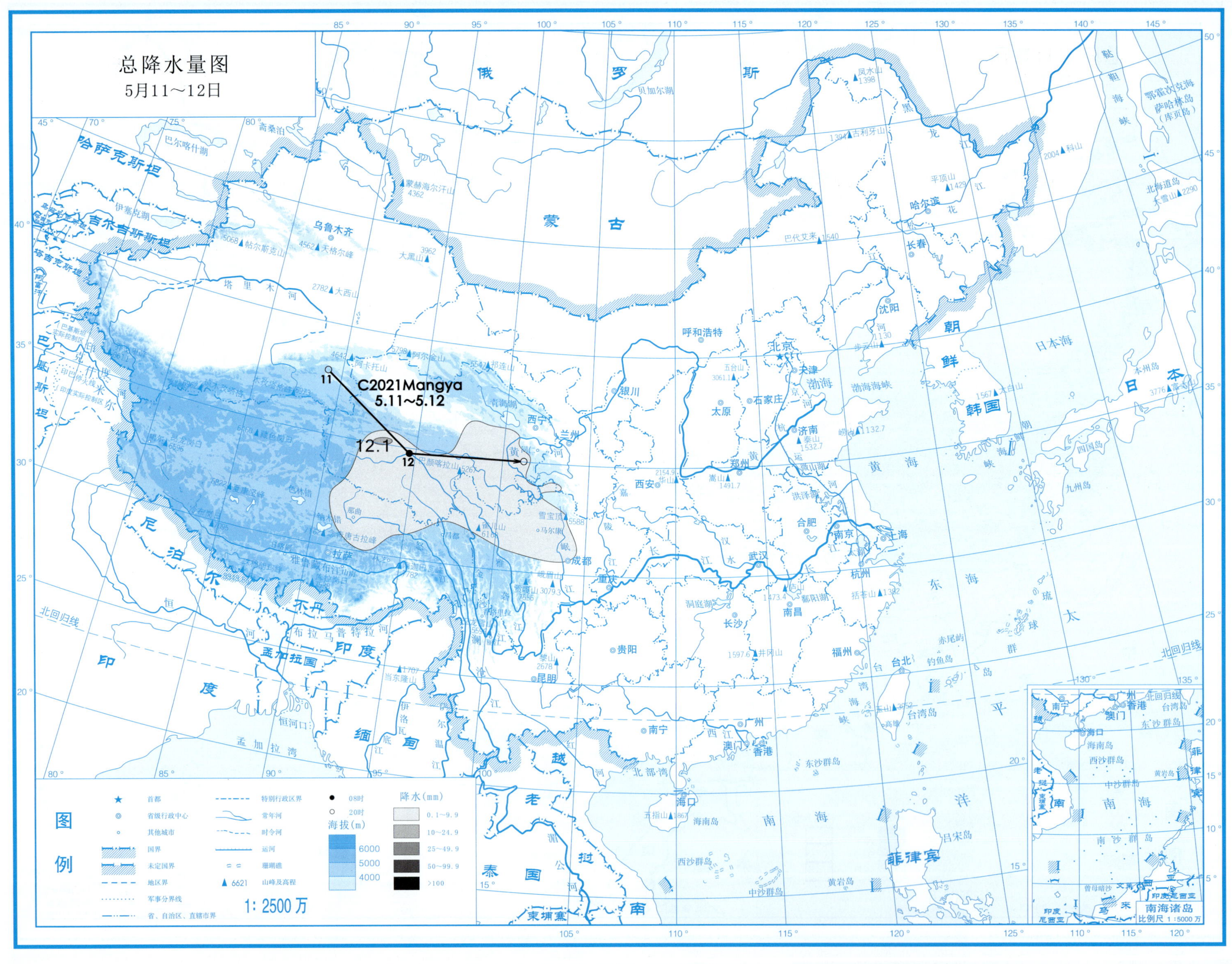
总降水量图
5月11～12日
C2021Mangya
5.11~5.12
11
12
12.1
图例
首都
省级行政中心
其他城市
国界
未定国界
地区界
军事分界线
省、自治区、直辖市界
特别行政区界
常年河
时令河
运河
珊瑚礁
6621 山峰及高程
08时
20时
海拔(m)
6000
5000
4000
降水(mm)
0.1~9.9
10~24.9
25~49.9
50~99.9
>100
1: 2500万
南海诸岛
比例尺 1:5000万

总降水日数图

5月11～12日

图例

符号	说明	符号	说明
★	首都		特别行政区界
◎	省级行政中心		常年河
○	其他城市		时令河
	国界		运河
	未定国界		珊瑚礁
	地区界	▲ 6621	山峰及高程
	军事分界线		
	省、自治区、直辖市界		

1：2500万

海拔（m）：6000、5000、4000

降水日数：1天、2～3天、4天以上

南海诸岛 比例尺 1：5000万

高原低涡 第1部分

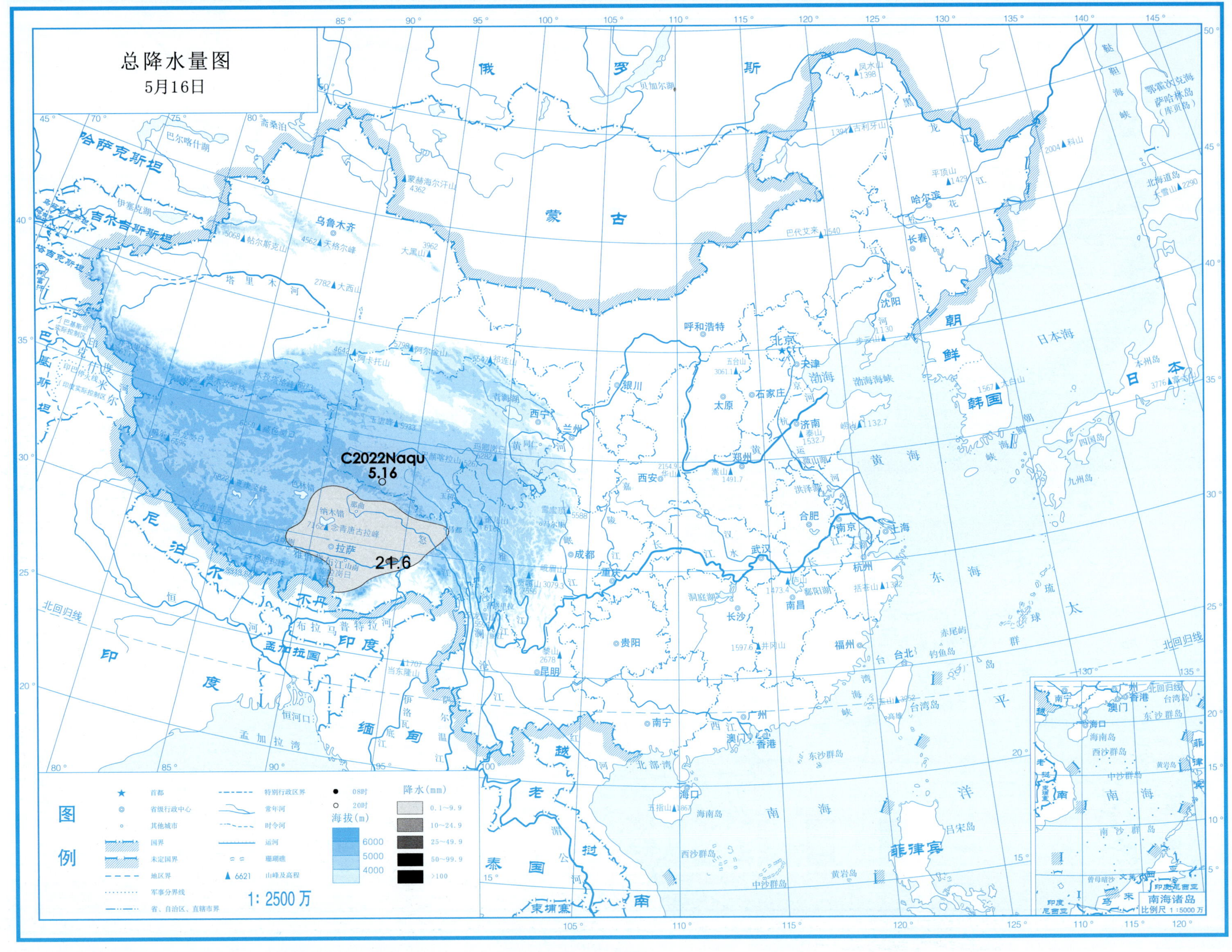
总降水量图
5月16日
C2022Naqu
5.16
21.6
图例
首都
省级行政中心
其他城市
国界
未定国界
地区界
军事分界线
省、自治区、直辖市界
特别行政区界
常年河
时令河
运河
珊瑚礁
6621 山峰及高程
08时
20时
海拔(m)
6000
5000
4000
降水(mm)
0.1~9.9
10~24.9
25~49.9
50~99.9
>100
1: 2500万
南海诸岛
比例尺 1:5000万

总降水日数图

5月16日

图例

- ★ 首都
- ◎ 省级行政中心
- ○ 其他城市
- 国界
- 未定国界
- 地区界
- 军事分界线
- 省、自治区、直辖市界
- 特别行政区界
- 常年河
- 时令河
- 运河
- 珊瑚礁
- ▲ 6621 山峰及高程

海拔（m）

- 6000
- 5000
- 4000

降水日数

- 1天
- 2~3天
- 4天以上

1：2500万

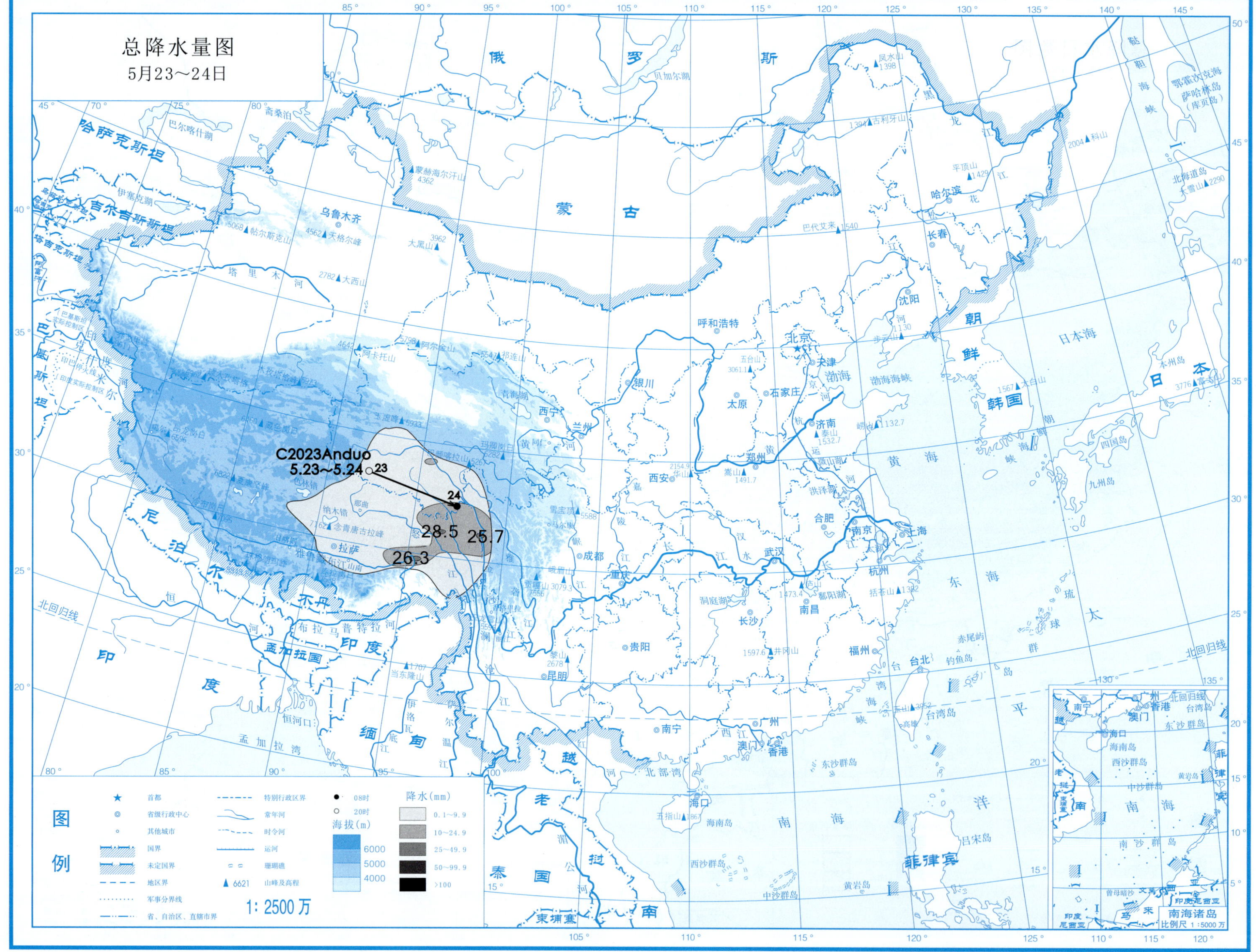
总降水量图
5月23～24日
C2023Anduo
5.23～5.24
23
24
28.5
25.7
26.3
图例
首都
省级行政中心
其他城市
国界
未定国界
地区界
军事分界线
省、自治区、直辖市界
特别行政区界
常年河
时令河
运河
珊瑚礁
6621 山峰及高程
08时
20时
海拔(m)
6000
5000
4000
降水(mm)
0.1～9.9
10～24.9
25～49.9
50～99.9
>100
1:2500万
南海诸岛
比例尺 1:5000万

总降水日数图

5月23～24日

图例

符号	说明	符号	说明
★	首都		特别行政区界
◎	省级行政中心		常年河
∘	其他城市		时令河
	国界		运河
	未定国界		珊瑚礁
	地区界	▲ 6621	山峰及高程
	军事分界线		
	省、自治区、直辖市界		

海拔(m)

6000
5000
4000

降水日数

1天
2～3天
4天以上

1∶2500万

南海诸岛
比例尺 1∶5000万

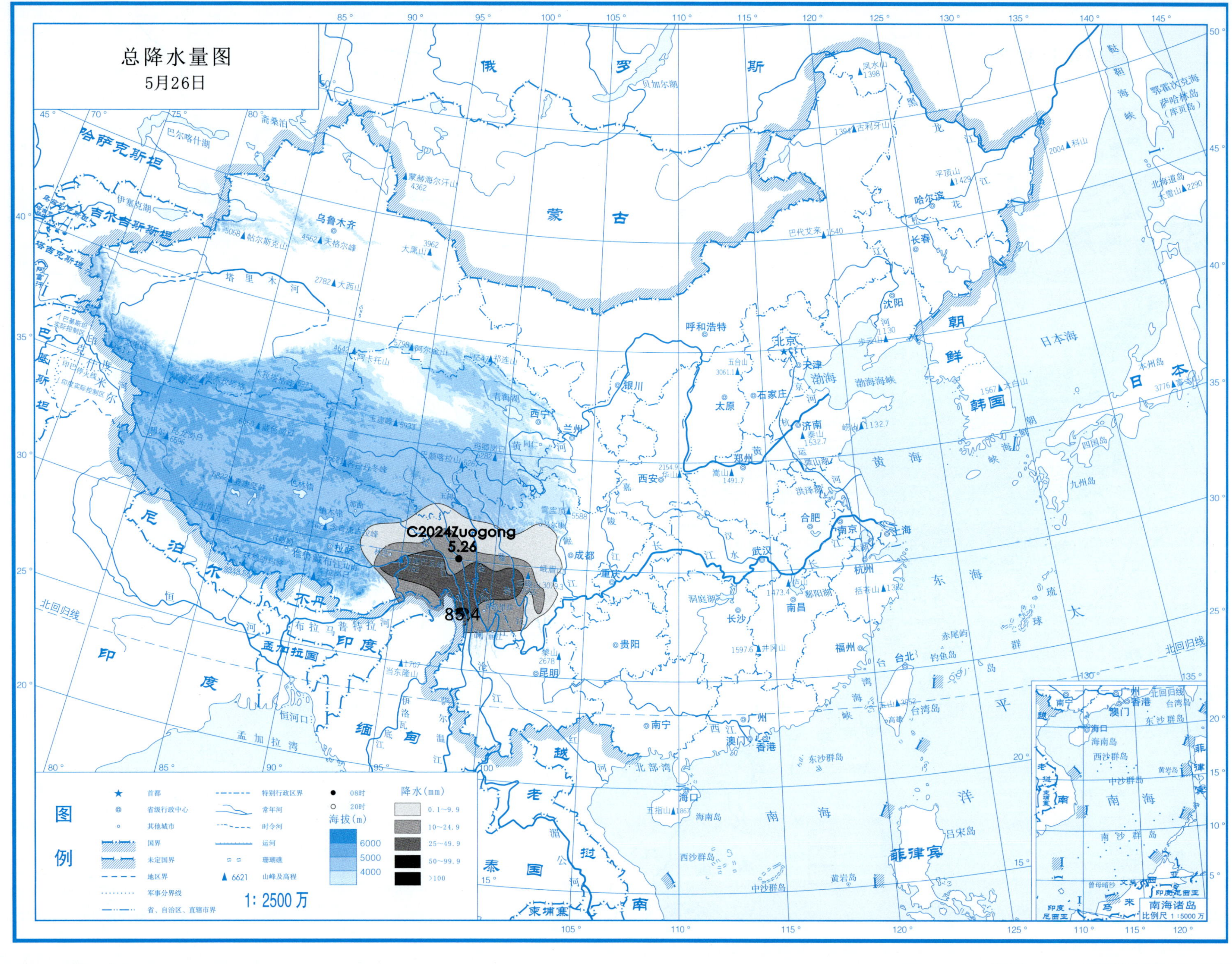
总降水量图
5月26日
C2024Zuogong
5.26
85.4
图例
首都
省级行政中心
其他城市
国界
未定国界
地区界
军事分界线
省、自治区、直辖市界
特别行政区界
常年河
时令河
运河
珊瑚礁
6621 山峰及高程
08时
20时
海拔(m)
6000
5000
4000
降水(mm)
0.1~9.9
10~24.9
25~49.9
50~99.9
>100
1: 2500 万
南海诸岛
比例尺 1:5000 万

总降水日数图

5月26日

图例

- ★ 首都
- ◎ 省级行政中心
- ○ 其他城市
- 国界
- 未定国界
- 地区界
- 军事分界线
- 省、自治区、直辖市界
- 特别行政区界
- 常年河
- 时令河
- 运河
- 珊瑚礁
- ▲ 6621 山峰及高程

海拔(m)：6000、5000、4000

降水日数：1天、2~3天、4天以上

1:2500万

南海诸岛 比例尺 1:5000万

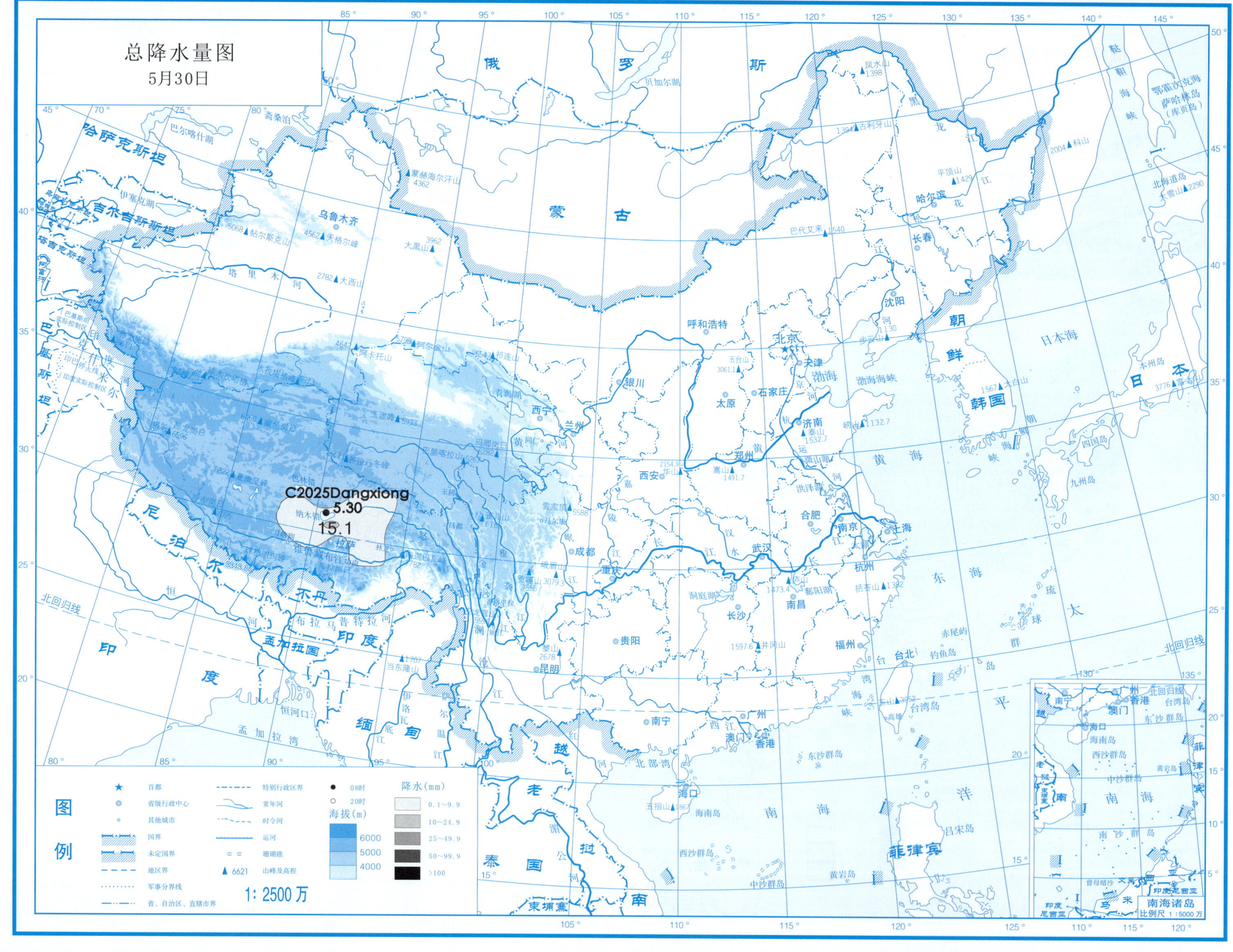
总降水量图
5月30日
C2025Dangxiong
5.30
15.1
图例
降水(mm)
海拔(m)
1: 2500 万

总降水日数图

5月30日

图例

符号	说明	符号	说明
★	首都		特别行政区界
◎	省级行政中心		常年河
∘	其他城市		时令河
	国界		运河
	未定国界		珊瑚礁
	地区界	▲ 6621	山峰及高程
	军事分界线		
	省、自治区、直辖市界		

海拔(m)：6000、5000、4000

降水日数：1天、2~3天、4天以上

1：2500万

南海诸岛

比例尺 1：5000万

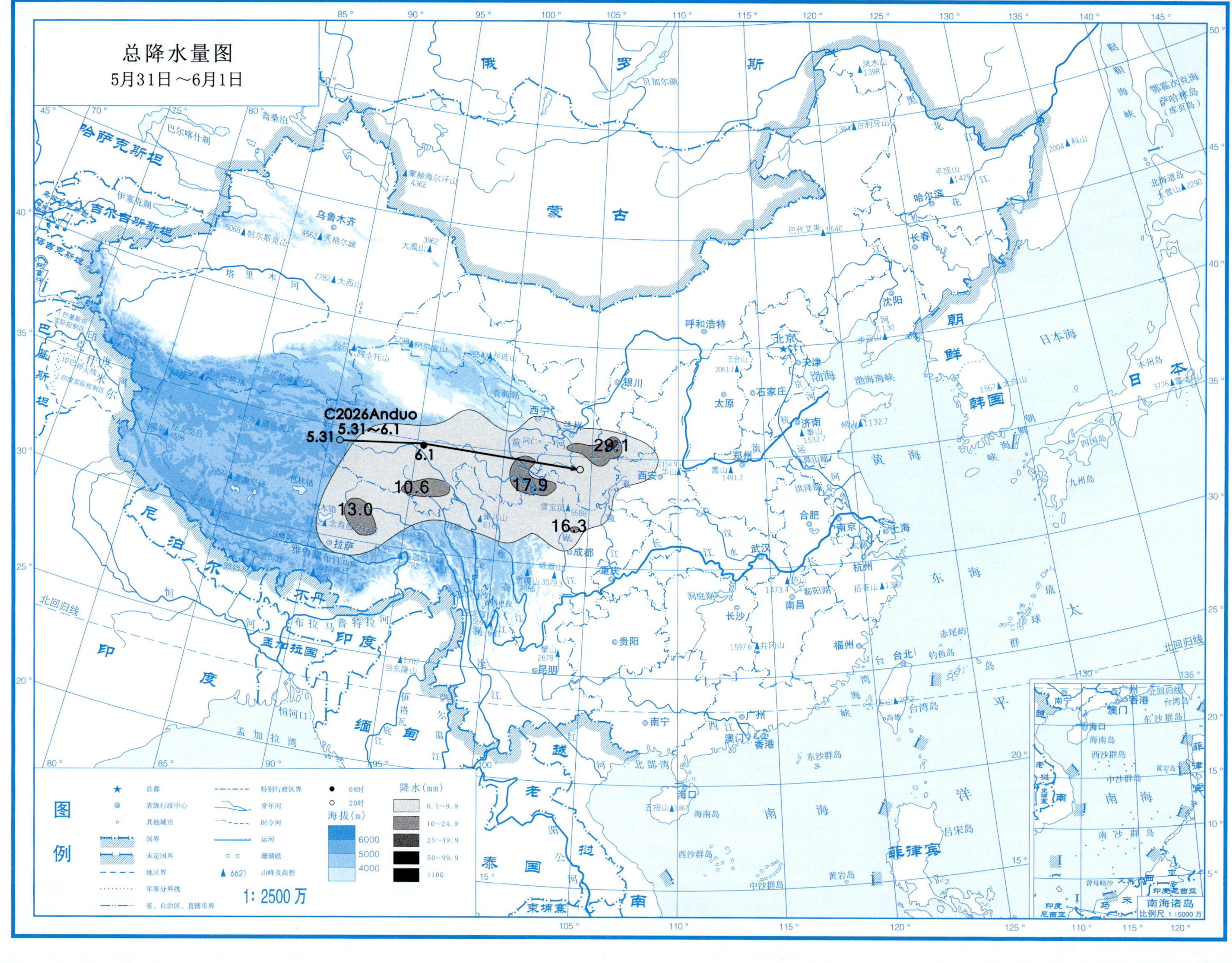
总降水量图
5月31日～6月1日
C2026Anduo
5.31～6.1
5.31
6.1
29.1
17.9
10.6
13.0
16.3
图例
首都
省级行政中心
其他城市
国界
未定国界
地区界
军事分界线
省、自治区、直辖市界
特别行政区界
常年河
时令河
运河
珊瑚礁
6621 山峰及高程
08时
20时
海拔(m)
6000
5000
4000
降水(mm)
0.1～9.9
10～24.9
25～49.9
50～99.9
>100
1: 2500万
南海诸岛
比例尺 1:5000万

总降水日数图

5月31日～6月1日

图例

★ 首都
◎ 省级行政中心
○ 其他城市
国界
未定国界
地区界
军事分界线
省、自治区、直辖市界
特别行政区界
常年河
时令河
运河
珊瑚礁
▲6621 山峰及高程

海拔(m)
6000
5000
4000

降水日数
1天
2～3天
4天以上

1∶2500万

南海诸岛
比例尺 1∶5000万

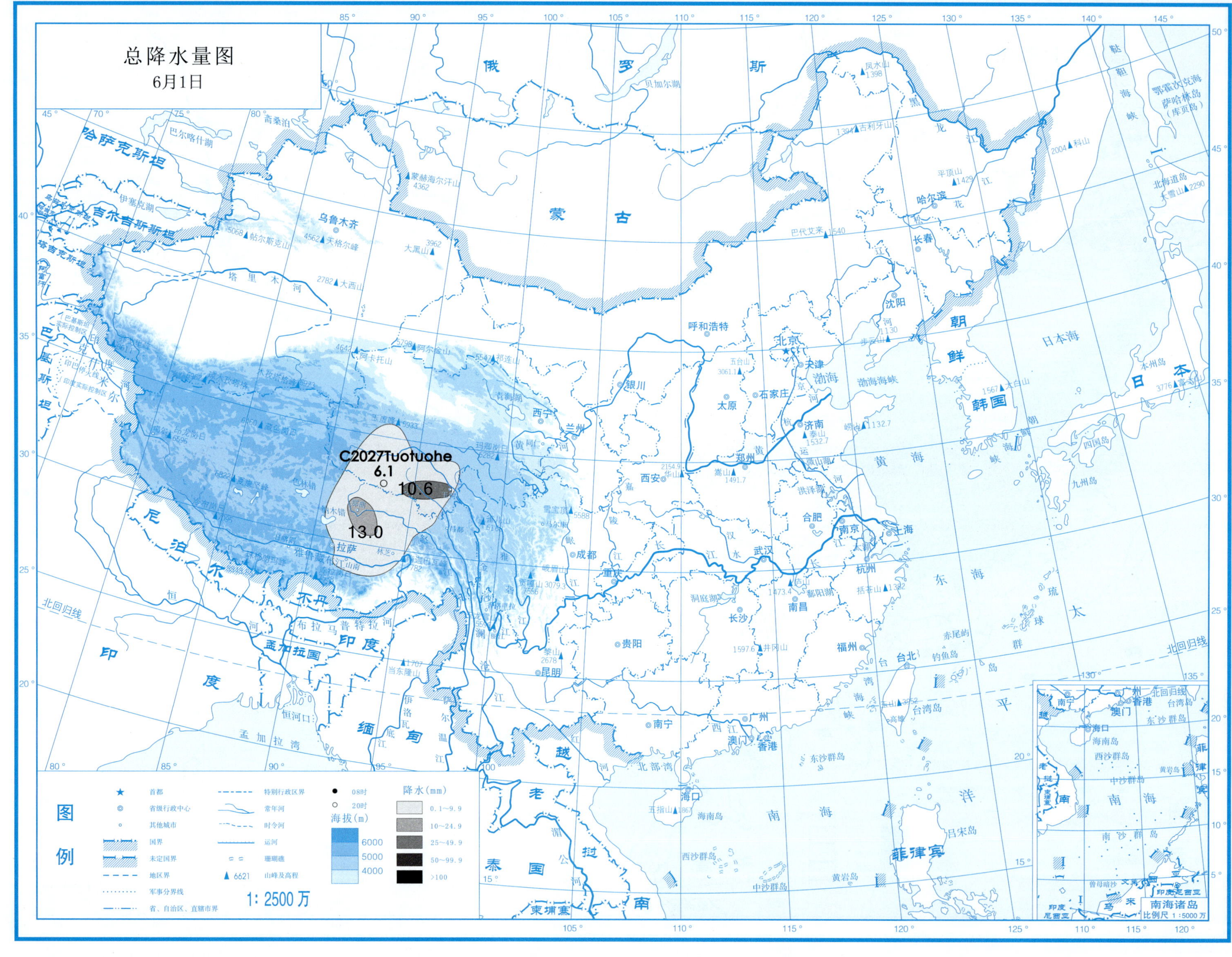
总降水量图
6月1日
C2027Tuotuohe
6.1
10.6
13.0
图例
首都
省级行政中心
其他城市
国界
未定国界
地区界
军事分界线
省、自治区、直辖市界
特别行政区界
常年河
时令河
运河
珊瑚礁
6621 山峰及高程
08时
20时
海拔(m)
6000
5000
4000
降水(mm)
0.1~9.9
10~24.9
25~49.9
50~99.9
>100
1: 2500万
南海诸岛
比例尺 1:5000万

总降水日数图
6月1日

图例

符号	说明
★	首都
◎	省级行政中心
○	其他城市
	国界
	未定国界
	地区界
	军事分界线
	省、自治区、直辖市界
	特别行政区界
	常年河
	时令河
	运河
	珊瑚礁
▲ 6621	山峰及高程

海拔(m)：6000、5000、4000

降水日数：1天；2~3天；4天以上

1: 2500万

南海诸岛 比例尺 1 : 5000万

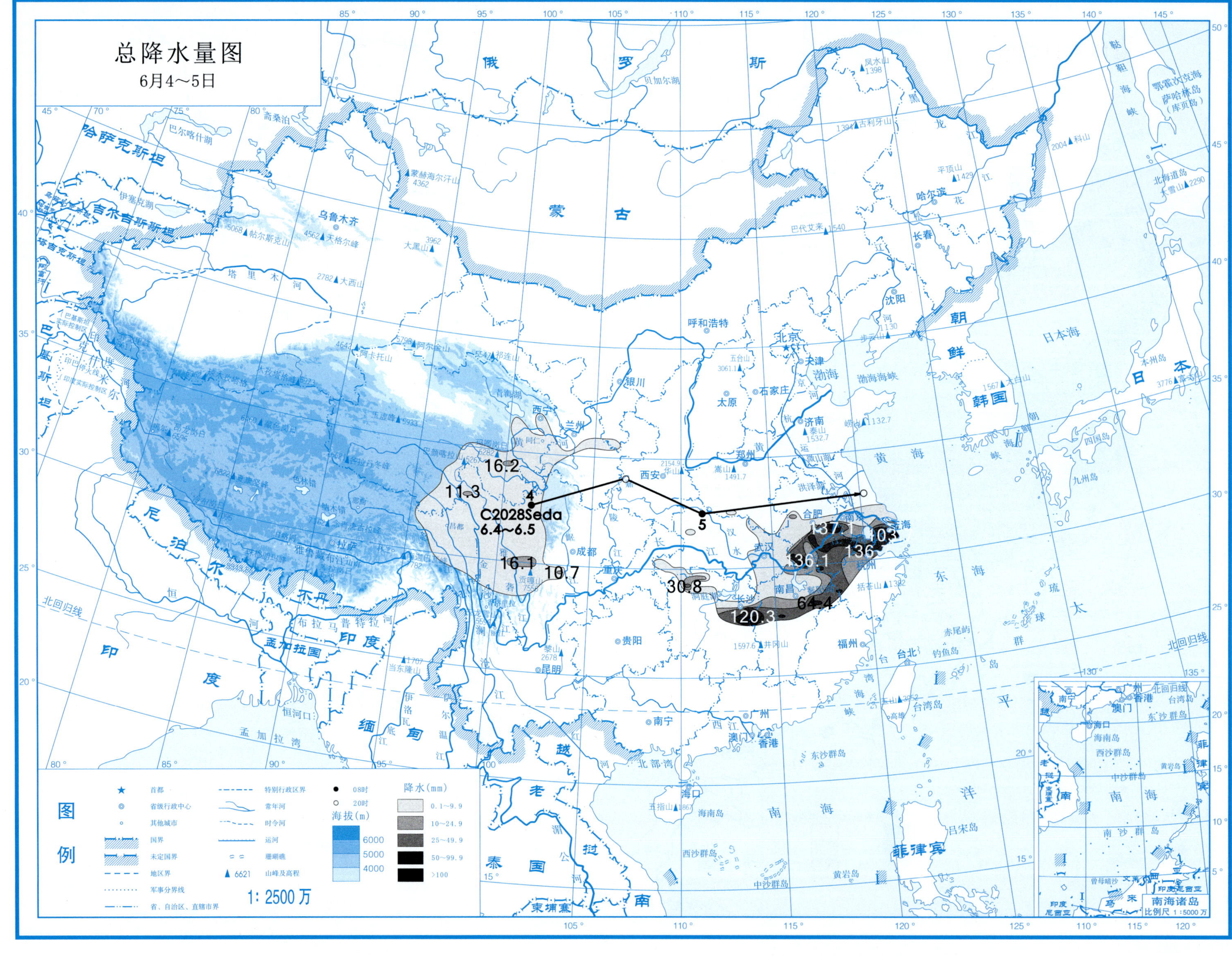
总降水量图
6月4～5日
16.2
11.3
4
C2028Seda
6.4～6.5
5
16.1
10.7
30.8
137.1
103
136
136.1
64.4
120.3
图例
首都
省级行政中心
其他城市
国界
未定国界
地区界
军事分界线
省、自治区、直辖市界
特别行政区界
常年河
时令河
运河
珊瑚礁
6621 山峰及高程
08时
20时
降水(mm)
0.1～9.9
10～24.9
25～49.9
50～99.9
>100
海拔(m)
6000
5000
4000
1: 2500万
南海诸岛
比例尺 1:5000万

总降水日数图

6月4～5日

图例

- ★ 首都
- ◎ 省级行政中心
- ○ 其他城市
- 国界
- 未定国界
- 地区界
- 军事分界线
- 省、自治区、直辖市界
- 特别行政区界
- 常年河
- 时令河
- 运河
- 珊瑚礁
- ▲ 6621 山峰及高程

海拔(m)

- 6000
- 5000
- 4000

降水日数

- 1天
- 2~3天
- 4天以上

1：2500万

南海诸岛

比例尺 1：5000万

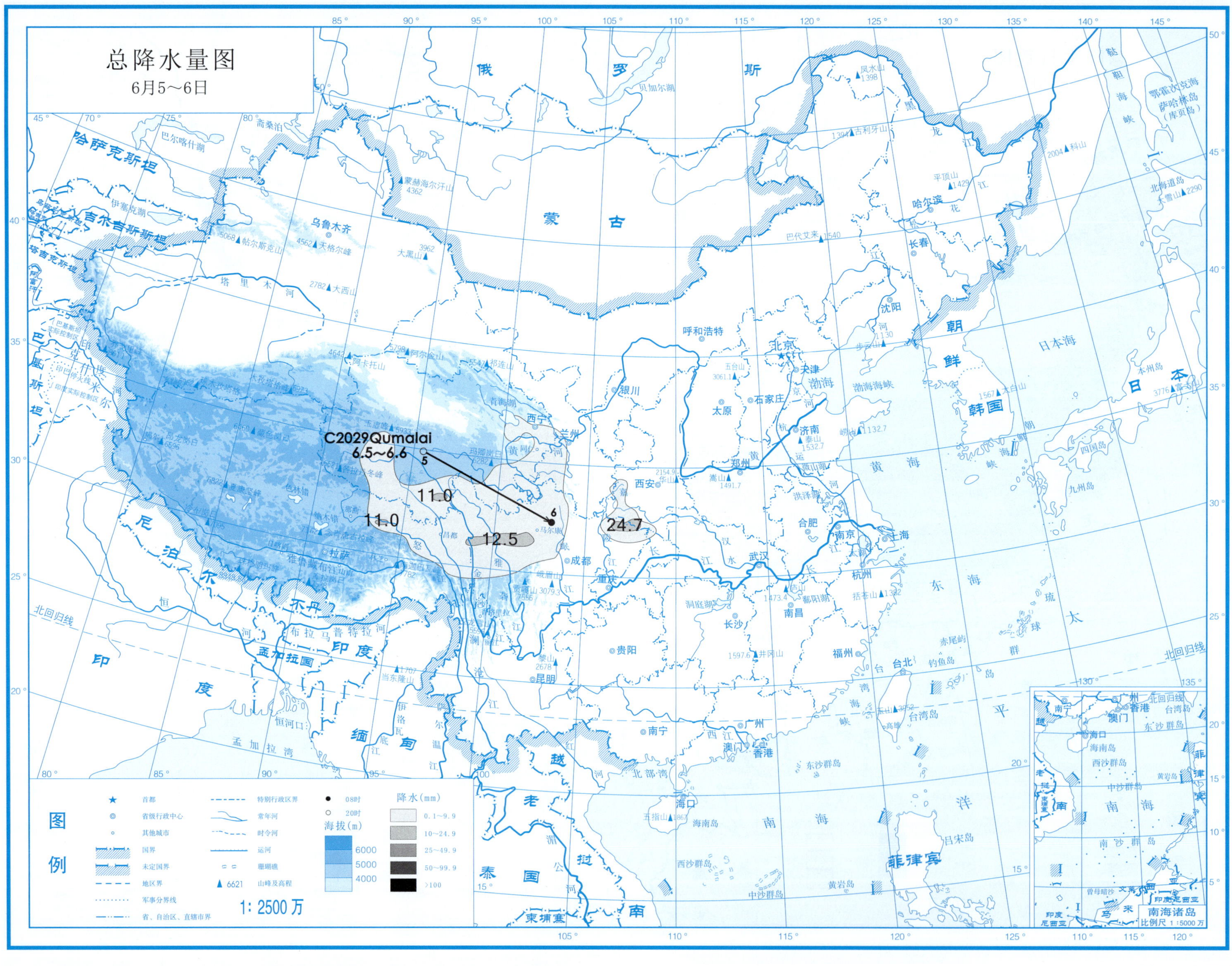
总降水量图
6月5~6日
C2029Qumalai
6.5~6.6
5
6
11.0
11.0
12.5
24.7
图例
首都
省级行政中心
其他城市
国界
未定国界
地区界
军事分界线
省、自治区、直辖市界
特别行政区界
常年河
时令河
运河
珊瑚礁
6621 山峰及高程
08时
20时
海拔(m)
6000
5000
4000
降水(mm)
0.1~9.9
10~24.9
25~49.9
50~99.9
>100
1: 2500 万
南海诸岛
比例尺 1:5000 万

总降水日数图
6月5～6日

图例

★ 首都
◎ 省级行政中心
○ 其他城市
国界
未定国界
地区界
军事分界线
省、自治区、直辖市界
特别行政区界
常年河
时令河
运河
珊瑚礁
▲ 6621 山峰及高程

海拔(m)
6000
5000
4000

降水日数
1天
2～3天
4天以上

1：2500万

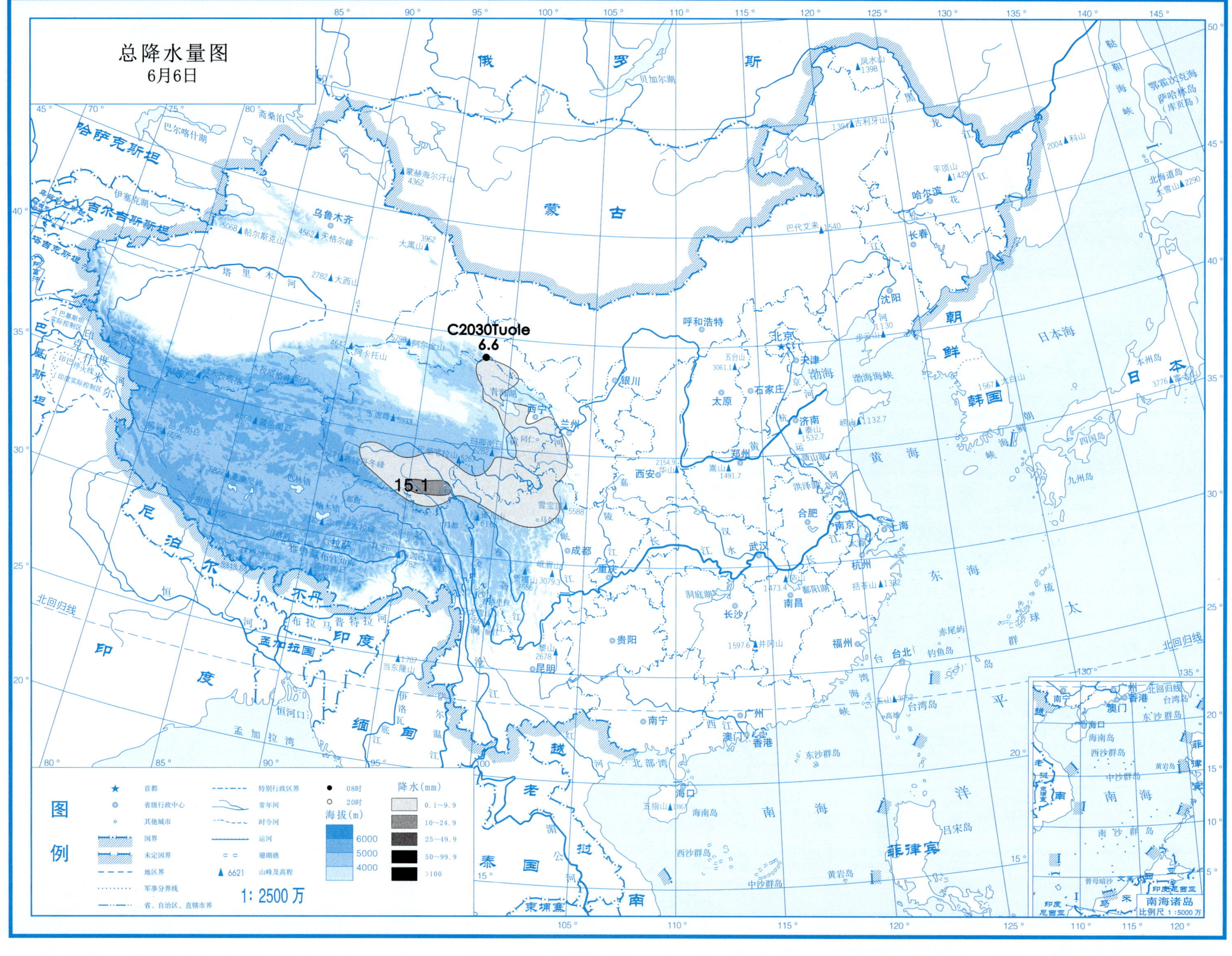
总降水量图
6月6日
C2030Tuole
6.6
15.1
图例
首都
省级行政中心
其他城市
国界
未定国界
地区界
军事分界线
省、自治区、直辖市界
特别行政区界
常年河
时令河
运河
珊瑚礁
山峰及高程
08时
20时
海拔(m)
6000
5000
4000
降水(mm)
0.1~9.9
10~24.9
25~49.9
50~99.9
>100
1: 2500万
南海诸岛
比例尺 1:5000万

总降水日数图

6月6日

图例

★ 首都
◎ 省级行政中心
○ 其他城市
国界
未定国界
地区界
军事分界线
省、自治区、直辖市界
特别行政区界
常年河
时令河
运河
珊瑚礁
▲ 6621 山峰及高程

海拔(m)：6000、5000、4000

降水日数：1天、2~3天、4天以上

1：2500万

南海诸岛 比例尺 1：5000万

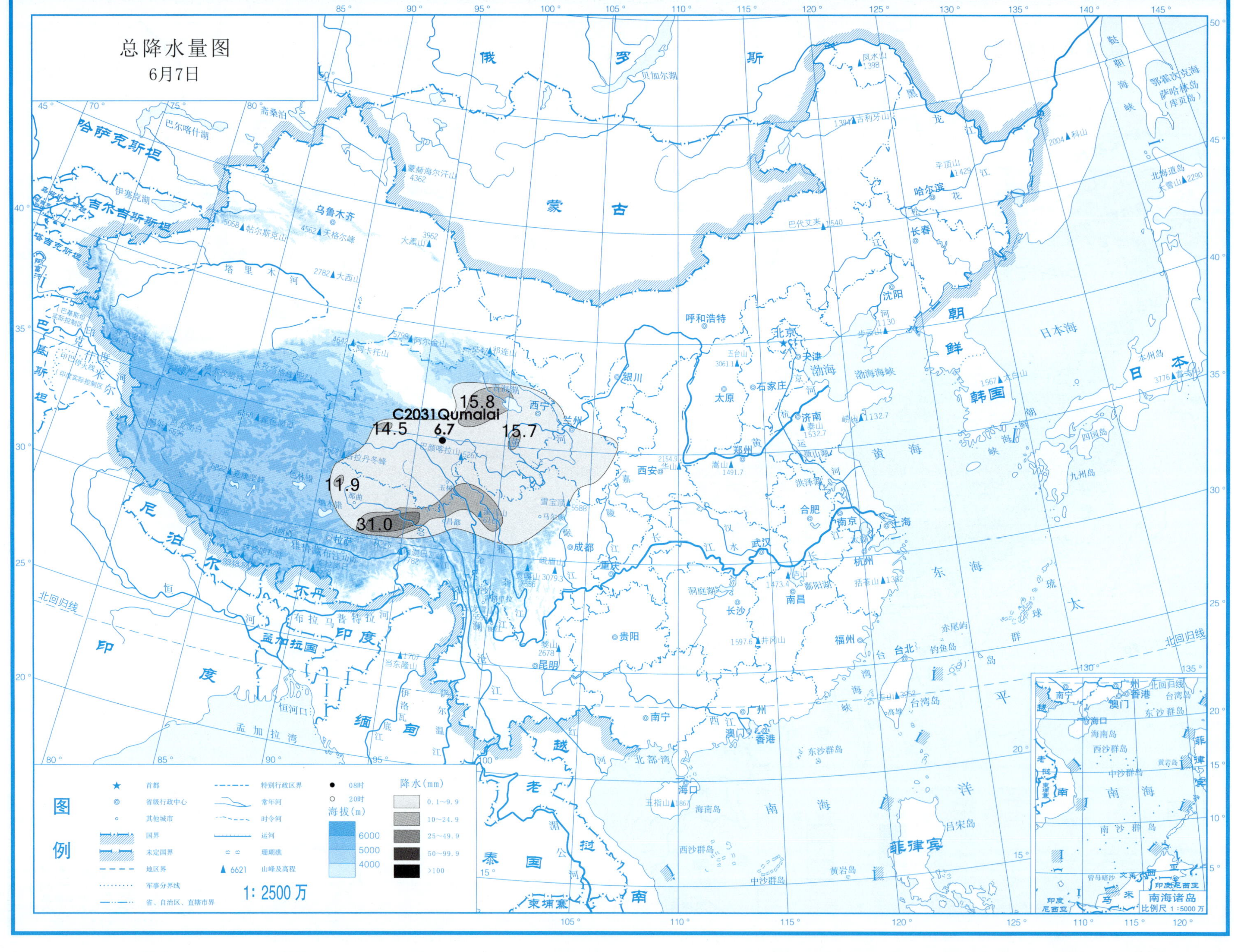
总降水量图
6月7日
C2031Qumalai
15.8
14.5
6.7
15.7
11.9
31.0
图例
首都
省级行政中心
其他城市
国界
未定国界
地区界
军事分界线
省、自治区、直辖市界
特别行政区界
常年河
时令河
运河
珊瑚礁
6621 山峰及高程
08时
20时
降水(mm)
0.1～9.9
10～24.9
25～49.9
50～99.9
>100
海拔(m)
6000
5000
4000
1: 2500万
南海诸岛
比例尺 1:5000万

总降水日数图

6月7日

图例

★ 首都

◎ 省级行政中心

○ 其他城市

国界

未定国界

地区界

军事分界线

省、自治区、直辖市界

特别行政区界

常年河

时令河

运河

珊瑚礁

▲ 6621 山峰及高程

海拔（m）

6000

5000

4000

降水日数

1天

2~3天

4天以上

1: 2500万

南海诸岛

比例尺 1：5000万

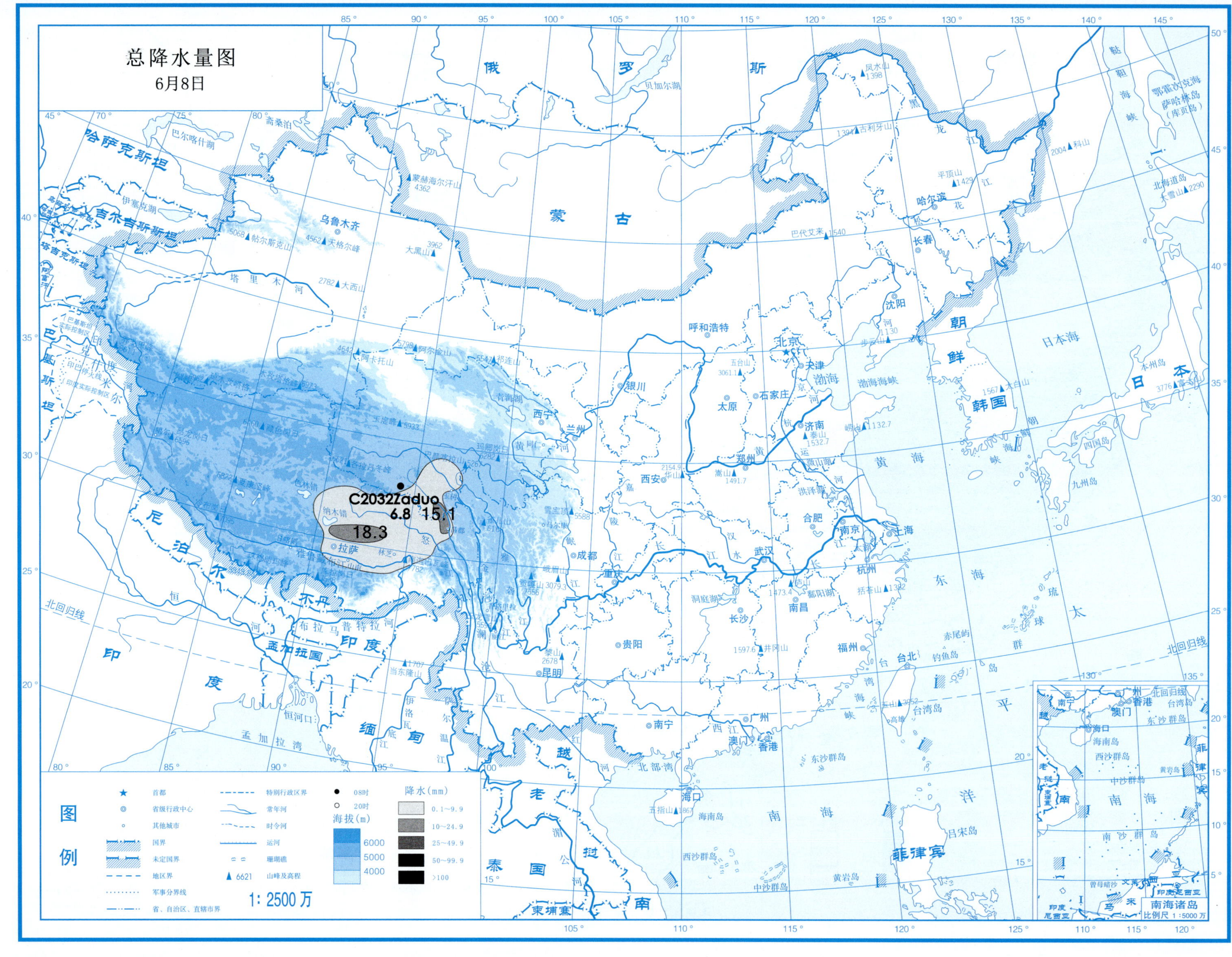
总降水量图
6月8日
C2032Zaduo
6.8
15.1
18.3
图例
首都
省级行政中心
其他城市
国界
未定国界
地区界
军事分界线
省、自治区、直辖市界
特别行政区界
常年河
时令河
运河
珊瑚礁
6621 山峰及高程
08时
20时
海拔(m)
6000
5000
4000
降水(mm)
0.1～9.9
10～24.9
25～49.9
50～99.9
>100
1:2500万
南海诸岛
比例尺 1:5000万

总降水日数图

6月8日

图例

★ 首都
◎ 省级行政中心
○ 其他城市
国界
未定国界
地区界
军事分界线
省、自治区、直辖市界
特别行政区界
常年河
时令河
运河
珊瑚礁
▲ 6621 山峰及高程

海拔（m）
6000
5000
4000

降水日数
1天
2~3天
4天以上

1∶2500万

南海诸岛
比例尺 1∶5000万

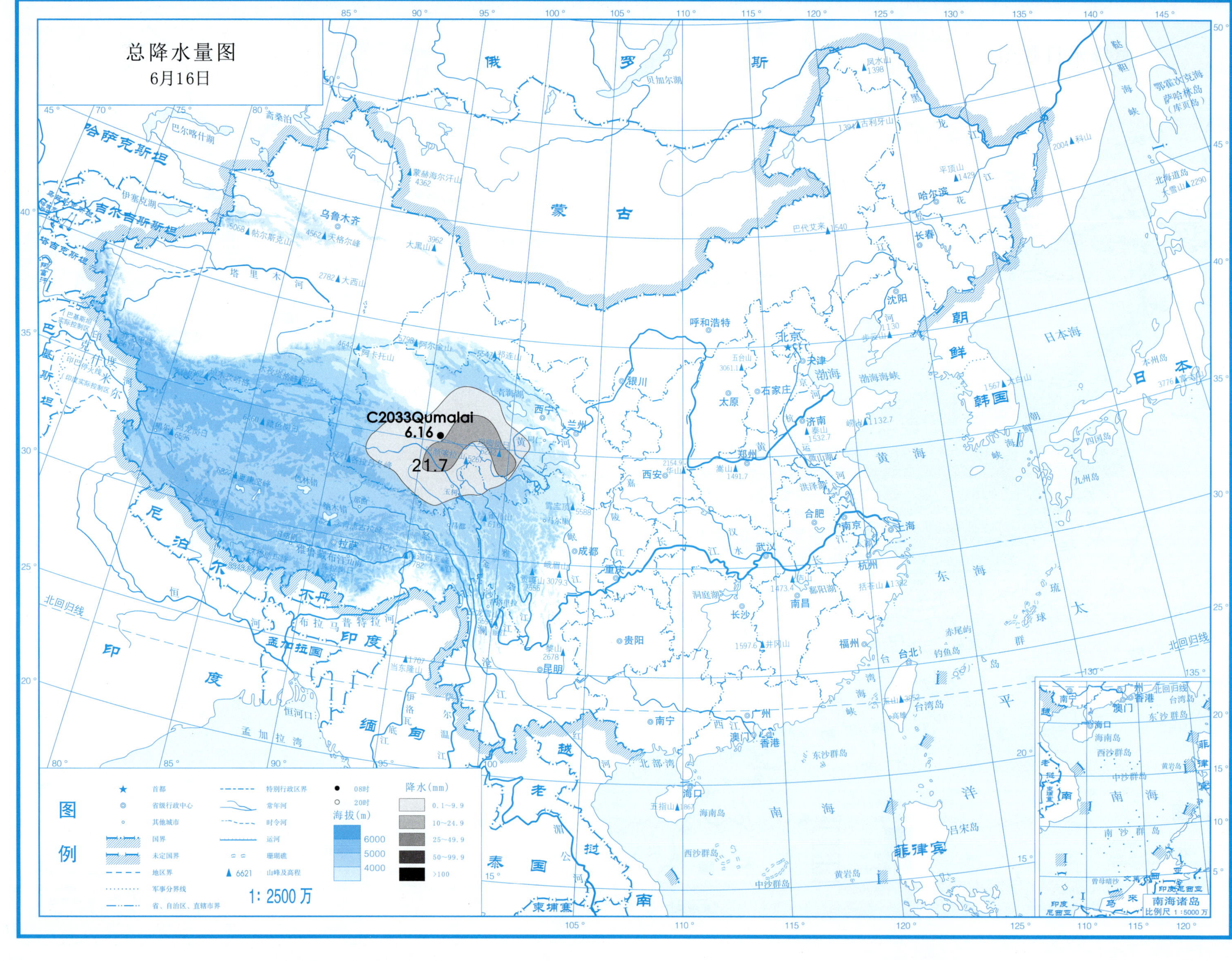
总降水量图
6月16日
C2033Qumalai
6.16
21.7
图例
首都
省级行政中心
其他城市
国界
未定国界
地区界
军事分界线
省、自治区、直辖市界
特别行政区界
常年河
时令河
运河
珊瑚礁
6621 山峰及高程
08时
20时
降水(mm)
0.1~9.9
10~24.9
25~49.9
50~99.9
>100
海拔(m)
6000
5000
4000
1: 2500万
南海诸岛
比例尺 1:5000万

总降水日数图

6月16日

图例

★ 首都
◎ 省级行政中心
○ 其他城市
国界
未定国界
地区界
军事分界线
省、自治区、直辖市界
特别行政区界
常年河
时令河
运河
珊瑚礁
▲6621 山峰及高程

海拔(m)
6000
5000
4000

降水日数
1天
2~3天
4天以上

1: 2500 万

南海诸岛
比例尺 1:5000 万

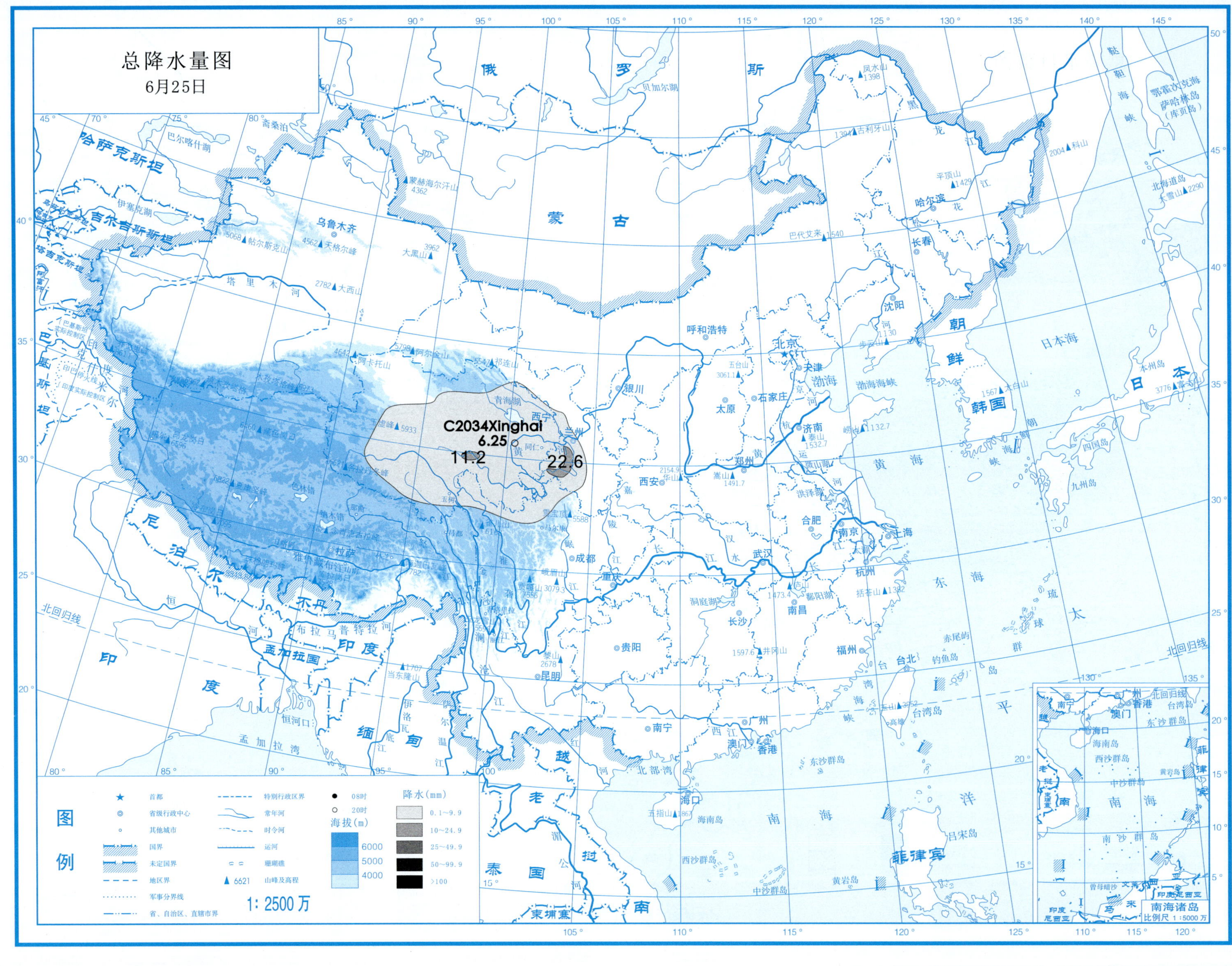
总降水量图
6月25日
C2034Xinghai
6.25
11.2
22.6
图例
降水(mm)
0.1~9.9
10~24.9
25~49.9
50~99.9
>100
海拔(m)
6000
5000
4000
1: 2500 万
南海诸岛
比例尺 1:5000 万

总降水日数图

6月25日

图例

- ★ 首都
- ◎ 省级行政中心
- ◦ 其他城市
- 国界
- 未定国界
- 地区界
- 军事分界线
- 省、自治区、直辖市界
- 特别行政区界
- 常年河
- 时令河
- 运河
- 珊瑚礁
- ▲ 6621 山峰及高程

海拔(m)
6000
5000
4000

降水日数
1天
2~3天
4天以上

1: 2500 万

南海诸岛
比例尺 1:5000 万

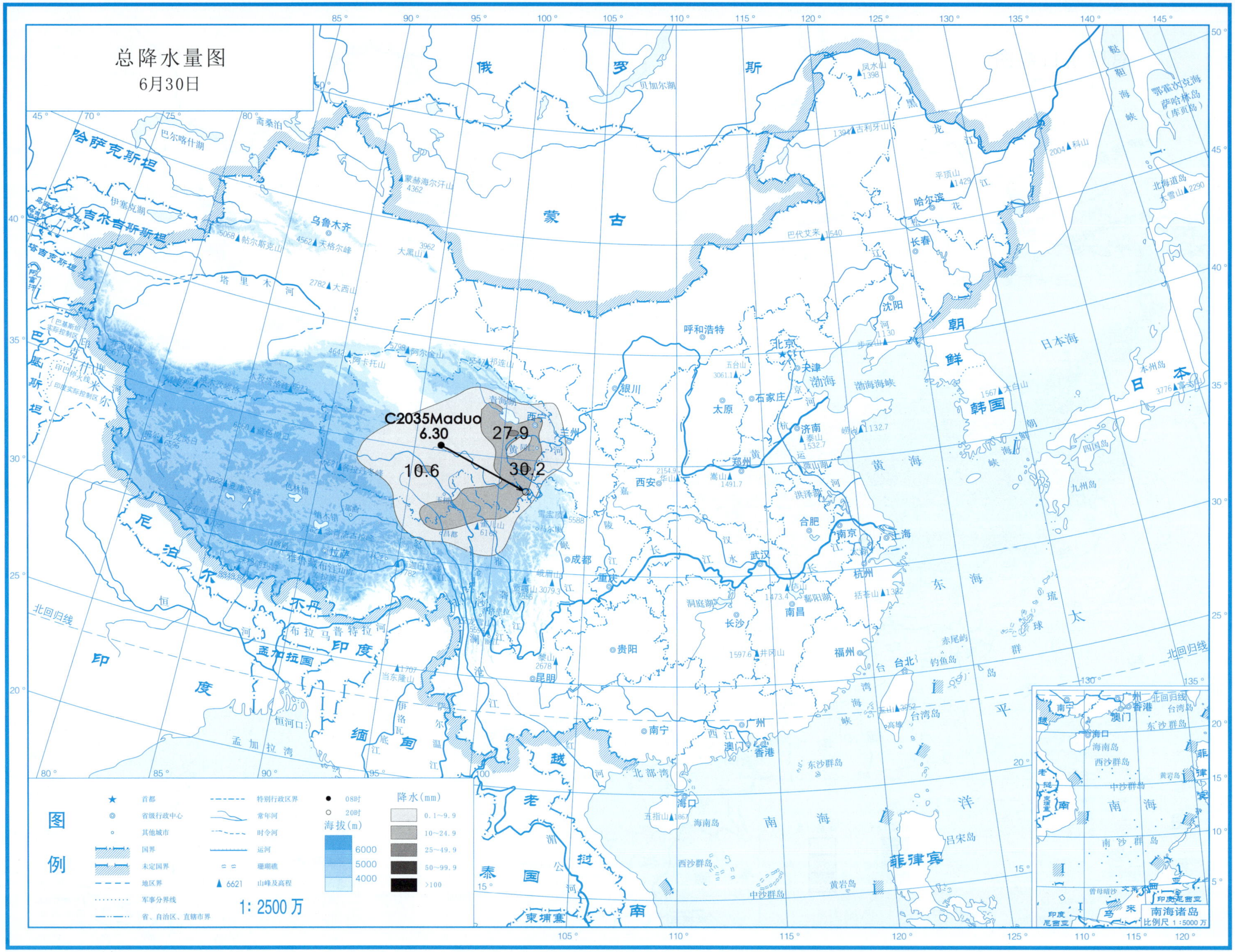

总降水量图

6月30日

C2035Maduo

6.30

27.9

10.6

30.2

图例

符号	说明	符号	说明
★	首都		特别行政区界
◎	省级行政中心		常年河
○	其他城市		时令河
	国界		运河
	未定国界		珊瑚礁
	地区界	▲ 6621	山峰及高程
	军事分界线		
	省、自治区、直辖市界		

● 08时

○ 20时

海拔(m)：6000、5000、4000

降水(mm)：0.1～9.9；10～24.9；25～49.9；50～99.9；>100

1: 2500万

南海诸岛 比例尺 1:5000万

总降水日数图

6月30日

图例

首都
省级行政中心
其他城市
国界
未定国界
地区界
军事分界线
省、自治区、直辖市界
特别行政区界
常年河
时令河
运河
珊瑚礁
6621 山峰及高程

海拔(m)
6000
5000
4000

降水日数
1天
2～3天
4天以上

1：2500万

南海诸岛
比例尺 1：5000万

高原低涡 第1部分

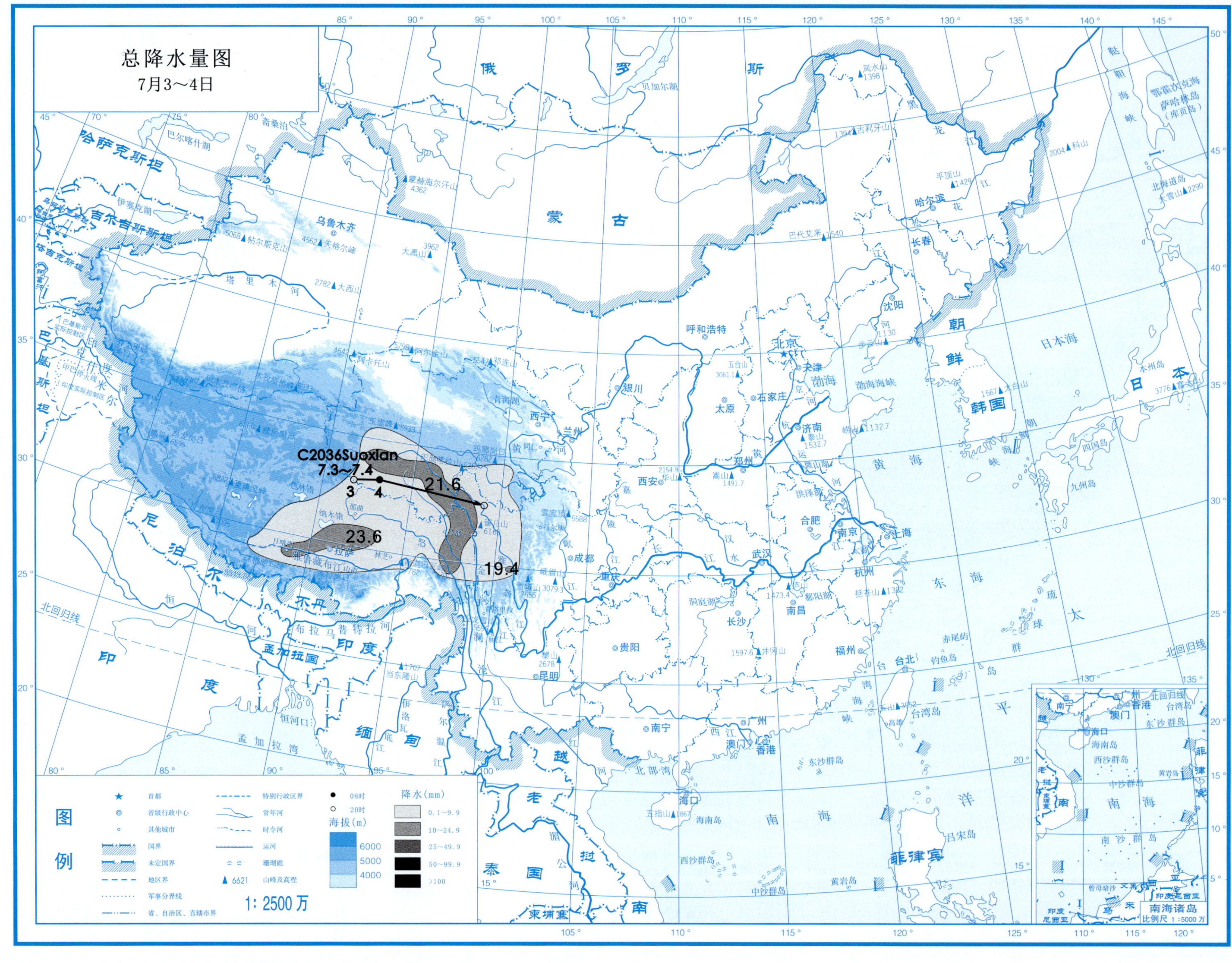
总降水量图
7月3～4日
C2036Suoxian
7.3~7.4
3
4
21.6
23.6
19.4
图例
首都
省级行政中心
其他城市
国界
未定国界
地区界
军事分界线
省、自治区、直辖市界
特别行政区界
常年河
时令河
运河
珊瑚礁
6621 山峰及高程
08时
20时
海拔(m)
6000
5000
4000
降水(mm)
0.1~9.9
10~24.9
25~49.9
50~99.9
>100
1: 2500 万
南海诸岛
比例尺 1:5000 万

总降水日数图

7月3～4日

图例

- ★ 首都
- ◎ 省级行政中心
- ○ 其他城市
- 国界
- 未定国界
- 地区界
- 军事分界线
- 省、自治区、直辖市界
- 特别行政区界
- 常年河
- 时令河
- 运河
- 珊瑚礁
- ▲ 6621 山峰及高程

海拔(m)：6000　5000　4000

降水日数：1天　2～3天　4天以上

1：2500万

南海诸岛 比例尺 1：5000万

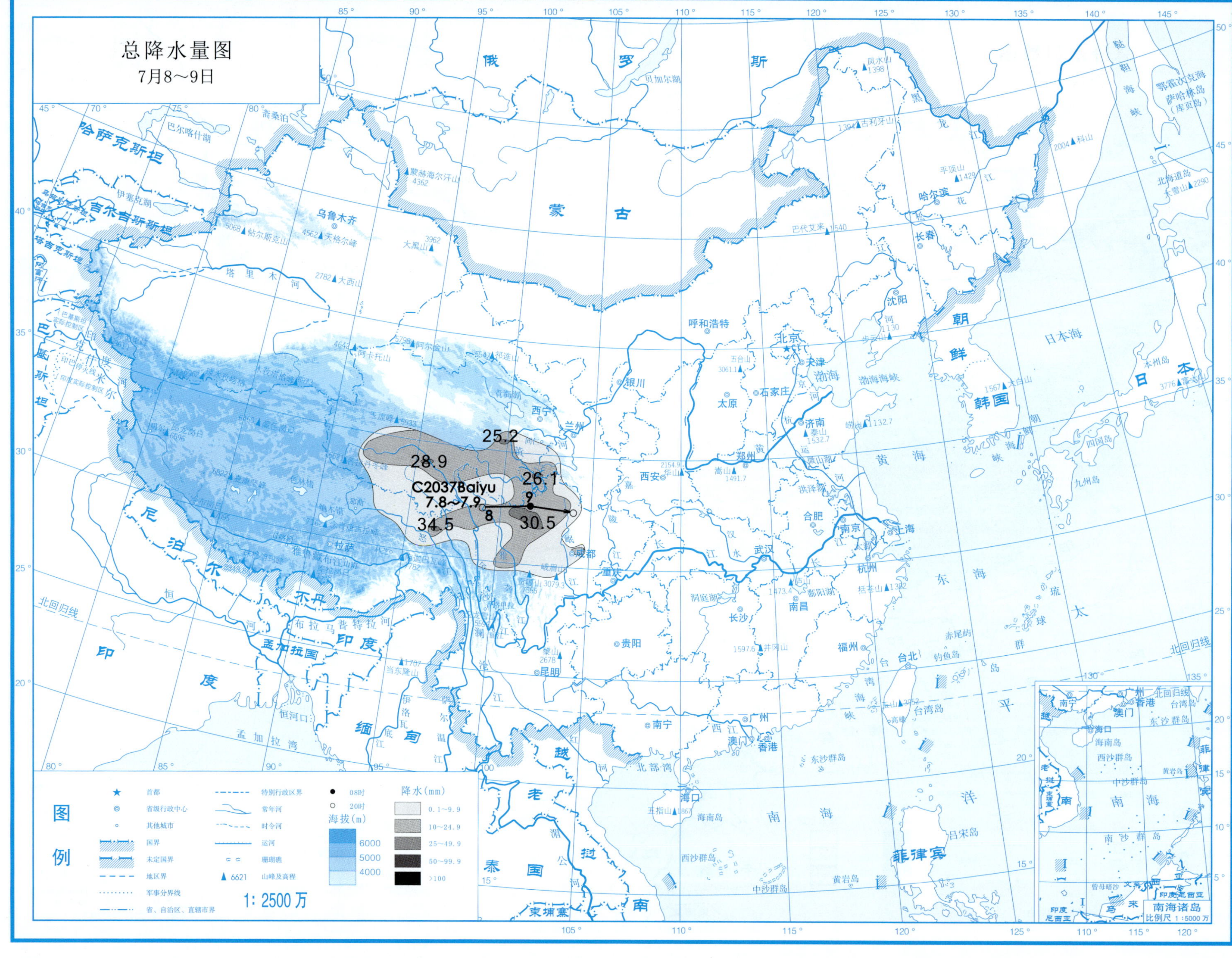
总降水量图
7月8～9日
25.2
28.9
26.1
C2037Baiyu
7.8~7.9
9
8
34.5
30.5
图例
首都
省级行政中心
其他城市
国界
未定国界
地区界
军事分界线
省、自治区、直辖市界
特别行政区界
常年河
时令河
运河
珊瑚礁
6621 山峰及高程
08时
20时
海拔(m)
6000
5000
4000
降水(mm)
0.1~9.9
10~24.9
25~49.9
50~99.9
>100
1:2500万
南海诸岛
比例尺 1:5000万

总降水日数图

7月8～9日

图例

符号	说明	符号	说明
★	首都		特别行政区界
◎	省级行政中心		常年河
○	其他城市		时令河
	国界		运河
	未定国界		珊瑚礁
	地区界	▲ 6621	山峰及高程
	军事分界线		
	省、自治区、直辖市界		

海拔（m）：6000、5000、4000

降水日数：1天、2～3天、4天以上

1：2500万

南海诸岛 比例尺 1：5000万

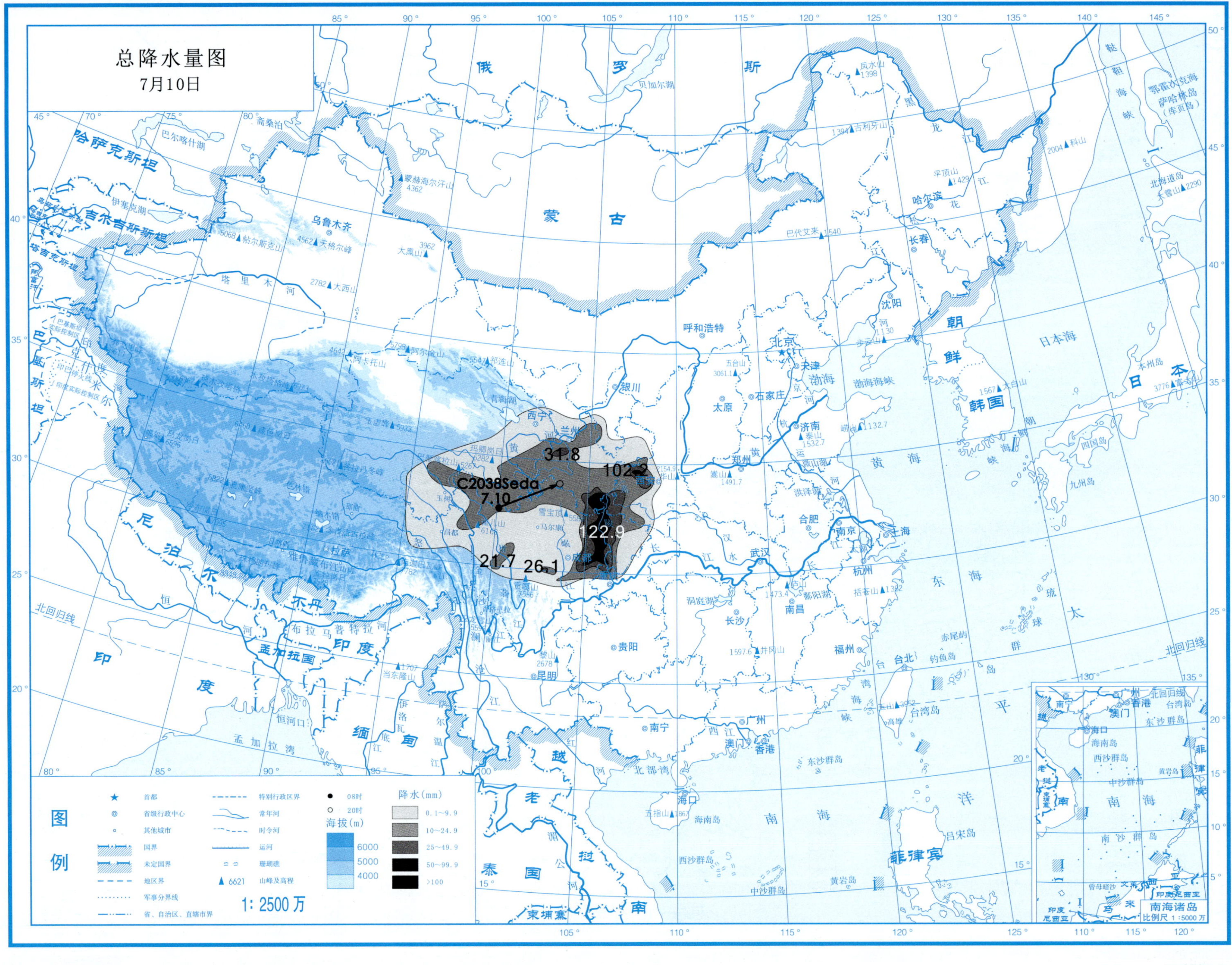
总降水量图
7月10日
C2038Seda
7.10
31.8
102.2
122.9
21.7
26.1
图例
首都
省级行政中心
其他城市
国界
未定国界
地区界
军事分界线
省、自治区、直辖市界
特别行政区界
常年河
时令河
运河
珊瑚礁
6621 山峰及高程
1: 2500 万
08时
20时
海拔(m)
6000
5000
4000
降水(mm)
0.1~9.9
10~24.9
25~49.9
50~99.9
>100
南海诸岛
比例尺 1:5000 万

总降水日数图

7月10日

图例

★ 首都
◎ 省级行政中心
○ 其他城市
国界
未定国界
地区界
军事分界线
省、自治区、直辖市界
特别行政区界
常年河
时令河
运河
珊瑚礁
▲6621 山峰及高程

海拔(m)：6000　5000　4000

降水日数：1天　2~3天　4天以上

1: 2500万

南海诸岛 比例尺 1:5000万

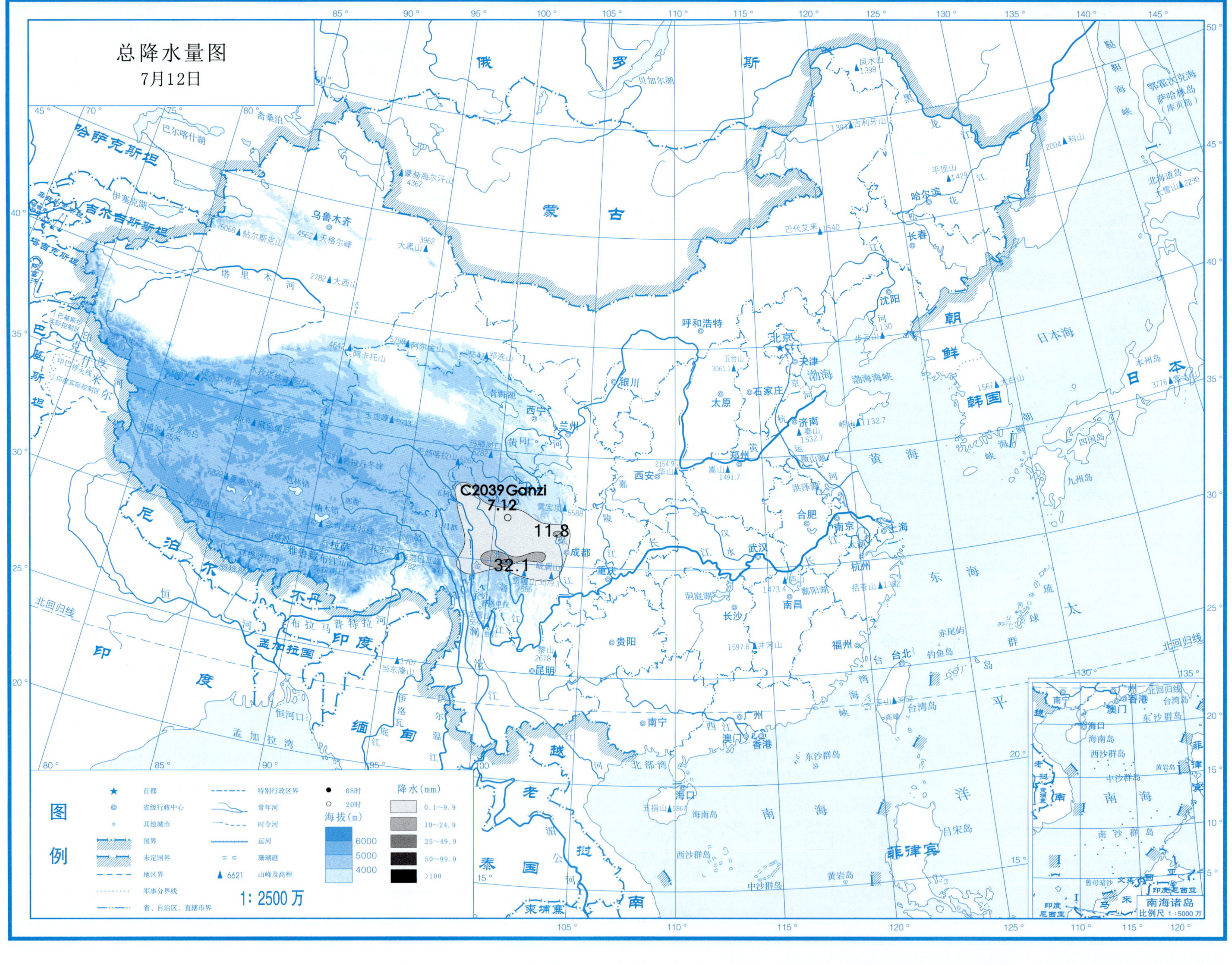

总降水量图
7月12日
C2039 Ganzi
7.12
11.8
32.1
图例
首都
省级行政中心
其他城市
国界
未定国界
地区界
军事分界线
省、自治区、直辖市界
特别行政区界
常年河
时令河
运河
珊瑚礁
6621 山峰及高程
08时
20时
海拔(m)
6000
5000
4000
降水(mm)
0.1~9.9
10~24.9
25~49.9
50~99.9
>100
1: 2500 万
南海诸岛
比例尺 1:5000 万

总降水日数图

7月12日

图例

符号	说明	符号	说明
★	首都		特别行政区界
◎	省级行政中心		常年河
○	其他城市		时令河
	国界		运河
	未定国界		珊瑚礁
	地区界	▲ 6621	山峰及高程
	军事分界线		
	省、自治区、直辖市界		

1: 2500 万

海拔(m)

6000

5000

4000

降水日数

1天

2~3天

4天以上

南海诸岛

比例尺 1:5000 万

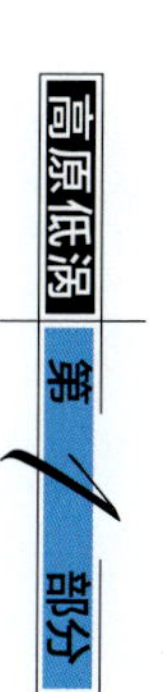

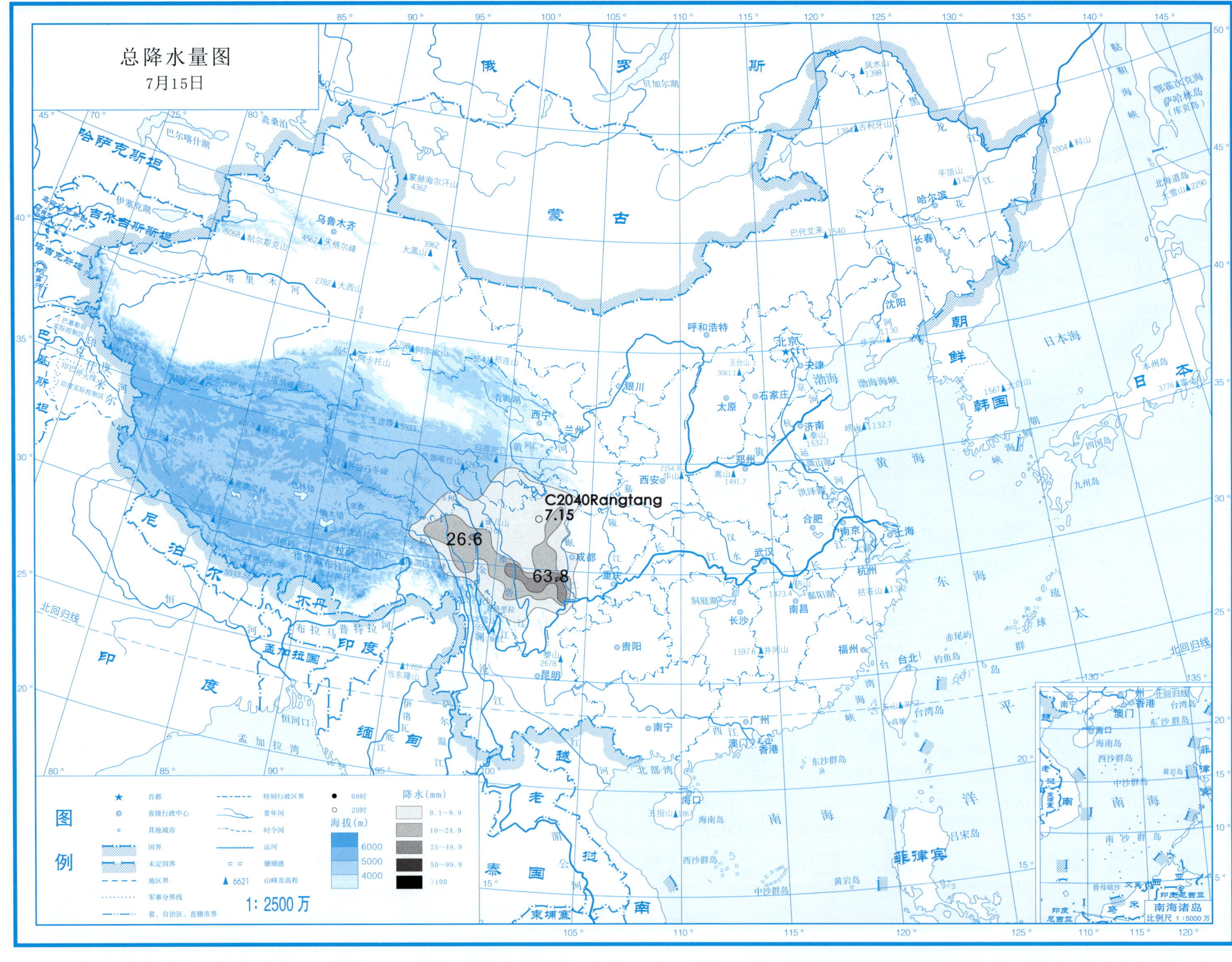
总降水量图
7月15日
C2040Rangtang
7.15
26.6
63.8
图例
首都
省级行政中心
其他城市
国界
未定国界
地区界
军事分界线
省、自治区、直辖市界
特别行政区界
常年河
时令河
运河
珊瑚礁
6621 山峰及高程
08时
20时
海拔(m)
6000
5000
4000
降水(mm)
0.1~9.9
10~24.9
25~49.9
50~99.9
>100
1: 2500 万
南海诸岛
比例尺 1:5000 万

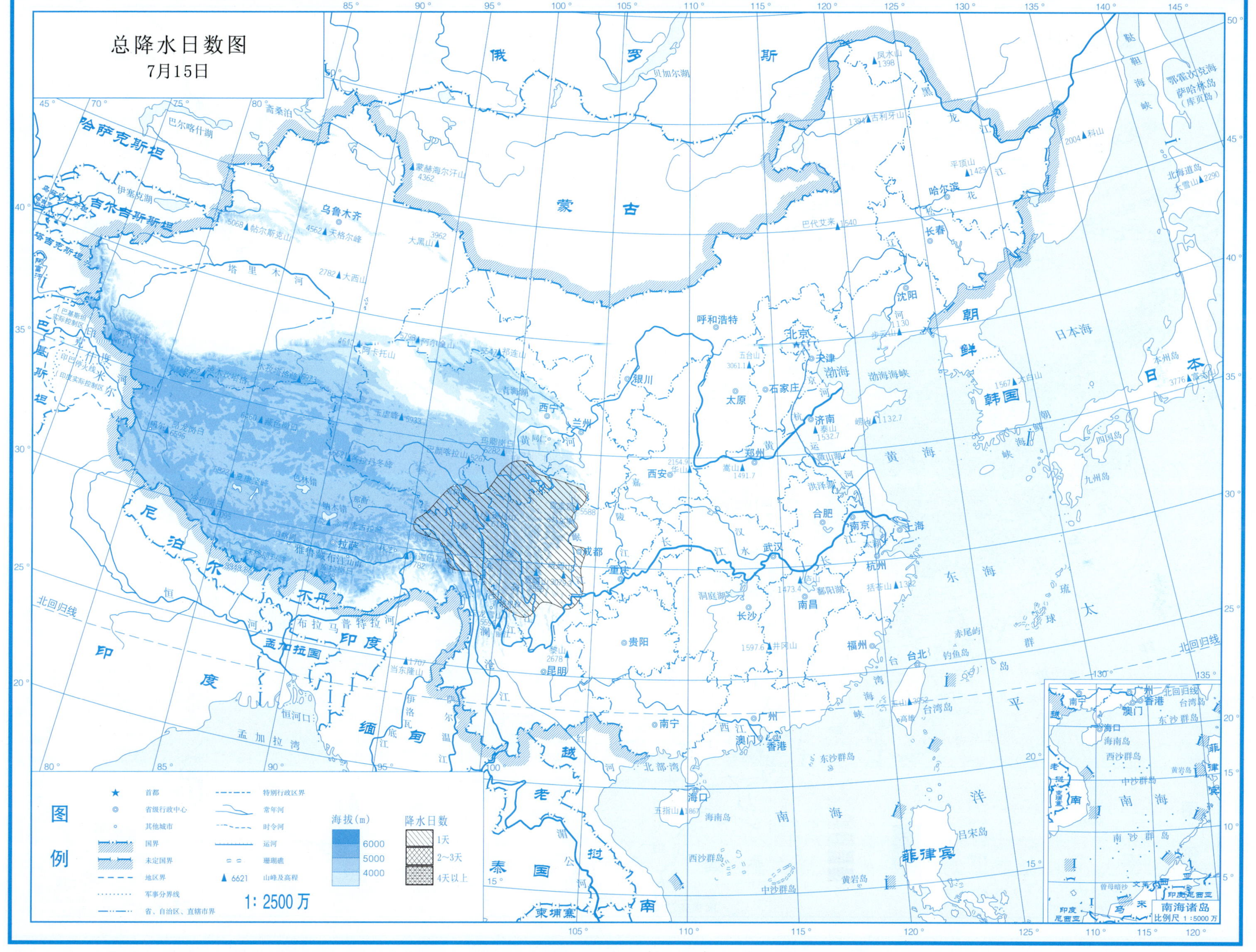
总降水日数图
7月15日
图例
首都
省级行政中心
其他城市
国界
未定国界
地区界
军事分界线
省、自治区、直辖市界
特别行政区界
常年河
时令河
运河
珊瑚礁
山峰及高程
海拔(m)
6000
5000
4000
降水日数
1天
2~3天
4天以上
1: 2500万
南海诸岛
比例尺 1:5000万

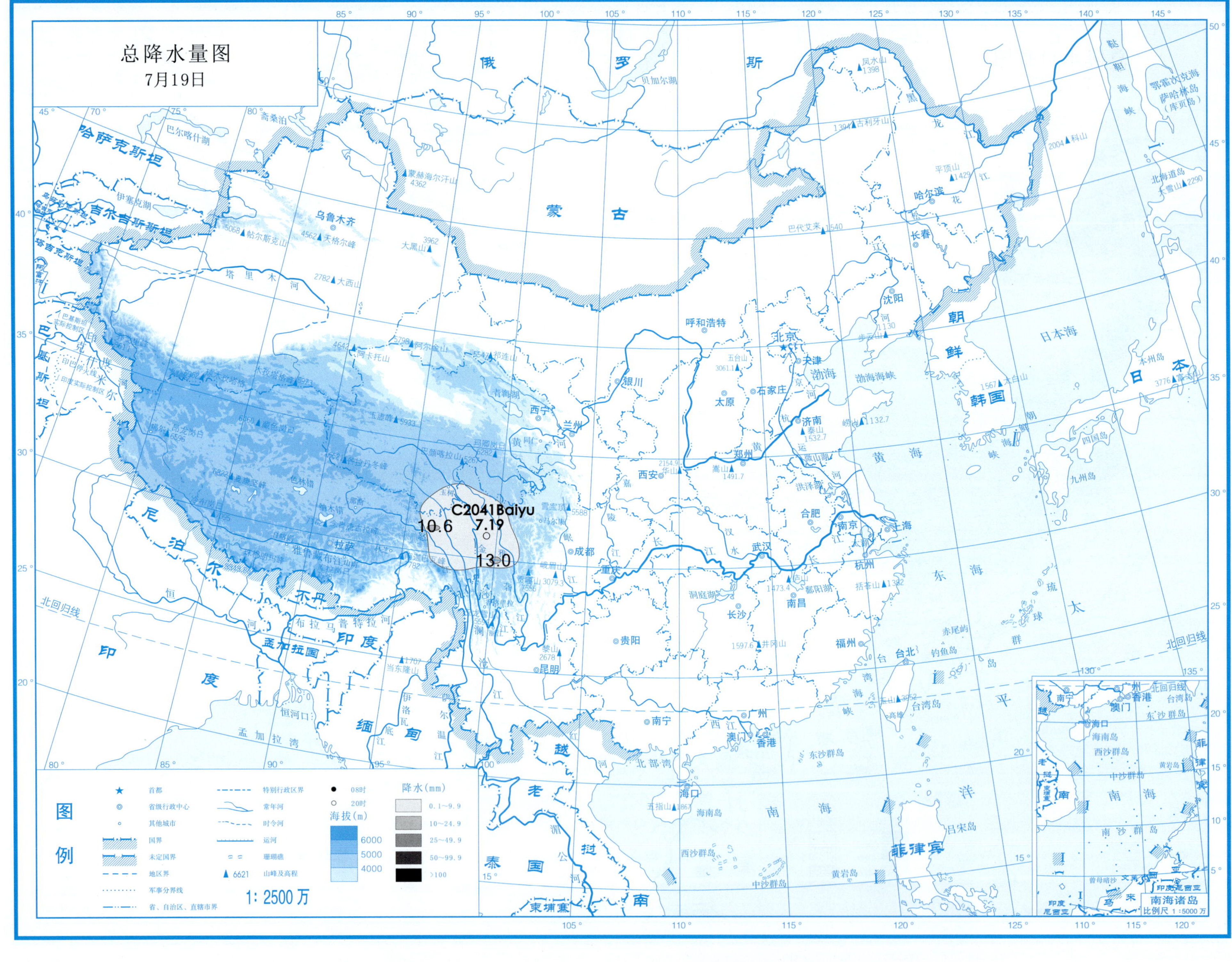

总降水量图
7月19日
C2041Baiyu
10.6
7.19
13.0
图例
首都
省级行政中心
其他城市
国界
未定国界
地区界
军事分界线
省、自治区、直辖市界
特别行政区界
常年河
时令河
运河
珊瑚礁
6621 山峰及高程
08时
20时
海拔(m)
6000
5000
4000
降水(mm)
0.1~9.9
10~24.9
25~49.9
50~99.9
>100
1: 2500 万
南海诸岛
比例尺 1:5000 万

总降水日数图

7月19日

图例

首都
省级行政中心
其他城市
国界
未定国界
地区界
军事分界线
省、自治区、直辖市界
特别行政区界
常年河
时令河
运河
珊瑚礁
6621 山峰及高程

海拔(m)
6000
5000
4000

降水日数
1天
2～3天
4天以上

1：2500万

南海诸岛
比例尺 1：5000万

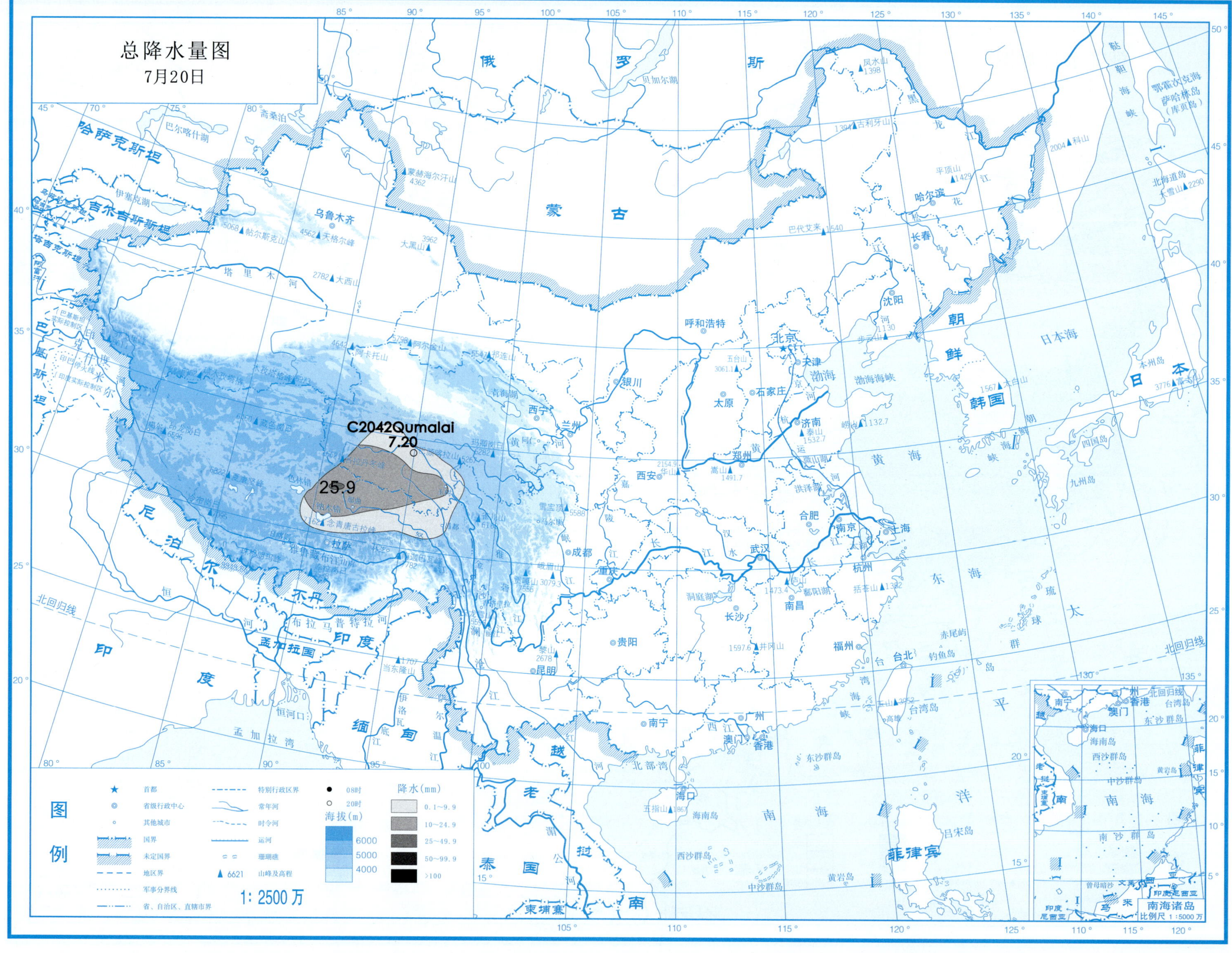
总降水量图
7月20日
C2042Qumalai
7.20
25.9
图例
首都
省级行政中心
其他城市
国界
未定国界
地区界
军事分界线
省、自治区、直辖市界
特别行政区界
常年河
时令河
运河
珊瑚礁
6621 山峰及高程
08时
20时
海拔(m)
6000
5000
4000
降水(mm)
0.1～9.9
10～24.9
25～49.9
50～99.9
>100
1: 2500 万
南海诸岛
比例尺 1:5000 万

总降水日数图

7月20日

图例

★ 首都
◎ 省级行政中心
○ 其他城市
国界
未定国界
地区界
军事分界线
省、自治区、直辖市界
特别行政区界
常年河
时令河
运河
珊瑚礁
▲6621 山峰及高程

海拔(m)：6000、5000、4000

降水日数：1天、2~3天、4天以上

1∶2500万

南海诸岛 比例尺 1∶5000万

Page...128

高原低涡 第1部分

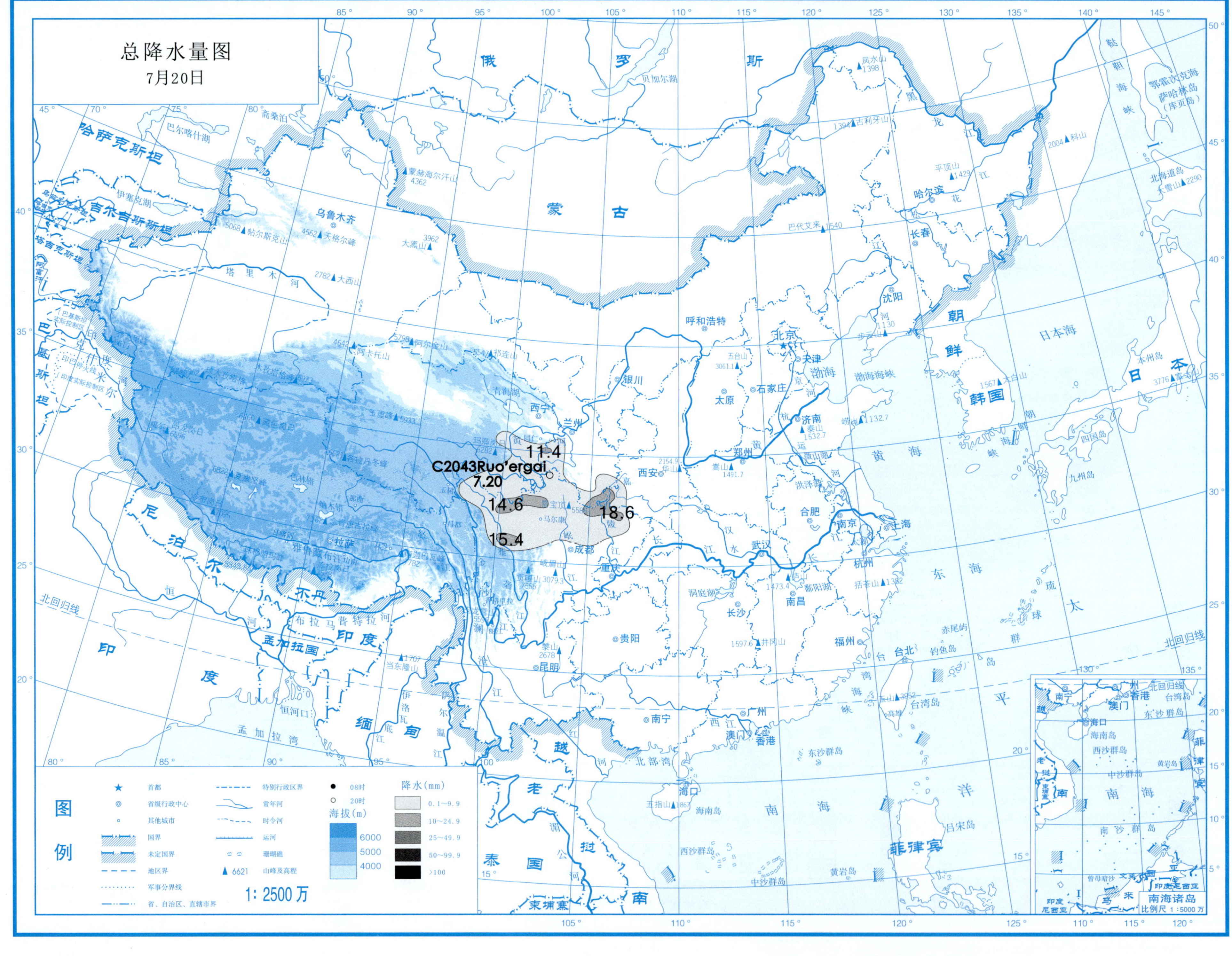
总降水量图
7月20日
C2043Ruo'ergai
7.20
11.4
14.6
15.4
18.6
图例
首都
省级行政中心
其他城市
国界
未定国界
地区界
军事分界线
省、自治区、直辖市界
特别行政区界
常年河
时令河
运河
珊瑚礁
6621 山峰及高程
08时
20时
降水(mm)
0.1~9.9
10~24.9
25~49.9
50~99.9
>100
海拔(m)
6000
5000
4000
1: 2500 万
南海诸岛
比例尺 1:5000 万

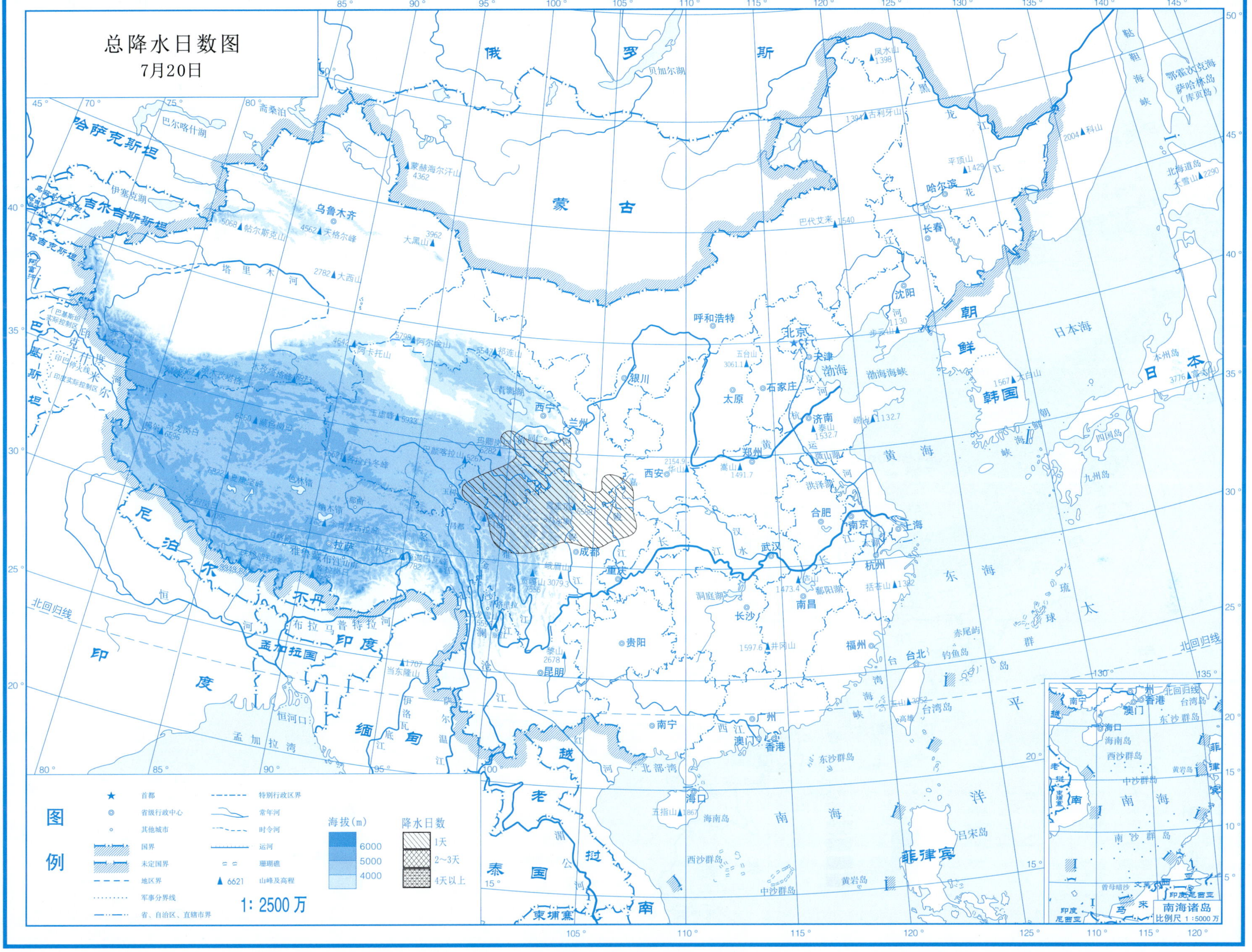
总降水日数图
7月20日
图例
首都
省级行政中心
其他城市
国界
未定国界
地区界
军事分界线
省、自治区、直辖市界
特别行政区界
常年河
时令河
运河
珊瑚礁
山峰及高程
海拔(m)
6000
5000
4000
降水日数
1天
2~3天
4天以上
1: 2500万
南海诸岛
比例尺 1:5000万

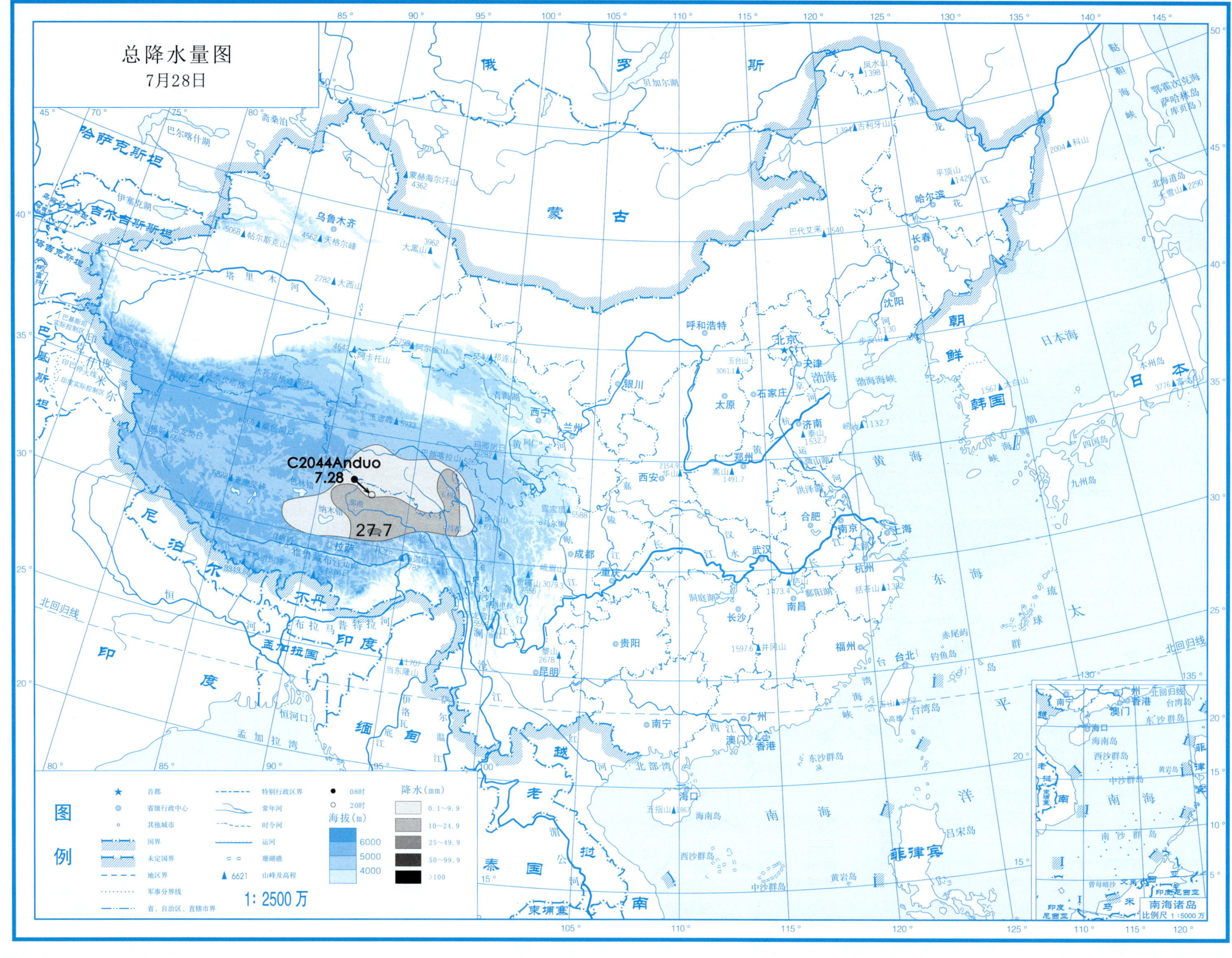
总降水量图
7月28日
C2044Anduo
7.28
27.7
图例
首都
省级行政中心
其他城市
国界
未定国界
地区界
军事分界线
省、自治区、直辖市界
特别行政区界
常年河
时令河
运河
珊瑚礁
6621 山峰及高程
08时
20时
海拔(m)
6000
5000
4000
降水(mm)
0.1~9.9
10~24.9
25~49.9
50~99.9
>100
1: 2500 万
南海诸岛
比例尺 1:5000 万

总降水日数图

7月28日

图例

★ 首都
◎ 省级行政中心
○ 其他城市
国界
未定国界
地区界
军事分界线
省、自治区、直辖市界
特别行政区界
常年河
时令河
运河
珊瑚礁
▲ 6621 山峰及高程

海拔(m)
6000
5000
4000

降水日数
1天
2~3天
4天以上

1:2500万

南海诸岛
比例尺 1:5000万

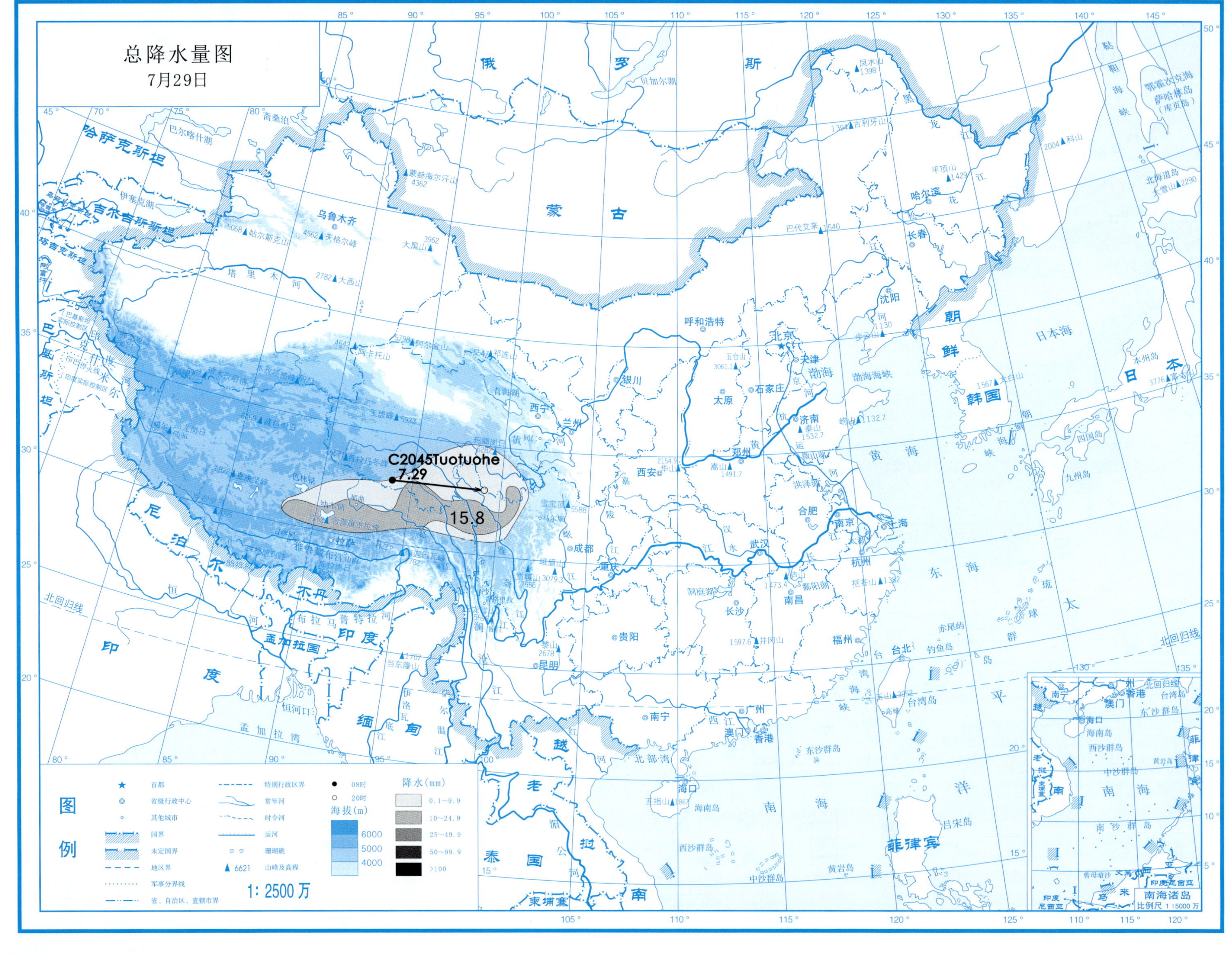
总降水量图
7月29日
C2045Tuotuohe
7.29
15.8
图例
首都
省级行政中心
其他城市
国界
未定国界
地区界
军事分界线
省、自治区、直辖市界
特别行政区界
常年河
时令河
运河
珊瑚礁
山峰及高程
08时
20时
海拔(m)
6000
5000
4000
降水(mm)
0.1~9.9
10~24.9
25~49.9
50~99.9
>100
1: 2500 万
南海诸岛
比例尺 1:5000 万

总降水日数图

7月29日

图例

- ★ 首都
- ◎ 省级行政中心
- ○ 其他城市
- 国界
- 未定国界
- 地区界
- 军事分界线
- 省、自治区、直辖市界
- 特别行政区界
- 常年河
- 时令河
- 运河
- 珊瑚礁
- ▲ 6621 山峰及高程

海拔(m)：6000、5000、4000

降水日数：1天、2~3天、4天以上

1∶2500万

南海诸岛 比例尺 1∶5000万

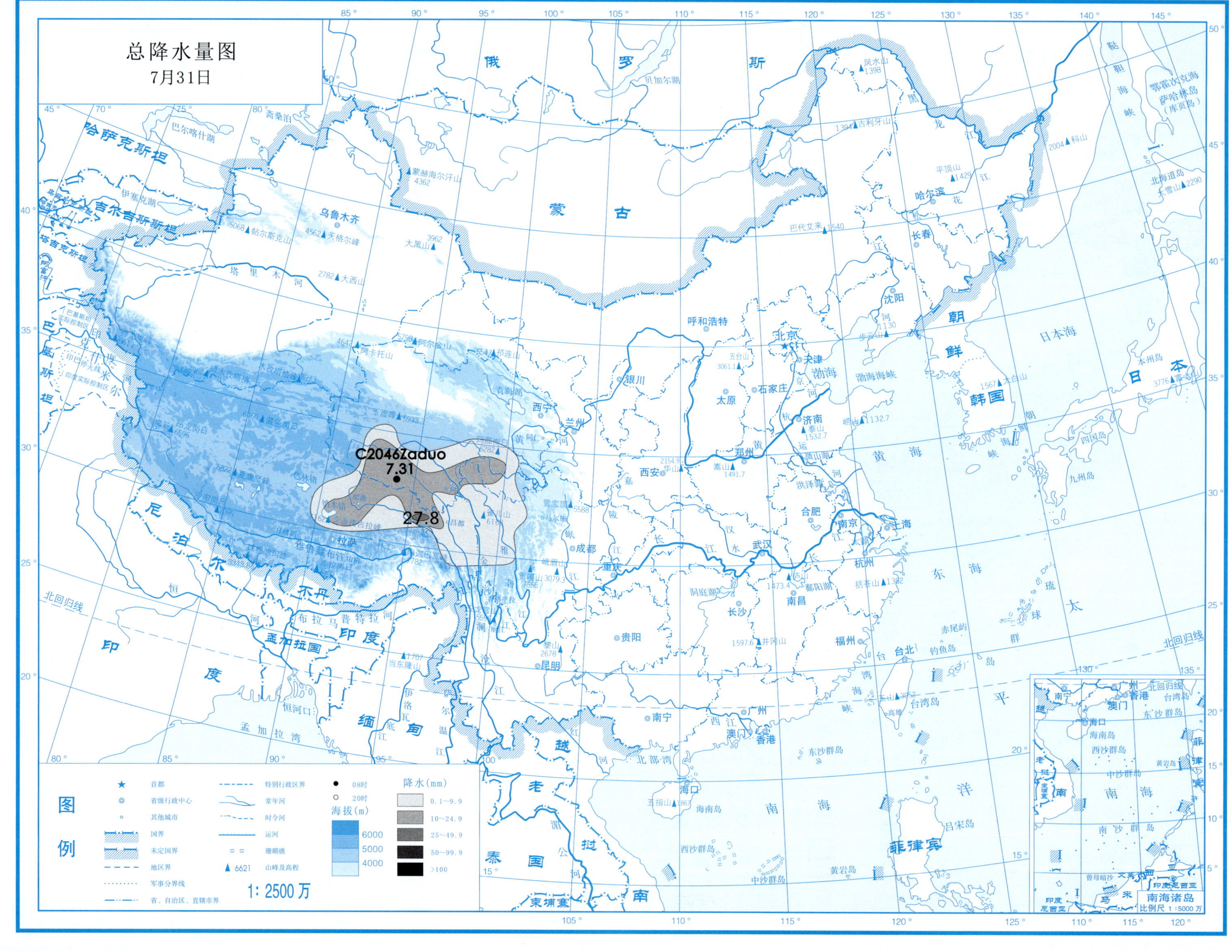
总降水量图
7月31日
C2046Zaduo
7.31
27.8
图例
首都
省级行政中心
其他城市
国界
未定国界
地区界
军事分界线
省、自治区、直辖市界
特别行政区界
常年河
时令河
运河
珊瑚礁
6621 山峰及高程
08时
20时
海拔(m)
6000
5000
4000
降水(mm)
0.1～9.9
10～24.9
25～49.9
50～99.9
>100
1：2500万
南海诸岛
比例尺 1：5000万

总降水日数图

7月31日

图例

★ 首都
◎ 省级行政中心
○ 其他城市
国界
未定国界
地区界
军事分界线
省、自治区、直辖市界
特别行政区界
常年河
时令河
运河
珊瑚礁
▲ 6621 山峰及高程

海拔（m）
6000
5000
4000

降水日数
1天
2~3天
4天以上

1：2500 万

南海诸岛
比例尺 1：5000 万

高原低涡 第1部分

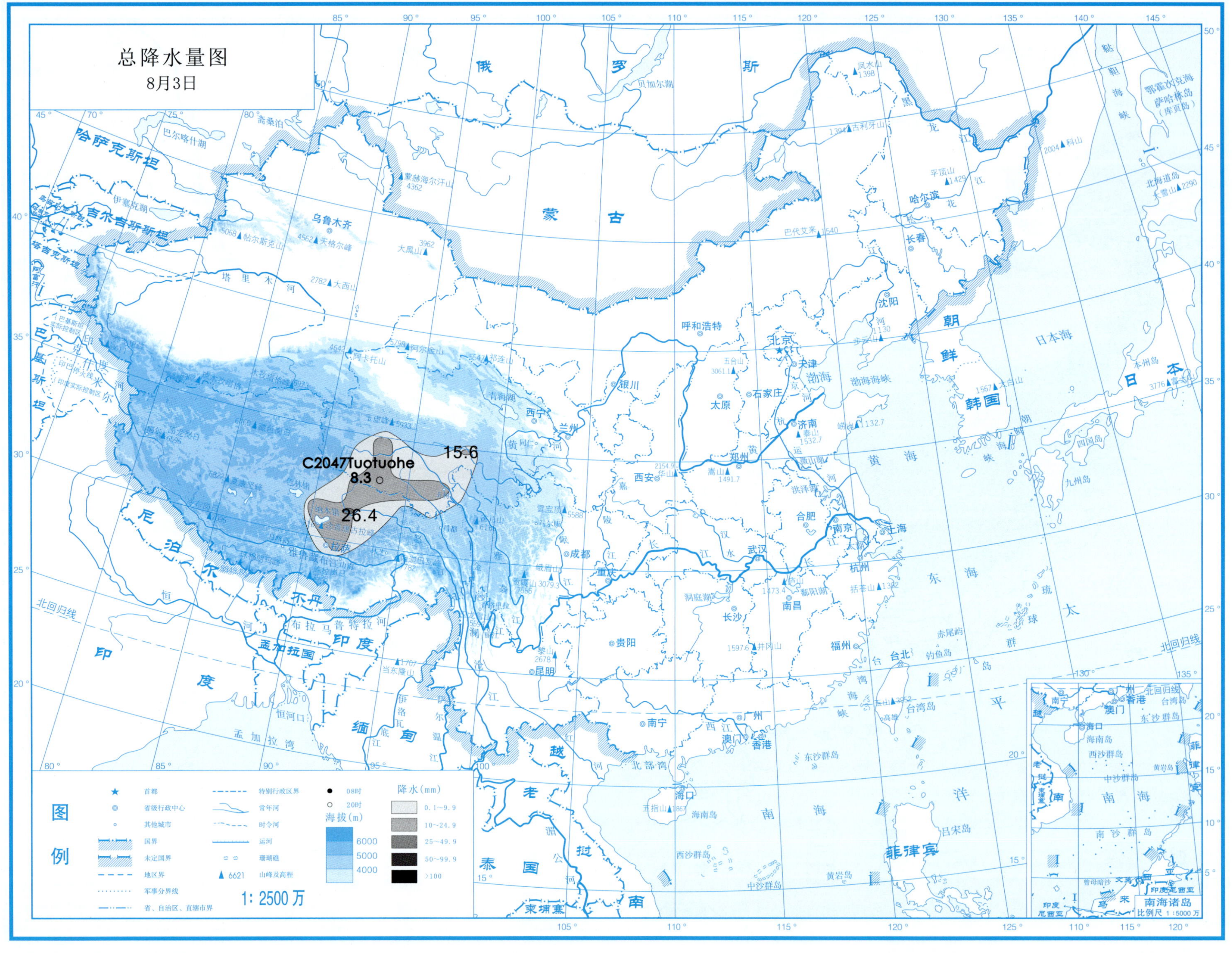
总降水量图
8月3日
C2047Tuotuohe
8.3
15.6
26.4
图例
首都
省级行政中心
其他城市
国界
未定国界
地区界
军事分界线
省、自治区、直辖市界
特别行政区界
常年河
时令河
运河
珊瑚礁
山峰及高程
08时
20时
海拔(m)
6000
5000
4000
降水(mm)
0.1~9.9
10~24.9
25~49.9
50~99.9
>100
1:2500万
南海诸岛
比例尺 1:5000万

总降水日数图

8月3日

图例

★ 首都
◎ 省级行政中心
○ 其他城市
国界
未定国界
地区界
军事分界线
省、自治区、直辖市界
特别行政区界
常年河
时令河
运河
珊瑚礁
▲6621 山峰及高程

海拔(m)：6000　5000　4000

降水日数：1天　2~3天　4天以上

1: 2500 万

南海诸岛 比例尺 1:5000 万

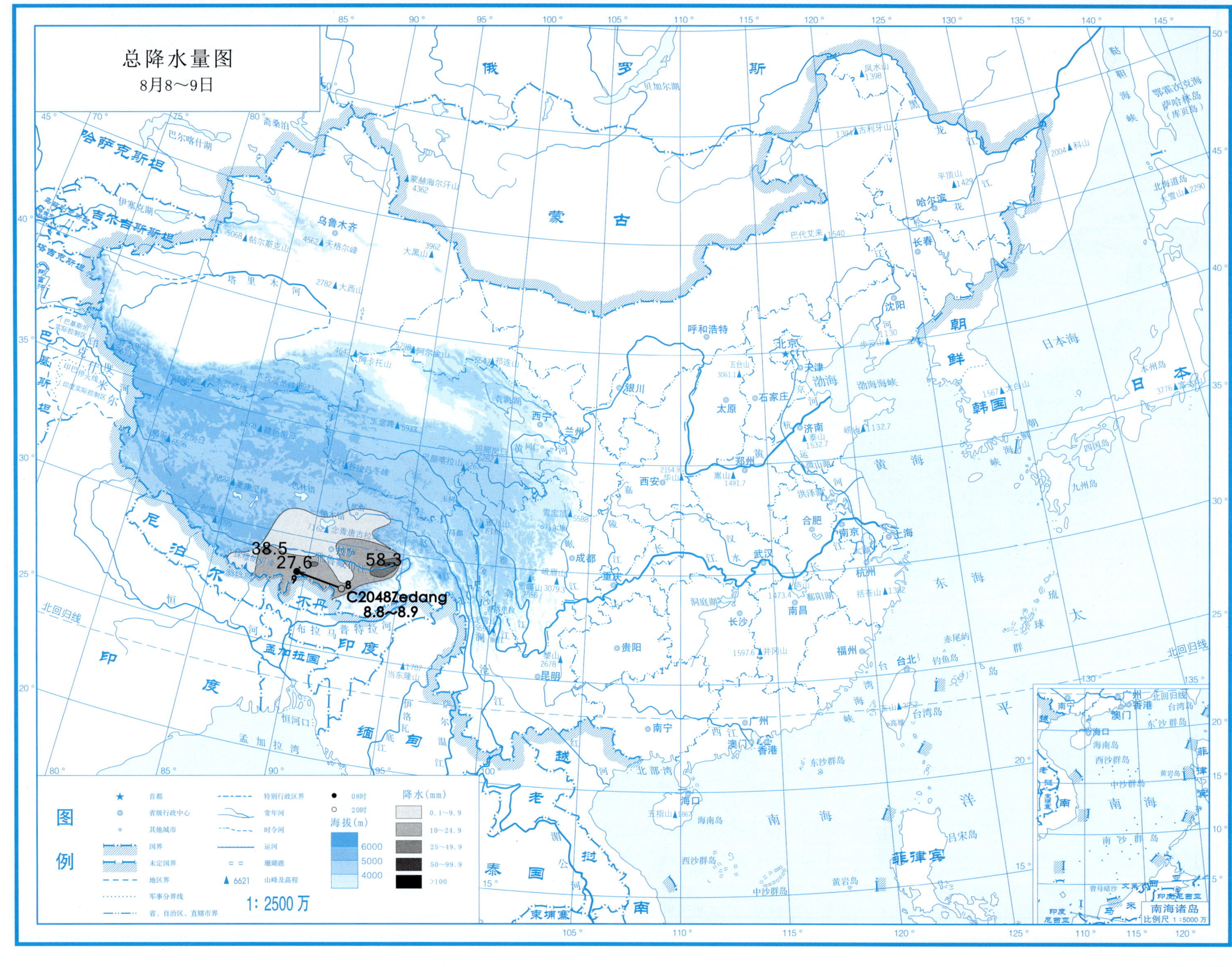
总降水量图
8月8～9日
38.5
27.6
58.3
C2048Zedang
8.8~8.9
图例
首都
省级行政中心
其他城市
国界
未定国界
地区界
军事分界线
省、自治区、直辖市界
特别行政区界
常年河
时令河
运河
珊瑚礁
山峰及高程
08时
20时
海拔(m)
6000
5000
4000
降水(mm)
0.1～9.9
10～24.9
25～49.9
50～99.9
>100
1:2500万
南海诸岛
比例尺 1:5000万

总降水日数图

8月8～9日

图例

- ★ 首都
- ◎ 省级行政中心
- ○ 其他城市
- 国界
- 未定国界
- 地区界
- 军事分界线
- 省、自治区、直辖市界
- 特别行政区界
- 常年河
- 时令河
- 运河
- 珊瑚礁
- ▲ 6621 山峰及高程

海拔（m）

- 6000
- 5000
- 4000

降水日数

- 1天
- 2～3天
- 4天以上

1：2500万

南海诸岛

比例尺 1：5000万

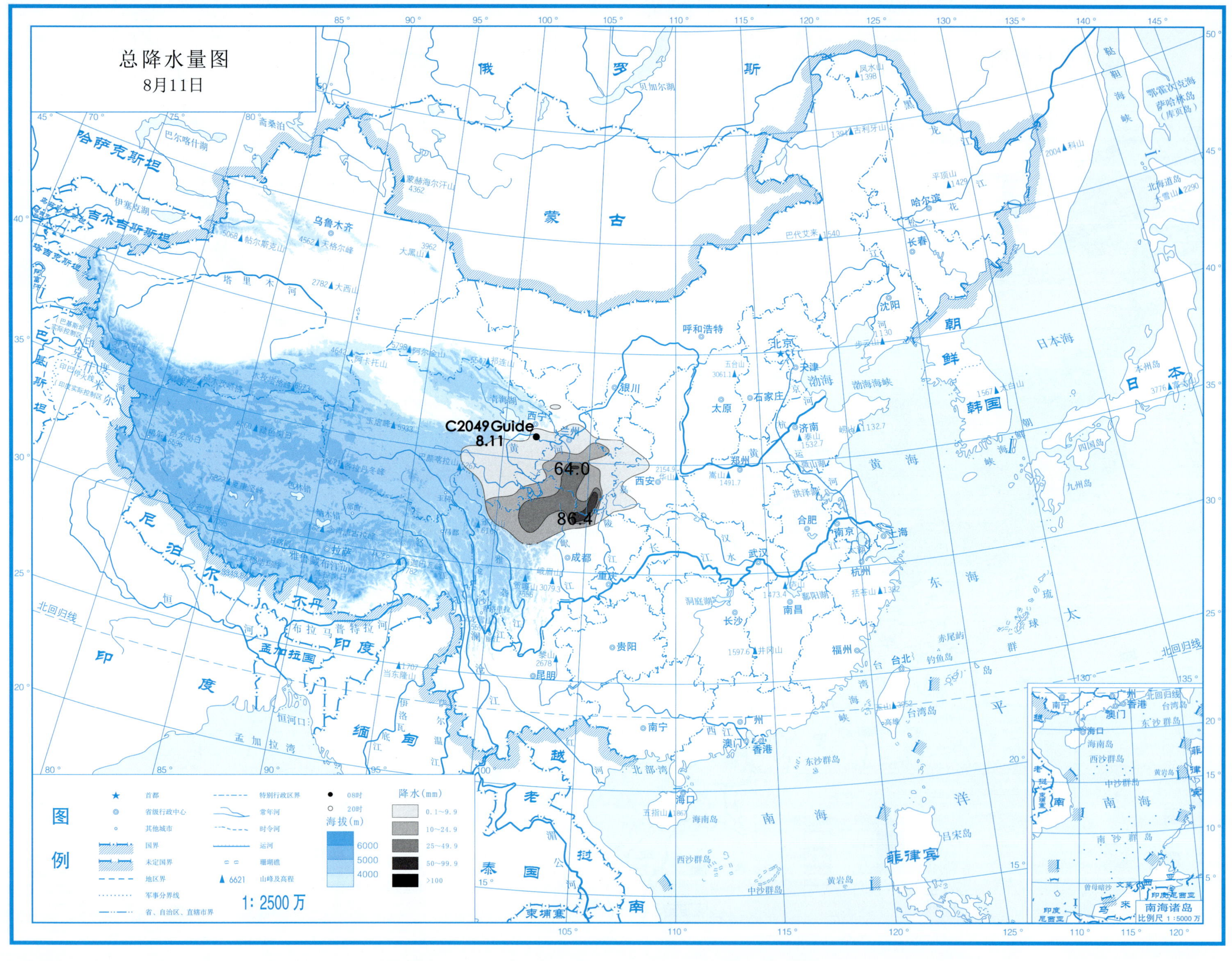
总降水量图
8月11日
C2049 Guide
8.11
64.0
86.4
图例
首都
省级行政中心
其他城市
国界
未定国界
地区界
军事分界线
省、自治区、直辖市界
特别行政区界
常年河
时令河
运河
珊瑚礁
6621 山峰及高程
08时
20时
海拔(m)
6000
5000
4000
降水(mm)
0.1~9.9
10~24.9
25~49.9
50~99.9
>100
1: 2500 万
南海诸岛
比例尺 1:5000 万

总降水日数图

8月11日

图例

- ★ 首都
- ◎ 省级行政中心
- ○ 其他城市
- 国界
- 未定国界
- 地区界
- 军事分界线
- 省、自治区、直辖市界
- 特别行政区界
- 常年河
- 时令河
- 运河
- 珊瑚礁
- ▲ 6621 山峰及高程

海拔(m)

- 6000
- 5000
- 4000

降水日数

- 1天
- 2~3天
- 4天以上

1:2500万

南海诸岛 比例尺 1:5000万

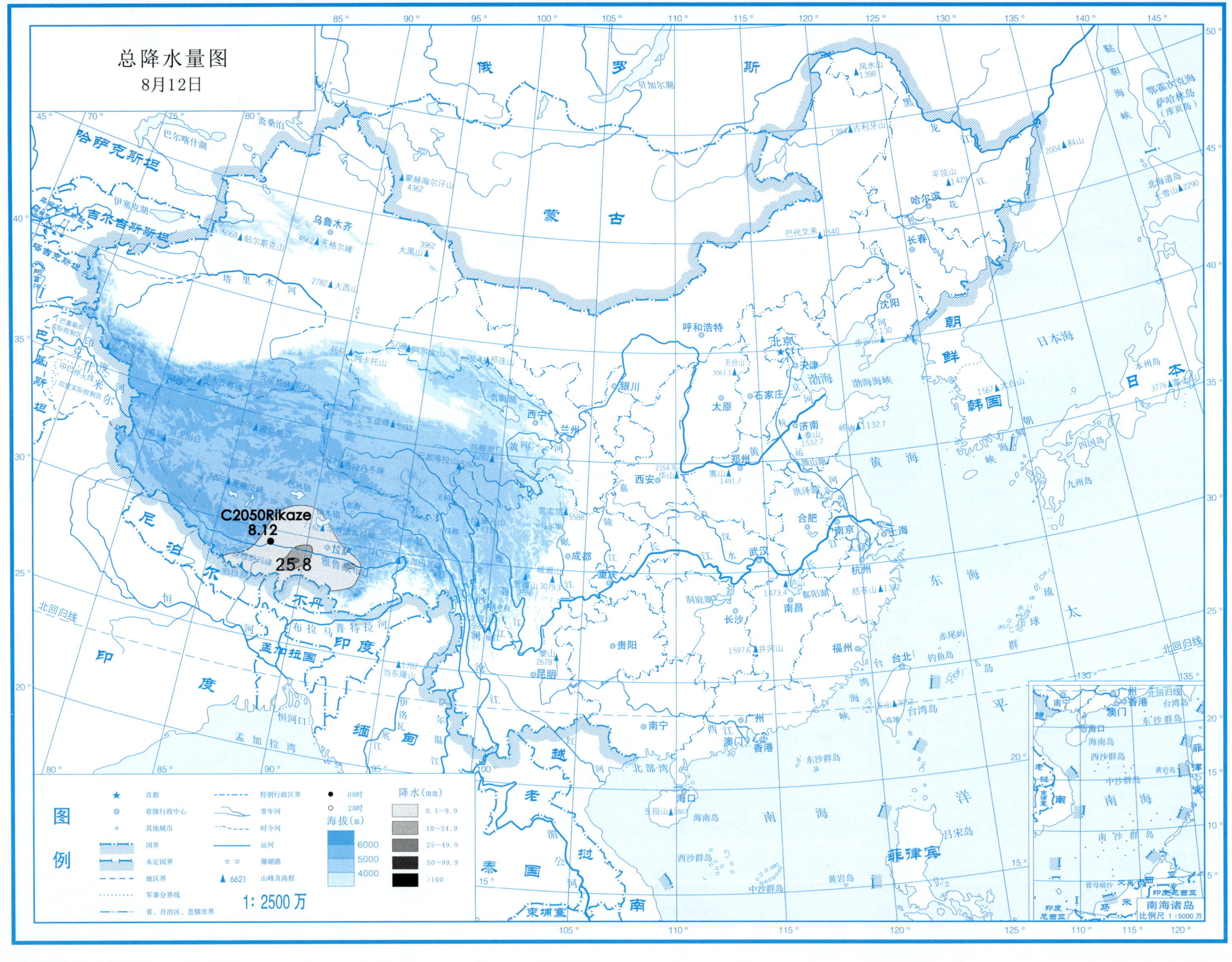
总降水量图
8月12日
C2050Rikaze
8.12
25.8
图例
首都
省级行政中心
其他城市
国界
未定国界
地区界
军事分界线
省、自治区、直辖市界
特别行政区界
常年河
时令河
运河
珊瑚礁
6621 山峰及高程
08时
20时
海拔(m)
6000
5000
4000
降水(mm)
0.1~9.9
10~24.9
25~49.9
50~99.9
>100
1:2500万
南海诸岛
比例尺 1:5000万

总降水日数图

8月12日

图例

★ 首都
◎ 省级行政中心
○ 其他城市
国界
未定国界
地区界
军事分界线
省、自治区、直辖市界
特别行政区界
常年河
时令河
运河
珊瑚礁
▲6621 山峰及高程

海拔(m)
6000
5000
4000

降水日数
1天
2~3天
4天以上

1: 2500万

南海诸岛
比例尺 1:5000万

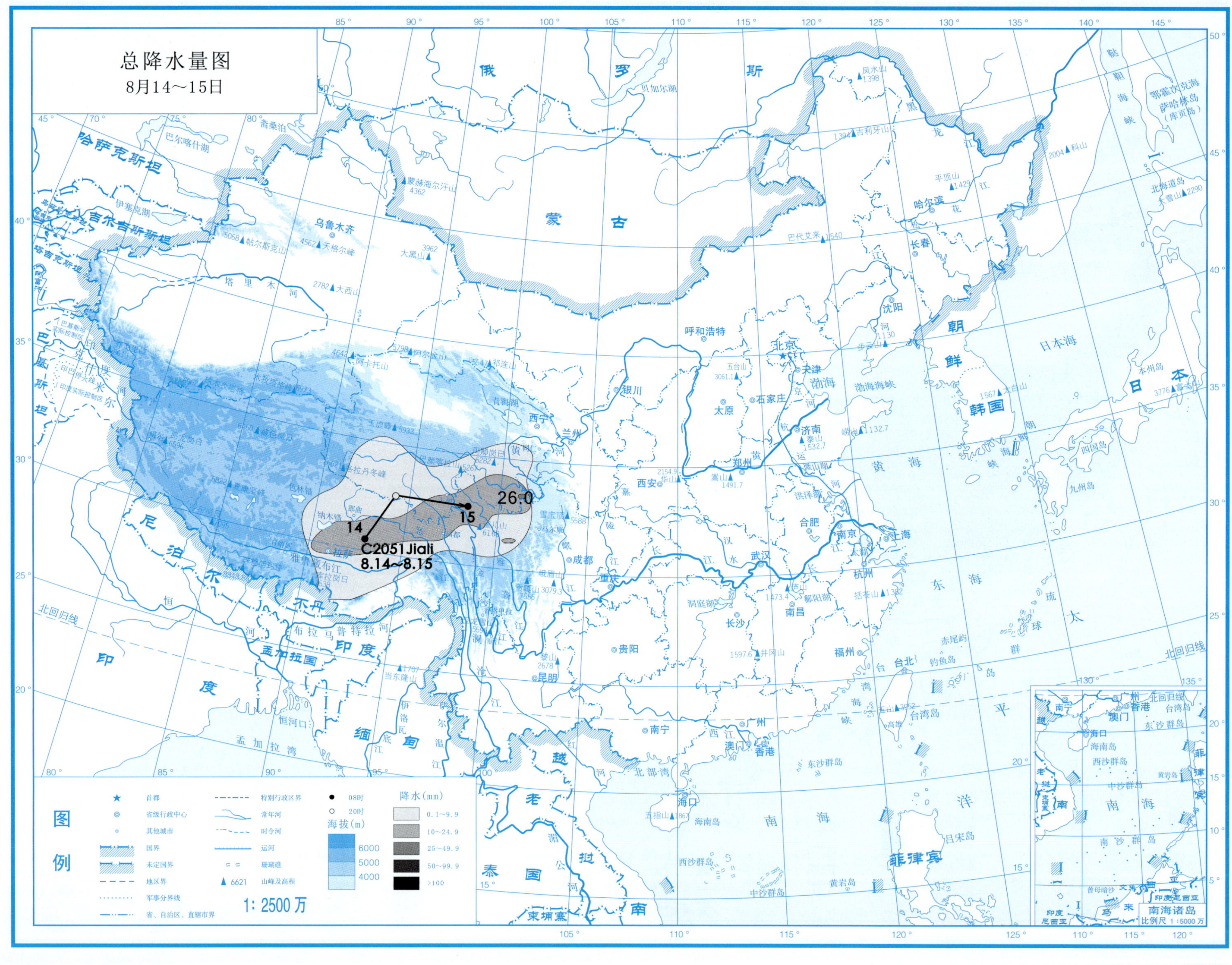
总降水量图
8月14～15日
C2051 Jiali
8.14～8.15
14
15
26.0
俄
罗
斯
蒙
古
哈萨克斯坦
吉尔吉斯斯坦
塔吉克斯坦
巴基斯坦
尼泊尔
不丹
印度
孟加拉国
缅甸
老挝
泰国
越南
柬埔寨
朝鲜
韩国
日本
菲律宾
乌鲁木齐
拉萨
西宁
兰州
银川
呼和浩特
北京
天津
石家庄
太原
济南
郑州
西安
成都
重庆
贵阳
昆明
南宁
长沙
武汉
合肥
南京
上海
杭州
南昌
福州
台北
广州
香港
澳门
海口
沈阳
长春
哈尔滨
渤海
黄海
东海
南海
日本海
太平洋
图例
首都
省级行政中心
其他城市
国界
未定国界
地区界
军事分界线
省、自治区、直辖市界
特别行政区界
常年河
时令河
运河
珊瑚礁
6621 山峰及高程
08时
20时
海拔(m)
6000
5000
4000
降水(mm)
0.1～9.9
10～24.9
25～49.9
50～99.9
>100
1: 2500 万
南海诸岛
比例尺 1:5000 万

总降水日数图

8月14～15日

图例

- ★ 首都
- ◎ 省级行政中心
- ○ 其他城市
- 国界
- 未定国界
- 地区界
- 军事分界线
- 省、自治区、直辖市界
- 特别行政区界
- 常年河
- 时令河
- 运河
- 珊瑚礁
- ▲ 6621 山峰及高程

海拔(m)

- 6000
- 5000
- 4000

降水日数

- 1天
- 2～3天
- 4天以上

1∶2500万

南海诸岛
比例尺 1∶5000万

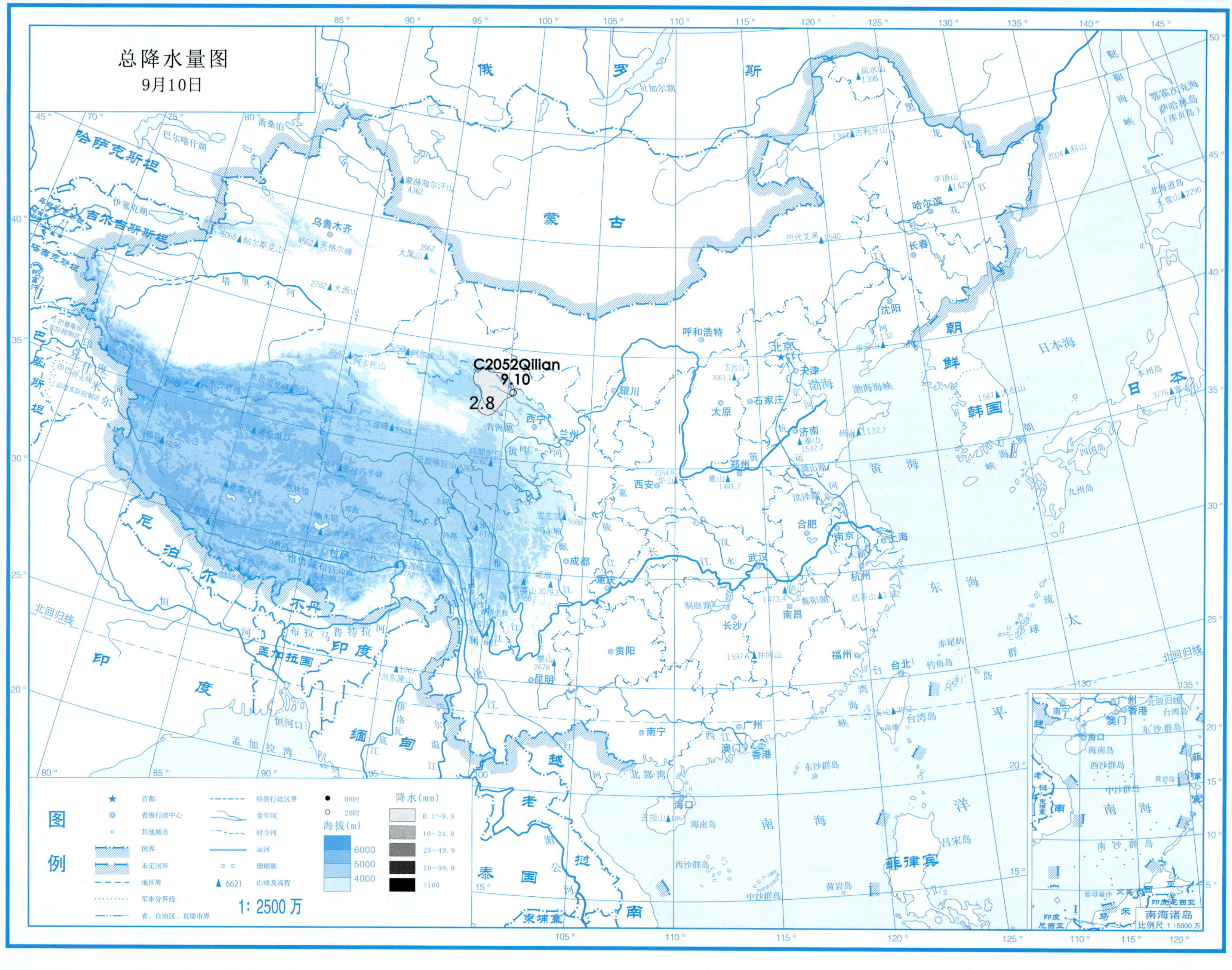
总降水量图
9月10日
C2052Qilian
9.10
2.8
图例
首都
省级行政中心
其他城市
国界
未定国界
地区界
军事分界线
省、自治区、直辖市界
特别行政区界
常年河
时令河
运河
珊瑚礁
6621 山峰及高程
08时
20时
海拔(m)
6000
5000
4000
降水(mm)
0.1~9.9
10~24.9
25~49.9
50~99.9
>100
1:2500万
南海诸岛
比例尺 1:5000万

总降水日数图

9月10日

图例

★ 首都
◎ 省级行政中心
○ 其他城市
国界
未定国界
地区界
军事分界线
特别行政区界
常年河
时令河
运河
珊瑚礁
▲ 6621 山峰及高程
省、自治区、直辖市界

海拔(m)
6000
5000
4000

降水日数
1天
2~3天
4天以上

1: 2500万

南海诸岛
比例尺 1:5000万

Page...148

高原低涡 第1部分

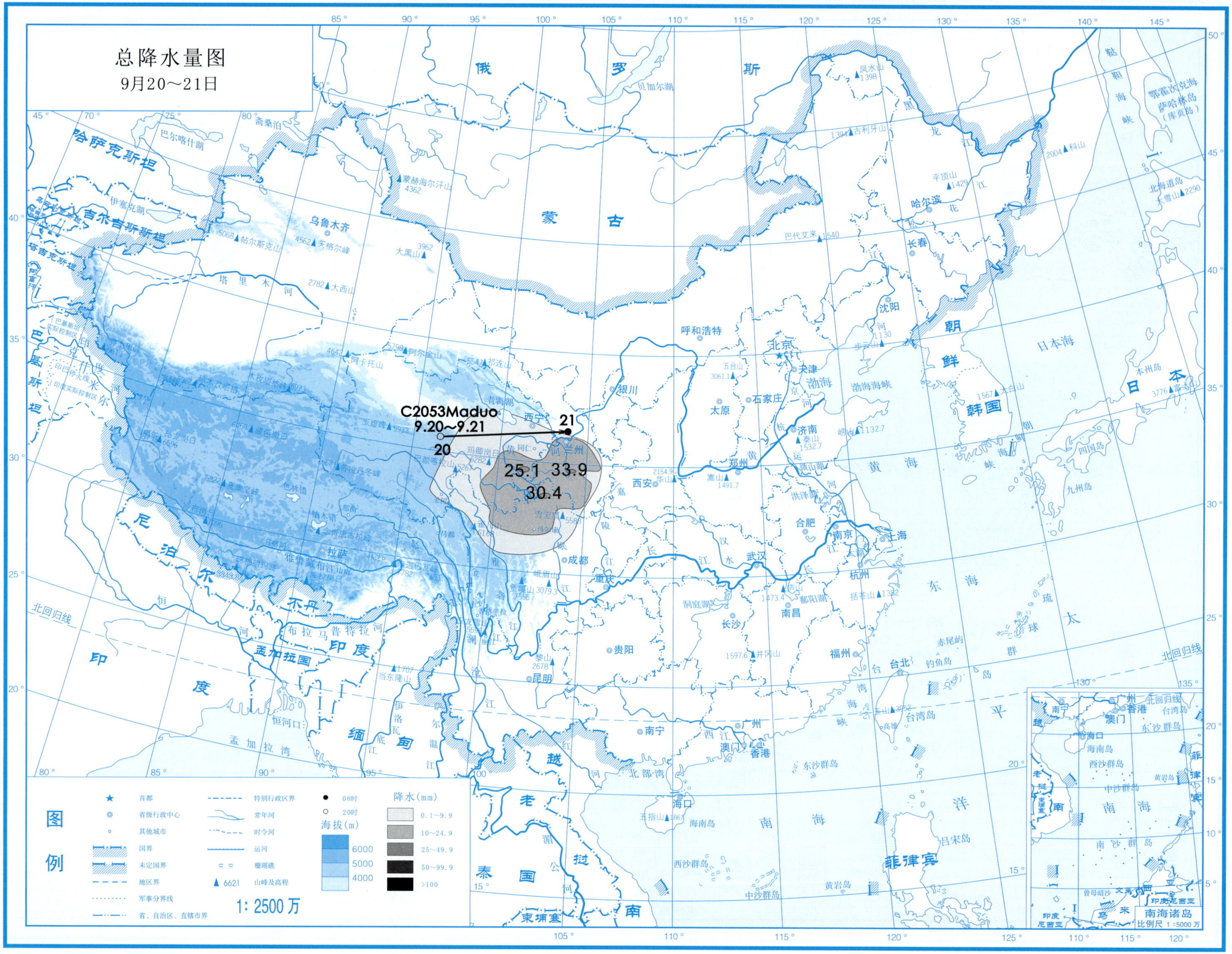

总降水量图

9月20～21日

C2053Maduo

9.20～9.21

20

21

25.1 33.9

30.4

图例

符号	说明
★	首都
◎	省级行政中心
◦	其他城市
	国界
	未定国界
	地区界
	军事分界线
	省、自治区、直辖市界
	特别行政区界
	常年河
	时令河
	运河
	珊瑚礁
▲ 6621	山峰及高程
●	08时
○	20时

海拔（m）：6000、5000、4000

降水（mm）：0.1～9.9、10～24.9、25～49.9、50～99.9、>100

1：2500万

南海诸岛 比例尺 1：5000万

总降水日数图

9月20～21日

图例

符号	含义	符号	含义
★	首都		特别行政区界
◎	省级行政中心		常年河
○	其他城市		时令河
	国界		运河
	未定国界		珊瑚礁
	地区界	▲ 6621	山峰及高程
	军事分界线		
	省、自治区、直辖市界		

海拔(m)：6000　5000　4000

降水日数：1天　2～3天　4天以上

1：2500万

南海诸岛 比例尺 1：5000万

高原低涡中心位置资料表

月	日	时	中心位置		位势高度/位势什米
			北纬/(°)	东经/(°)	
① 1月5日 (C2001)托勒，Tuole					
1	5	08	38.3	97.8	555
消失					
② 1月6～7日 (C2002)贵德，Guide					
1	6	08	35.9	102.2	557
		20	37.0	105.6	556
	7	08	38.2	111.2	552
消失					
③ 1月23日 (C2003)工布江达，Gongbujiangda					
1	23	20	28.8	93.0	561
消失					
④ 2月7日 (C2004)治多，Zhiduo					
2	7	08	35.0	94.5	562
消失					
⑤ 2月7日 (C2005)五道梁，Wudaoliang					
2	7	20	36.4	93.1	565
消失					
⑥ 2月14日 (C2006)工布江达，Gongbujiangda					
2	14	20	29.1	92.8	568
消失					
⑦ 2月22～23日 (C2007)杂多，Zaduo					
2	22	20	33.2	94.3	574
	23	08	35.4	96.8	570
消失					
⑧ 3月19～20日 (C2008)沱沱河，Tuotuohe					
3	19	20	33.6	91.8	565
	20	08	35.4	93.8	564
消失					
⑨ 4月5日 (C2009)囊谦，Nangqian					
4	5	20	32.0	97.8	573
消失					
⑩ 4月7日 (C2010)嘉黎，Jiali					
4	7	08	30.8	92.6	572
消失					
⑪ 4月9日 (C2011)五道梁，Wudaoliang					
4	9	20	35.4	91.8	571
消失					

高原低涡中心位置资料表（续-1）

月	日	时	中心位置		位势高度/位势什米
			北纬/(°)	东经/(°)	
⑫ 4月12～13日 (C2012)外斯，Waisi					
4	12	20	34.0	102.0	574
	13	08	32.9	104.0	572
消失					
⑬ 4月16日 (C2013)茫崖，Mangya					
4	16	08	37.0	88.7	572
		20	39.6	90.1	572
消失					
⑭ 4月18～19日 (C2014)五道梁，Wudaoliang					
4	18	20	36.0	91.7	575
	19	08	36.7	92.7	574
消失					

月	日	时	中心位置		位势高度/位势什米
			北纬/(°)	东经/(°)	
⑮ 4月24～26日 (C2015)工布江达，Gongbujiangda					
4	24	20	29.7	92.5	573
	25	08	28.6	93.1	575
		20	33.0	95.0	576
	26	08	33.9	96.0	577
消失					
⑯ 4月30日 (C2016)刚察，Gangcha					
4	30	08	37.8	100.0	578
消失					

月	日	时	中心位置		位势高度/位势什米
			北纬/(°)	东经/(°)	
⑰ 4月30日～5月2日 (C2017)玉树，Yushu					
4	30	08	33.8	96.0	579
		20	32.7	100.4	579
5	1	08	31.1	102.3	578
		20	31.2	102.5	578
	2	08	31.7	106.2	577
消失					
⑱ 5月2日 (C2018)南木林，Nanmulin					
5	2	20	29.8	88.4	579
消失					
⑲ 5月5日 (C2019)茫崖，Mangya					
5	5	08	37.3	88.8	571
		20	38.6	96.6	570
消失					

高原低涡中心位置资料表（续-2）

月	日	时	中心位置		位势高度/位势什米
			北纬/(°)	东经/(°)	
⑳5月7日 (C2020)果洛，Guoluo					
5	7	08	35.2	99.7	572
消失					
㉑5月11～12日 (C2021)茫崖，Mangya					
5	11	20	37.8	89.0	577
	12	08	34.7	94.6	574
		20	35.0	101.2	574
消失					
㉒5月16日 (C2022)那曲，Naqu					
5	16	20	33.0	93.2	579
消失					

月	日	时	中心位置		位势高度/位势什米
			北纬/(°)	东经/(°)	
㉓5月23～24日 (C2023)安多，Anduo					
5	23	20	33.2	92.2	579
	24	08	32.3	97.2	577
消失					
㉔5月26日 (C2024)左贡，Zuogong					
5	26	08	30.0	98.0	579
消失					
㉕5月30日 (C2025)当雄，Dangxiong					
5	30	08	30.9	90.5	579
消失					

月	日	时	中心位置		位势高度/位势什米
			北纬/(°)	东经/(°)	
㉖5月31日～6月1日 (C2026)安多，Anduo					
5	31	20	34.3	90.6	580
6	1	08	34.8	95.3	579
		20	34.4	104.3	579
消失					
㉗6月1日 (C2027) 沱沱河，Tuotuohe					
6	1	20	32.8	93.2	580
消失					
㉘6月4～5日 (C2028)色达，Seda					
6	4	08	32.6	101.6	579
		20	34.0	106.8	579
	5	08	32.5	111.1	579
		20	33.0	120.2	577
消失					

高原低涡中心位置资料表（续-3）

月	日	时	中心位置		位势高度/位势什米
			北纬/(°)	东经/(°)	
㉙6月5～6日 (C2029)曲麻莱，Qumalai					
6	5	20	34.9	95.5	579
	6	08	32.3	103.0	578
消失					
㉚6月6日 (C2030)托勒，Tuole					
6	6	08	39.0	98.4	576
消失					
㉛6月7日 (C2031)曲麻莱，Qumalai					
6	7	08	34.9	96.4	576
消失					
㉜6月8日 (C2032) 杂多，Zaduo					
6	8	08	33.0	94.1	579
消失					

月	日	时	中心位置		位势高度/位势什米
			北纬/(°)	东经/(°)	
㉝6月16日 (C2033)曲麻莱，Qumalai					
6	16	08	35.2	95.9	579
消失					
㉞6月25日 (C2034)兴海，Xinghai					
6	25	20	35.6	100.3	578
消失					
㉟6月30日 (C2035)玛多，Maduo					
6	30	08	35.2	96.4	584
		20	33.5	101.5	584
消失					

月	日	时	中心位置		位势高度/位势什米
			北纬/(°)	东经/(°)	
㊱7月3～4日 (C2036)索县，Suoxian					
7	3	20	32.9	91.7	584
	4	08	33.1	93.1	584
		20	32.6	99.1	583
消失					
㊲7月8～9日 (C2037)白玉，Baiyu					
7	8	20	32.3	98.9	586
	9	08	32.6	101.6	583
		20	32.4	104.0	581
消失					
㊳7月10日 (C2038)色达，Seda					
7	10	08	32.6	100.0	578
		20	33.9	103.2	578
消失					

高原低涡中心位置资料表（续-4）

月	日	时	中心位置		位势高度/位势什米
			北纬/(°)	东经/(°)	
㊴ 7月12日 (C2039)甘孜，Ganzi					
7	12	20	32.0	100.7	584
消失					
㊵ 7月15日 (C2040)壤塘，Rangtang					
7	15	20	32.2	102.1	584
消失					
㊶ 7月19日 (C2041)白玉，Baiyu					
7	19	20	31.0	99.4	583
消失					
㊷ 7月20日 (C2042)曲麻莱，Qumalai					
7	20	20	34.3	94.9	579
消失					

月	日	时	中心位置		位势高度/位势什米
			北纬/(°)	东经/(°)	
㊸ 7月20日 (C2043)若尔盖，Ruo'ergai					
7	20	20	33.9	102.6	579
消失					
㊹ 7月28日 (C2044)安多，Anduo					
7	28	08	32.8	91.7	584
		20	32.2	92.8	584
消失					
㊺ 7月29日 (C2045)沱沱河，Tuotuohe					
7	29	08	32.8	93.8	583
		20	32.9	99.0	585
消失					

月	日	时	中心位置		位势高度/位势什米
			北纬/(°)	东经/(°)	
㊻ 7月31日 (C2046)杂多，Zaduo					
7	31	08	32.8	93.9	568
消失					
㊼ 8月3日 (C2047) 沱沱河，Tuotuohe					
8	3	20	33.0	93.3	581
消失					
㊽ 8月8～9日 (C2048)泽当，Zedang					
8	8	20	27.9	92.0	585
	9	08	28.3	89.5	585
消失					
㊾ 8月11日 (C2049)贵德，Guide					
8	11	08	36.0	101.8	580
消失					

高原低涡中心位置资料表（续-5）

月	日	时	中心位置		位势高度/位势什米
			北纬/(°)	东经/(°)	
⑳ 8月12日 (C2050)日喀则，Rikaze					
8	12	08	29.4	88.0	582
消失					

月	日	时	中心位置		位势高度/位势什米
			北纬/(°)	东经/(°)	
⑤1 8月14～15日 (C2051)嘉黎，Jiali					
8	14	08	30.5	92.9	584
		20	32.6	94.2	582
	15	08	32.6	98.2	581
消失					

月	日	时	中心位置		位势高度/位势什米
			北纬/(°)	东经/(°)	
⑤2 9月10日 (C2052)祁连，Qilian					
9	10	20	38.0	100.2	580
消失					
⑤3 9月20～21日 (C2053)玛多，Maduo					
9	20	20	35.6	96.5	580
	21	08	36.4	103.8	579
消失					

第二部分

高原切变线

Tibetan Plateau Shear Line

2020年
高原切变线概况

2020年发生在青藏高原上的切变线共有51次，其中在青藏高原东部生成的切变线共有51次，在青藏高原西部没有切变线生成（表11~表13）。

2020年初生高原切变线出现在1月下旬，最后一个高原切变线生成在11月上旬（表11）。从月际分布看，9月出现次数最多，有11次；2020年切变线主要集中在4～9月，约占84%（表11）。移出高原的青藏高原切变线较少，全年仅有5次，出现在7月、8月和9月（表14）。本年度除12月外，每月均有高原切变线生成，且各月生成高原切变线的次数有差异，详见表11。

2020年青藏高原切变线源地全部在青藏高原东部(表12)。移出高原的青藏高原切变线共5次（表14～表16），移出高原的地点在陕西和四川（表17）。

2020年高原切变线北、南两侧最大风速最多的频率分别是北侧为6~10m/s，约占70.6%；南侧为8~12m/s，约占68.2%（表18）。夏半年，高原切变线北、南两侧最大风速最多的频率分别是北侧为6～12m/s，约占79.7%；南侧为6～14m/s，约占89.1%（表19）。冬半年，高原切变线北、南两侧最大风速最多的频率分别是北侧为6～10m/s，约占81.0%；南侧以8～12m/s，约占76.2%（表20）。

全年除影响青藏高原以外对我国其余地区有影响的高原切变线共有20次。其中4次高原切变线造成的过程降水量在100mm以上，它们是S2031、S2037、S2038、S2039高原切变线，分别在四川盐亭、四川峨眉、四川大邑、广西环江造成过程降水量为283.0mm、115.2mm、267.5mm、221.4mm，降水日数分别为2天、1天、2天、1天。

2020年对我国影响较大的高原切变线主要是S2031、S2039。其中S2031高原切变线是本年度历时最长、造成我国影响范围最广的一次过程，有超过20个测站出现了大暴雨、特大暴雨，主要分布在四川、重庆和湖南。7月24日20时在高原东南部黑水到剑川生成的S2031高原切变线，切变线北、南两侧最大风速分别是8m/s、6m/s，此切变线之后东南移。25日08时，切变线移出高原，切变线北、南两侧最大风速均为8m/s；之后，25日20时，切变线转西北移移回高原，切变线北、南两侧最大风速分别是14m/s、6m/s。26日08时，切变线转为东南移移出高原，此时切变线北、南两侧最大风速分别是12m/s、8m/s，之后切变线转为西南移；26日20时，切变线北、南两侧最大风速分别是18m/s、8m/s，之后切变线又转为东南移。27日08时，切变线北、南两侧最大风速分别是14m/s、12m/s；27日20时，切变线北、南两侧最大风速分别是8m/s、12m/s，之后切变线减弱消失。在此切变线活动过程中，北侧风速先逐渐增强之后再逐渐减弱，南侧风速先少变后增强。受其影响，四川东部、重庆西南部和湖南东北到西南部地区出现暴雨到大暴雨，局部地区有特大暴雨，降水日数为1～3天；西藏东部，青海南部，四川、贵州西部，甘肃、陕西南部，云南和广西出现中到大雨，降水日数为1～3天；江西、海南和广东部分地区出现小到中雨，降水日数为1天。9月4日20时生成于高原南部治多至锋当的S2039高原切变线，是对我国西部地区降水影响较大的高原切变线。该高原切变线生成后逐渐东南移，6日08时移出高原，在切变线移出高原之前，北侧最大风速减增交替变化，南侧风速逐渐增强。4日20时，高原切变线生成时，切变线北、南两侧最大风速分别为14m/s、4m/s。5日08时，切变线北侧最大风速减弱到10m/s，切变线南侧最大风速增强为8m/s；5日20时，切变线北、南两侧最大风速均增强，分别为14m/s、12m/s。6日08时，切变北侧最大风速减弱为8m/s，南侧最大风速增强为16m/s，之后切变线继续向东南移；6日20时，切变北侧最大风速继续增强为10m/s，南侧最大风速减弱为12m/s。7日08时，切变线北侧最大风速减弱为8m/s，南侧最大风速减弱为10m/s，之后切变线减弱消失。受其影响，四川、贵州和广西等部分地区出现暴雨到大暴雨，局部地区有特大暴雨，降水日数为1～2天。云南、湖南、湖北、重庆部分地区出现大到暴雨，降水日数为1～2天；西藏、青海部分地区有中到大雨，降水日数为1～2天；甘肃部分地区出现小雨，降水日数为1天。

5月21日20时生成于高原东南部色达至拉萨的S2015高原切变线，是对青藏高原降水影响最大的高原切变线。21日20时，高原切变线生成时，切变线北侧最大风速为6m/s，南侧最大风速为12m/s，之后切变线西北移。22日08时，切变线北侧最大风速增强为8m/s，南侧最大风速减弱为10m/s，之后切变线减弱消失。受其影响，西藏东、东南部和四川西北部出现大到暴雨，局部出现特大暴雨，降水日数为1～2天；青海南部和四川西部出现中到大雨，降水日数为1～2天。

表11　高原切变线出现次数

年＼月	1	2	3	4	5	6	7	8	9	10	11	12	合计
2020	1	2	3	6	5	7	9	5	11	1	1	0	51
几率/%	1.96	3.92	5.88	11.76	9.80	13.73	17.65	9.80	21.57	1.96	1.96	0.00	99.99

表12　高原东部切变线出现次数

年＼月	1	2	3	4	5	6	7	8	9	10	11	12	合计
2020	1	2	3	6	5	7	9	5	11	1	1	0	51
几率/%	1.96	3.92	5.88	11.76	9.80	13.73	17.65	9.80	21.57	1.96	1.96	0.00	99.99

表13　高原西部切变线出现次数

年＼月	1	2	3	4	5	6	7	8	9	10	11	12	合计
2020	0	0	0	0	0	0	0	0	0	0	0	0	0
几率/%	0.00	0.00	0.00	0.00	0.00	0.00	0.00	0.00	0.00	0.00	0.00	0.00	0.00

表14 高原切变线移出高原次数

月 年	1	2	3	4	5	6	7	8	9	10	11	12	合计
2020	0	0	0	0	0	0	2	2	1	0	0	0	5
移出几率/%	0.00	0.00	0.00	0.00	0.00	0.00	3.92	3.92	1.96	0.00	0.00	0.00	9.80
月移出率/%	0.00	0.00	0.00	0.00	0.00	0.00	40.00	40.00	20.00	0.00	0.00	0.00	100

表15 高原东部切变线移出高原次数

月 年	1	2	3	4	5	6	7	8	9	10	11	12	合计
2020	0	0	0	0	0	0	2	2	1	0	0	0	5
移出几率/%	0.00	0.00	0.00	0.00	0.00	0.00	3.92	3.92	1.96	0.00	0.00	0.00	9.80
月移出率/%	0.00	0.00	0.00	0.00	0.00	0.00	40.00	40.00	20.00	0.00	0.00	0.00	100

表16 高原西部切变线移出高原次数

月 年	1	2	3	4	5	6	7	8	9	10	11	12	合计
2020	0	0	0	0	0	0	0	0	0	0	0	0	0
移出几率/%	0.00	0.00	0.00	0.00	0.00	0.00	0.00	0.00	0.00	0.00	0.00	0.00	0.00
月移出率/%	0.00	0.00	0.00	0.00	0.00	0.00	0.00	0.00	0.00	0.00	0.00	0.00	0.00

表17　高原切变线移出高原的地区分布

地区 年	湖南	甘肃	陕西	四川	重庆	贵州	云南	广西	合计
2020			1	4					5
出高原率/%			20	80					100

表18　高原切变线两侧最大风速频率分布

最大风速/(m/s)	2	4	6	8	10	12	14	16	18	20	22	合计
北侧/%	0.00	4.71	20.00	27.06	23.53	10.59	8.23	3.53	2.35	0.00	0.00	100
南侧/%	0.00	3.53	9.41	20.00	24.70	23.53	10.59	7.06	1.18	0.00	0.00	100

表19 夏半年高原切变线两侧最大风速频率分布

最大风速/ (m/s)	2	4	6	8	10	12	14	16	18	20	22	合计
北侧/%	0.00	4.69	18.75	26.56	21.88	12.50	7.81	4.69	3.12	0.00	0.00	100
南侧/%	0.00	4.69	12.50	18.75	23.44	23.44	10.93	6.25	0.00	0.00	0.00	100

表20 冬半年高原切变线两侧最大风速频率分布

最大风速/ (m/s)	2	4	6	8	10	12	14	16	18	20	22	合计
北侧/%	0.00	4.76	23.81	28.57	28.57	4.76	9.52	0.00	0.00	0.00	0.00	99.99
南侧/%	0.00	0.00	0.00	23.81	28.57	23.81	9.52	9.52	4.76	0.00	0.00	99.99

高原切变线纪要表

序号	编号	中英文名称	起止日期(月.日)	最大风速/(m/s)		发现时起-终点经纬度	移出高原的地区	移出高原的时间	移出高原的风速/(m/s)		路径趋向	影响切变线移出高原的天气系统
				北侧	南侧				北侧	南侧		
1	S2001	昌都-拉萨,Changdu-Lasa	1.26	8	10	99.2°N,30.6°E-91.1°N,30.5°E					原地生消	
2	S2002	玛曲-沱沱河,Maqu-Tuotuohe	2.8	6	8	102.8°N,34.6°E-92.4°N,32.8°E					原地生消	
3	S2003	兴海-嘉黎,Xinghai-Jiali	2.20	14	10	99.2°N,31.0°E-92.4°N,30.1°E					原地生消	
4	S2004	新龙-当雄,Xinlong-Dangxiong	3.3	8	8	100.0°N,31.0°E-91.8°N,30.2°E					原地生消	
5	S2005	松潘-五道梁,Songpan-Wudaoliang	3.16	10	18	103.5°N,32.4°E-91.0°N,35.9°E					原地生消	
6	S2006	玉树-安多,Yushu-Anduo	3.20	10	8	97.2°N,32.6°E-91.9°N,32.7°E					原地生消	
7	S2007	托勒-五道梁,Tuole-Wudaoliang	4.3	14	8	98.0°N,38.0°E-91.6°N,36.5°E					原地生消	
8	S2008	吉迈-察隅,Jimai-Chayu	4.4	8	12	100.0°N,33.0°E-96.3°N,29.2°E					原地生消	
9	S2009	兴海-五道梁,Xinghai-Wudaoliang	4.10	8	12	99.4°N,35.1°E-94.0°N,35.1°E					原地生消	
10	S2010	刚察-安多,Gangcha-Anduo	4.21～4.24	12	16	100.0°N,33.4°E-92.5°N,33.2°E					东移转西南移转东南移再转西南移	

高原切变线纪要表（续-1）

序号	编号	中英文名称	起止日期（月.日）	最大风速/(m/s)		发现时起-终点经纬度	移出高原的地区	移出高原的时间	移出高原的风速/(m/s)		路径趋向	影响切变线移出高原的天气系统
				北侧	南侧				北侧	南侧		
11	S2011	贡觉-当雄,Gongjue-Dangxiong	4.27	6	10	97.8°N,32.0°E-91.7°N,30.8°E					原地生消	
12	S2012	甘孜-安多,Ganzi-Anduo	4.28～4.30	10	12	100.0°N,31.4°E-92.2°N,33.1°E					东南移转东移	
13	S2013	石渠-安多,Shiqu-Anduo	5.10	4	12	98.3°N,32.4°E-91.9°N,33.1°E					原地生消	
14	S2014	小金-当雄,Xiaojin-Dangxiong	5.13	10	12	102.8°N,31.3°E-92.0°N,30.3°E					原地生消	
15	S2015	色达-拉萨,Seda-Lasa	5.21～5.22	8	12	100.0°N,30.7°E-91.1°N,29.5°E					西北移	
16	S2016	果洛-索县,Guoluo-Suoxian	5.23	8	10	98.6°N,35.2°E-92.9°N,32.8°E					原地生消	
17	S2017	色达-那曲,Seda-Naqu	5.30	8	8	100.0°N,32.6°E-91.8°N,31.0°E					原地生消	
18	S2018	囊谦-那曲,Nangqian-Naqu	6.2～6.3	10	12	97.1°N,32.3°E-92.2°N,32.6°E					东南移转北移	
19	S2019	德格-沱沱河,Dege-Tuotuohe	6.4	6	8	97.8°N,32.0°E-92.0°N,33.2°E					原地生消	
20	S2020	石渠-安多,Shiqu-Anduo	6.13	6	10	97.8°N,32.4°E-92.1°N,32.2°E					原地生消	

高原切变线纪要表（续-2）

序号	编号	中英文名称	起止日期(月.日)	最大风速/(m/s)		发现时起–终点经纬度	移出高原的地区	移出高原的时间	移出高原的风速/(m/s)		路径趋向	影响切变线移出高原的天气系统
				北侧	南侧				北侧	南侧		
21	S2021	托勒–索县, Tuole–Suoxian	6.18	8	12	97.2°N,38.2°E–92.9°N,32.5°E					原地生消	
22	S2022	外斯–丁青, Waisi–Dingqing	6.19	16	10	102.5°N,34.2°E–96.5°N,31.7°E					原地生消	
23	S2023	贵德–五道梁, Guide–Wudaoliang	6.26	6	10	102.0°N,36.0°E–92.8°N,35.3°E					原地生消	
24	S2024	大柴旦–杂多, Dachaidan–Zaduo	6.29	6	6	96.3°N,37.8°E–93.3°N,32.7°E					原地生消	
25	S2025	新龙–索县, Xinlong–Suoxian	7.3	10	10	100.0°N,30.9°E–94.3°N,32.0°E					原地生消	
26	S2026	北川–囊谦, Beichuan–Nangqian	7.5	8	10	104.7°N,32.0°E–96.4°N,32.0°E					原地生消	
27	S2027	玛多–当雄, Maduo–Dangxiong	7.9	12	14	96.2°N,35.2°E–91.2°N,30.8°E					原地生消	
28	S2028	曲麻莱–五道梁, Qumalai–Wudaoliang	7.10～7.11	18	10	96.2°N,35.0°E–90.5°N,36.0°E					东移	
29	S2029	德格–当雄, Dege–Dangxiong	7.11～7.12	6	16	97.9°N,32.1°E–91.1°N,30.6°E					东北移	
30	S2030	果洛–当雄, Guoluo–Dangxiong	7.17	12	8	99.0°N,35.0°E–91.6°N,30.4°E					原地生消	

高原切变线纪要表（续-3）

序号	编号	中英文名称	起止日期(月.日)	最大风速/(m/s)		发现时起-终点经纬度	移出高原的地区	移出高原的时间	移出高原的风速/(m/s)		路径趋向	影响切变线移出高原的天气系统
				北侧	南侧				北侧	南侧		
31	S2031	黑水–剑川, Heishui–Jianchuan	7.24～7.27	18	12	102.5°N,32.1°E–100.3°N,27.0°E	普格	7.25[08]	8	8	东南移移出高原折向西北移入高原再转东南移移出高原	青藏高压
32	S2032	西宁–治多, Xining–Zhidu	7.27	16	10	102.1°N,36.2°E–95.2°N,33.2°E					原地生消	
33	S2033	贵南–当雄, Guinan–Dangxiong	7.31～8.1	10	14	100.8°N,36.8°E–92.2°N,30.5°E	略阳	8.1[20]	8	14	东南移转东北移移出高原	
34	S2034	民和–那曲, Minhe–Naqu	8.10	10	14	102.5°N,36.9°E–92.0°N,32.8°E					原地生消	
35	S2035	眉山–察隅, Meishan–Chayu	8.19	8	6	104.0°N,30.0°E–97.0°N,29.2°E					原地生消	
36	S2036	民和–曲麻莱, Minhe–Qumalai	8.22	6	10	102.5°N,36.0°E–94.7°N,35.0°E					原地生消	
37	S2037	马尔康–华坪, Ma'erkang–Huaping	8.23～8.25	12	14	103.2°N,32.0°E–101.0°N,26.2°E	西昌	8.24[08]	12	8	南移移出高原	副高
38	S2038	道孚–元谋, Daofu–Yuanmou	8.30～8.31	12	12	100.4°N,31.2°E–101.3°N,25.2°E	泸定	8.31[08]	12	8	东北移移出高原	青藏高压
39	S2039	治多–锋当, Zhiduo–Fengdang	9.4～9.7	14	16	95.1°N,34.3°E–92.0°N,29.3°E	筠连	9.6[08]	8	16	东南移移出高原	青藏高压
40	S2040	沱沱河–错那, Tuotuohe–Cuona	9.6	4	4	91.8°N,33.4°E–92.3°N,28.1°E					原地生消	

高原切变线纪要表（续-4）

序号	编号	中英文名称	起止日期(月.日)	最大风速/(m/s)		发现时起-终点经纬度	移出高原的地区	移出高原的时间	移出高原的风速/(m/s)		路径趋向	影响切变线移出高原的天气系统
				北侧	南侧				北侧	南侧		
41	S2041	囊谦-安多, Nangqian-Anduo	9.9	6	6	97.2°N,32.3°E-91.5°N,32.8°E					原地生消	
42	S2042	玛多-沱沱河, Maduo-Tuotuohe	9.10	12	6	98.9°N,35.3°E-92.6°N,32.6°E					原地生消	
43	S2043	仁寿-囊谦, Renshou-Nangqian	9.11	6	6	104.3°N,30.2°E-95.9°N,32.5°E					原地生消	
44	S2044	巴塘-安多, Batang-Anduo	9.14	8	10	99.5°N,30.3°E-92.0°N,32.3°E					原地生消	
45	S2045	新龙-当雄, Xinlong-Dangxiong	9.16	16	14	100.0°N,30.9°E-91.0°N,30.2°E					原地生消	
46	S2046	色达-当雄, Seda-Dangxiong	9.21	14	10	99.8°N,32.5°E-91.2°N,31.3°E					原地生消	
47	S2047	贡觉-当雄, Gongjue-Dangxiong	9.22	10	12	97.4°N,30.3°E-91.0°N,30.1°E					原地生消	
48	S2048	吉迈-沱沱河, Jimai-Tuotuohe	9.25	6	14	100.0°N,33.5°E-92.2°N,33.0°E					原地生消	
49	S2049	刚察-大柴旦, Gangcha-Dachaidan	9.27	4	12	100.2°N,37.8°E-94.2°N,37.8°E					原地生消	
50	S2050	黑水-那曲, Heishui-Naqu	10.19～10.20	10	16	102.8°N,32.1°E-92.5°N,31.4°E					西北移 转西南移	
51	S2051	石渠-当雄, Shiqu-Dangxiong	11.5	10	14	98.2°N,32.4°E-92.1°N,30.8°E					原地生消	

高原切变线对我国影响简表

序号	编号	简述活动的情况	高原切变线对我国的影响			
			项目	时间(月.日)	概　况	极值
1	S2001	高原东南部原地生消	降水	1.26	西藏中、东部个别地区降水量为0.1～1mm，降水日数为1天	西藏申扎和西藏嘉黎0.4mm（1天）
2	S2002	高原东部原地生消	降水	2.8	西藏东北部，青海东、南部，甘肃南部和四川西北、北部地区降水量为0.1～4mm，降水日数为1天	青海班玛3.8mm（1天）
3	S2003	高原东南部原地生消	降水	2.20	西藏东部和四川西北部地区降水量为0.1～3mm，降水日数为1天	西藏波密2.3mm（1天）
4	S2004	高原东南部原地生消	降水	3.3	西藏东南、东、南部，青海南部和四川西北部个别地区降水量为0.1～9mm，降水日数为1天	西藏贡嘎8.7mm（1天）
5	S2005	高原东部原地生消	降水	3.16	西藏东南、东、南部，青海西、南、东部，甘肃南部，宁夏南部和四川西、北、中部地区降水量为0.1～26mm，降水日数为1天	四川九寨沟25.6mm（1天）
6	S2006	高原中部原地生消	降水	3.20	西藏南、东南、东部和青海中、南部地区降水量为0.1～3mm，降水日数为1天	西藏当雄2.8mm（1天）
7	S2007	高原北部原地生消	降水	4.3	青海西、中、北部和甘肃中部地区降水量为0.1～4mm，降水日数为1天	青海五道梁3.3mm（1天）
8	S2008	高原东南部原地生消	降水	4.4	西藏东部，青海东、南、中部和四川西北、北部地区降水量为0.1～12mm，降水日数为1天	四川壤塘11.2mm（1天）
9	S2009	高原东部原地生消	降水	4.10	西藏东北部，青海西、南部和四川西北部个别地区降水量为0.1～7mm，降水日数为1天	四川石渠7.0mm（1天）

高原切变线对我国影响简表（续-1）

序号	编号	简述活动的情况	高原切变线对我国的影响			
			项目	时间(月.日)	概况	极值
10	S2010	高原东部东移转西南移转东南移再转西南移	降水	4.21～4.24	西藏东、中、南、东南部，青海西、南、东、北部，甘肃南部和四川西、西北、北部地区降水量为0.1～39mm，降水日数为1～4天	西藏波密 38.2mm（4天）
11	S2011	高原南部原地生消	降水	4.27	西藏东部和四川西北部个别地区降水量为0.1～1mm，降水日数为1天	四川石渠 0.4mm（1天）
12	S2012	高原东南部东南移转东移	降水	4.28～4.30	西藏东、中、南、东南部，青海东、南部和四川西、中、西北部地区降水量为0.1～23mm，降水日数为1～3天	四川道孚 22.1mm（2天）
13	S2013	高原中部原地生消	降水	5.10	青海南部、西藏东部和四川西北部个别地区降水量为0.1～4mm，降水日数为1天	青海玛多 4.0mm（1天）
14	S2014	高原东南部原地生消	降水	5.13	西藏东、南、东南部，青海南部和四川西北、中部地区降水量为0.1～14mm，降水日数为1天	西藏林芝 13.8mm（1天）
15	S2015	高原东南部西北移	降水	5.21～5.22	西藏南、东半部，青海西、中、南部和四川西、西北部地区降水量为0.1～70mm，降水日数为1～2天	西藏错那 67.6mm（2天）
16	S2016	高原东部原地生消	降水	5.23	西藏东南、东、南部，青海中、西、南、东部和四川西、西北部地区降水量为0.1～26mm，降水日数为1天	青海天峻 25.1mm（1天）
17	S2017	高原东南部原地生消	降水	5.30	西藏中、南、东南、东部，青海南部和四川西北部地区降水量为0.1～16mm，降水日数为1天	西藏当雄 15.1mm（1天）
18	S2018	高原南部东南移转北移	降水	6.2～6.3	西藏中、南、东南、东部，青海西、南部和四川西北部地区降水量为0.1～39mm，降水日数为1～2天	四川白玉 39.0mm（2天）

高原切变线对我国影响简表（续-2）

序号	编号	简述活动的情况	高原切变线对我国的影响			
			项目	时间(月.日)	概况	极值
19	S2019	高原中部原地生消	降水	6.4	西藏中、南、东南、东部，青海南部和四川西北部个别地区降水量为0.1～13mm，降水日数为1天	西藏加查 12.6mm（1天）
20	S2020	高原南部原地生消	降水	6.13	西藏中、东北部，青海南部和四川西北部个别地区降水量为0.1～8mm，降水日数为1天	西藏丁青 7.9mm（1天）
21	S2021	高原东北部原地生消	降水	6.18	西藏东北部，青海西、中、南部和四川西北部地区降水量为0.1～22mm，降水日数为1天	青海杂多 21.5mm（1天）
22	S2022	高原东部原地生消	降水	6.19	西藏东北部个别地区，青海南、中、东、北部，甘肃西南部和四川西北、北部地区降水量为0.1～31mm，降水日数为1天	四川壤塘 30.4mm（1天）
23	S2023	高原东部原地生消	降水	6.26	青海西、南、中、东、北部，甘肃中、南部和四川西北、北部地区降水量为0.1～41mm，降水日数为1天	甘肃迭部 40.5mm（1天）
24	S2024	高原东北部原地生消	降水	6.29	西藏中、南、东南、东部，青海西、中、南部和四川西北部个别地区降水量为0.1～15mm，降水日数为1天	西藏丁青 15.0mm（1天）
25	S2025	高原东南部原地生消	降水	7.3	西藏东南、东部，青海南部和四川西、西北部地区降水量为0.1～20mm，降水日数为1天	四川色达 19.2mm（1天）
26	S2026	高原东南部原地生消	降水	7.5	西藏东北部，青海东、南部，甘肃西南部和四川西、西北、中、北部地区降水量为0.1～43mm，降水日数为1天	四川道孚 42.1mm（1天）
27	S2027	高原中部原地生消	降水	7.9	西藏中、南、东、东南部，青海西、中、南部和四川西北部个别地区降水量为0.1～30mm，降水日数为1天	西藏拉孜 29.7mm（1天）

高原切变线对我国影响简表（续-3）

序号	编号	简述活动的情况	高原切变线对我国的影响			
			项目	时间(月.日)	概况	极值
28	S2028	高原北部东移	降水	7.10～7.11	西藏中、南、东南、东、北部，青海西、中、东半部，甘肃中、南部和四川西北、北部地区降水量为0.1～48mm，降水日数为1～2天	甘肃临夏 47.6mm（1天）
29	S2029	高原南部东北移	降水	7.11～7.12	西藏中、南、东南、东部，青海西、南、中部和四川西北部地区降水量为0.1～39mm，降水日数为1～2天	西藏墨竹工卡 38.8mm（2天）
30	S2030	高原东部原地生消	降水	7.17	西藏中、南、东、东南部，青海西、中、南、东部，甘肃西南部个别地区和四川西、西北、北部地区降水量为0.1～25mm，降水日数为1天	西藏尼木 24.5mm（1天）
31	S2031	高原东南部东南移移出高原折向西北移入高原再转东南移移出高原	降水	7.24～7.27	西藏东部，青海东、南部，甘肃、陕西南部，四川、重庆、海南、贵州、云南，湖南、广西大部和湖北、江西、广东西部地区降水量为0.1～290mm，降水日数为1～3天。其中四川、重庆和湖南有成片降水量大于50mm的降水区，降水日数为1～3天	四川盐亭 283.0mm（2天）
32	S2032	高原东部原地生消	降水	7.27	西藏东北部个别地区，青海北、东、南、西部和甘肃南部地区降水量为0.1～10mm，降水日数为1天	青海沱沱河 9.5mm（1天）
33	S2033	高原东部东南移转东北移移出高原	降水	7.31～8.1	西藏中、南、东、东南部，青海西、南、东、中部，甘肃、宁夏南部，陕西中、南部，湖北西部，重庆东北部，四川大部和云南北部地区降水量为0.1～70mm，降水日数为1～2天	四川仁和 68.1mm（1天）
34	S2034	高原东部原地生消	降水	8.10	西藏中、南、东南、东部，青海西、中、南、东部，甘肃中、南部和四川西、西北、北部地区降水量为0.1～42mm，降水日数为1天	甘肃碌曲 41.8mm（1天）
35	S2035	高原东南部原地生消	降水	8.19	四川中、西、西南、南部，贵州西部和云南西、西北、东北部地区降水量为0.1～55mm，降水日数为1天	云南盈江 54.6mm（1天）
36	S2036	高原东北部原地生消	降水	8.22	西藏中、东南、东部，青海西、中、南、东部，甘肃中、南部和四川西北、北部地区降水量为0.1～31mm，降水日数为1天	青海久治 30.4mm（1天）

高原切变线对我国影响简表（续-4）

序号	编号	简述活动的情况	高原切变线对我国的影响			
			项目	时间(月.日)	概况	极值
37	S2037	高原东南部南移移出高原	降水	8.23～8.25	西藏东部，青海中、南、东部，甘肃南部，云南，重庆、贵州、四川、广西大部，湖北西部，湖南北、西南部和广东西部个别地区降水量为0.1～120mm，降水日数为1～3天。其中四川和云南有成片降水量大于50mm的降水区，降水日数为1～2天	四川峨眉 115.2mm（1天）
38	S2038	高原东南部东北移移出高原	降水	8.30～8.31	西藏东、东南部，青海、甘肃、陕西南部，四川大部，贵州西部和云南西北、西、东北、中东部地区降水量为0.1～270mm，降水日数为1～2天。其中四川有成片降水量大于50mm的降水区，降水日数为1～2天	四川大邑 267.5mm（2天）
39	S2039	高原南部东南移移出高原	降水	9.4～9.7	西藏南、东半部，青海西、南、东部，甘肃南部，四川、广西大部，云南东北、西南、中东部，重庆西南、中、东南部，贵州，湖北西南部和湖南西、南部地区降水量为0.1～230mm，降水日数为1～2天。其中四川、贵州和广西有成片降水量大于50mm的降水区，降水日数为1～2天	广西环江 221.4mm（1天）
40	S2040	高原南部原地生消	降水	9.6	西藏南、东部和青海西部地区降水量为0.1～18mm，降水日数为1天	西藏米林 17.6mm（1天）
41	S2041	高原南部原地生消	降水	9.9	西藏中、东、东南部，青海西、南部和四川西北部个别地区降水量为0.1～8mm，降水日数为1天	西藏昌都 7.1mm（1天）
42	S2042	高原东部原地生消	降水	9.10	西藏中、东部，青海中、南、东部和四川西北部个别地区降水量为0.1～11mm，降水日数为1天	青海囊谦 10.7mm（1天）
43	S2043	高原东南部原地生消	降水	9.11	西藏东部，青海南、东部，四川大部和云南北部地区降水量为0.1～44mm，降水日数为1天	云南丽江 43.4mm（1天）

高原切变线对我国影响简表（续-5）

序号	编号	简述活动的情况	高原切变线对我国的影响			
			项目	时间(月.日)	概况	极值
44	S2044	高原东南部原地生消	降水	9.14	西藏东南、东部，青海南、中、西部和四川西北部地区降水量为0.1～13mm，降水日数为1天	西藏芒康12.3mm（1天）
45	S2045	高原东南部原地生消	降水	9.16	西藏南、东南、东部，青海西、中、南部和四川西、西北部地区降水量为0.1～27mm，降水日数为1天	四川甘孜26.7mm（1天）
46	S2046	高原东南部原地生消	降水	9.21	西藏中、东部，青海中、西、南部和四川西北部地区降水量为0.1～18mm，降水日数为1天	青海班玛17.2mm（1天）
47	S2047	高原南部原地生消	降水	9.22	西藏中、南、东南、东部和青海南部地区降水量为0.1～16mm，降水日数为1天	西藏丁青15.4mm（1天）
48	S2048	高原东部原地生消	降水	9.25	西藏中、东、东南部，青海南部和四川西、西北部地区降水量为0.1～31mm，降水日数为1天	西藏丁青31.0mm（1天）
49	S2049	高原东北部原地生消	降水	9.27	青海中、东、南、西部和甘肃中、西南部地区降水量为0.1～5mm，降水日数为1天	青海泽库4.5mm（1天）
50	S2050	高原东南部西北移转西南移	降水	10.19～10.20	西藏东、东南部，青海东、南部，甘肃西南部和四川西、西北、中、北部地区降水量为0.1～32mm，降水日数为1～2天	四川甘孜31.5mm（2天）
51	S2051	高原东南部原地生消	降水	11.5	西藏中、东、东南部，青海南部和四川西北部个别地区降水量为0.1～10mm，降水日数为1天	西藏丁青9.5mm（1天）

2020年高原切变线编号、名称、日期对照表

未移出高原的高原切变线		移出高原的高原切变线
① S2001 昌都-拉萨	⑥ S2006 玉树-安多	㉛ S2031 黑水-剑川
Changdu-Lasa	Yushu-Anduo	Heishui-Jianchuan
1.26	3.20	7.24～7.27
② S2002 玛曲-沱沱河	⑦ S2007 托勒-五道梁	㉝ S2033 贵南-当雄
Maqu-Tuotuohe	Tuole-Wudaoliang	Guinan-Dangxiong
2.8	4.3	7.31～8.1
③ S2003 兴海-嘉黎	⑧ S2008 吉迈-察隅	㊲ S2037 马尔康-华坪
Xinghai-Jiali	Jimai-Chayu	Ma'erkang-Huaping
2.20	4.4	8.23～8.25
④ S2004 新龙-当雄	⑨ S2009 兴海-五道梁	㊳ S2038 道孚-元谋
Xinlong-Dangxiong	Xinghai-Wudaoliang	Daofu-Yuanmou
3.3	4.10	8.30～8.31
⑤ S2005 松潘-五道梁	⑩ S2010 刚察-安多	㊴ S2039 治多-锋当
Songpan-Wudaoliang	Gangcha-Anduo	Zhiduo-Fengdang
3.16	4.21～4.24	9.4～9.7

2020年高原切变线编号、名称、日期对照表（续-1）

未移出高原的高原切变线		
⑪ S2011 贡觉-当雄	⑰ S2017 色达-那曲	㉓ S2023 贵德-五道梁
Gongjue-Dangxiong	Seda-Naqu	Guide-Wudaoliang
4.27	5.30	6.26
⑫ S2012 甘孜-安多	⑱ S2018 囊谦-那曲	㉔ S2024 大柴旦-杂多
Ganzi-Anduo	Nangqian-Naqu	Dachaidan-Zaduo
4.28~4.30	6.2 ~ 6.3	6.29
⑬ S2013 石渠-安多	⑲ S2019 德格-沱沱河	㉕ S2025 新龙-索县
Shiqu-Anduo	Dege-Tuotuohe	Xinlong-Suoxian
5.10	6.4	7.3
⑭ S2014 小金-当雄	⑳ S2020 石渠-安多	㉖ S2026 北川-囊谦
Xiaojin-Dangxiong	Shiqu-Anduo	Beichuan-Nangqian
5.13	6.13	7.5
⑮ S2015 色达-拉萨	㉑ S2021 托勒-索县	㉗ S2027 玛多-当雄
Seda-Lasa	Tuole-Suoxian	Maduo-Dangxiong
5.21 ~ 5.22	6.18	7.9
⑯ S2016 果洛-索县	㉒ S2022 外斯-丁青	㉘ S2028 曲麻莱-五道梁
Guoluo-Suoxian	Waisi-Dingqing	Qumalai-Wudaoliang
5.23	6.19	7.10 ~ 7.11

2020年高原切变线编号、名称、日期对照表（续-2）

未移出高原的高原切变线		
㉙ S2029 德格-当雄	㊵ S2040 沱沱河-错那	㊻ S2046 色达-当雄
Dege-Dangxiong	Tuotuohe-Cuona	Seda-Dangxiong
7.11～7.12	9.6	9.21
㉚ S2030 果洛-当雄	㊶ S2041 囊谦-安多	㊼ S2047 贡觉-当雄
Guoluo-Dangxiong	Nangqian-Anduo	Gongjue-Dangxiong
7.17	9.9	9.22
㉜ S2032 西宁-治多	㊷ S2042 玛多-沱沱河	㊽ S2048 吉迈-沱沱河
Xining-Zhiduo	Maduo-Tuotuohe	Jimai-Tuotuohe
7.27	9.10	9.25
㉞ S2034 民和-那曲	㊸ S2043 仁寿-囊谦	㊾ S2049 刚察-大柴旦
Minhe-Naqu	Renshou-Nangqian	Gangcha-Dachaidan
8.10	9.11	9.27
㉟ S2035 眉山-察隅	㊹ S2044 巴塘-安多	㊿ S2050 黑水-那曲
Meishan-Chayu	Batang-Anduo	Heishui-Naqu
8.19	9.14	10.19～10.20
㊱ S2036 民和-曲麻莱	㊺ S2045 新龙-当雄	(51) S2051 石渠-当雄
Minhe-Qumalai	Xinlong-Dangxiong	Shiqu-Dangxiong
8.22	9.16	11.5

高原切变线路径图

2020年1月

S2001
Changdu-Lasa
1.26[20]

图例

符号	说明	符号	说明
★	首都		特别行政区界
◎	省级行政中心		常年河
○	其他城市		时令河
	国界		运河
	未定国界		珊瑚礁
	地区界	▲ 6621	山峰及高程
	军事分界线		
	省、自治区、直辖市界		

海拔（m）

6000
5000
4000

切变线

1：2500万

南海诸岛
比例尺 1：5000万

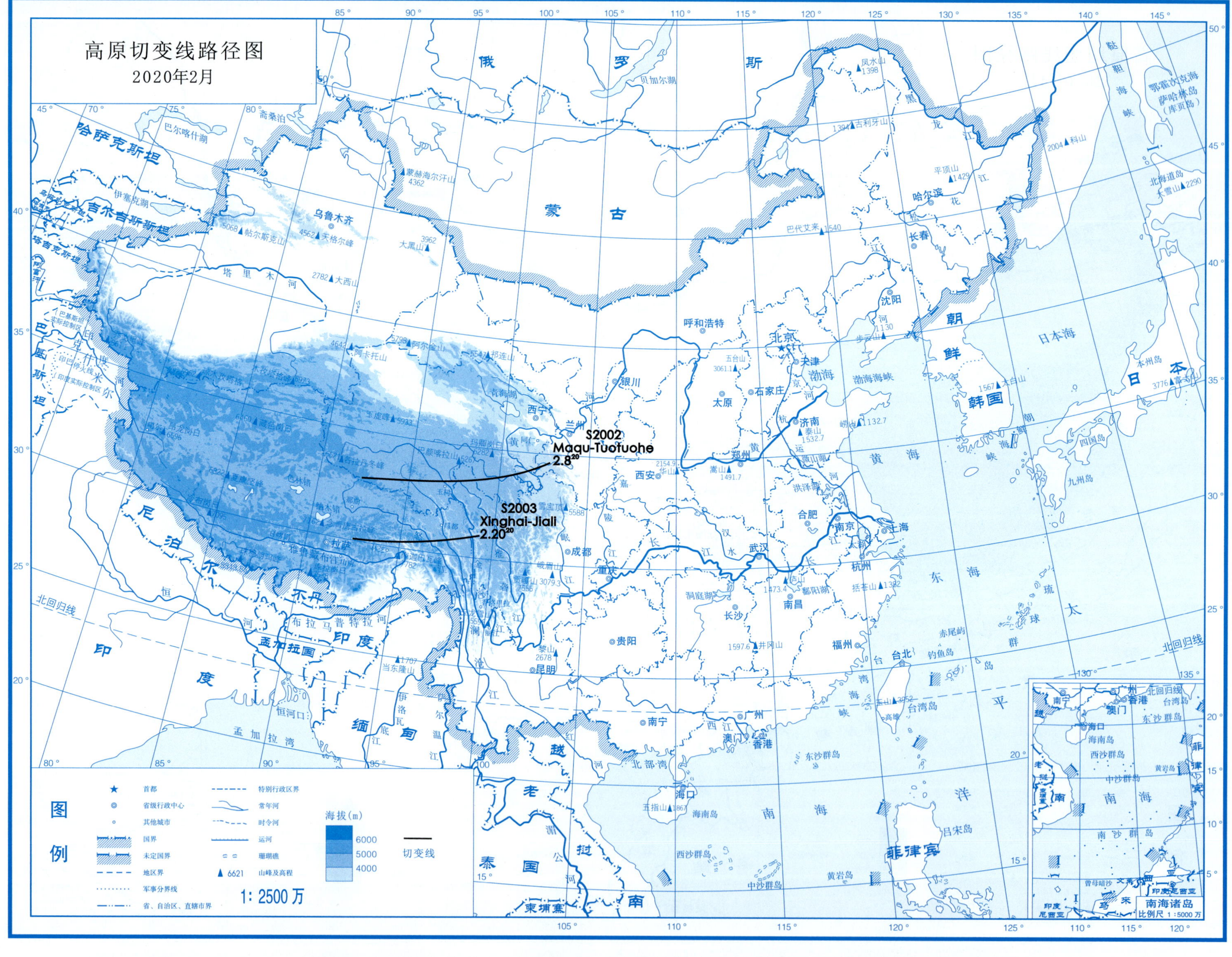
高原切变线路径图
2020年2月
S2002
Maqu-Tuotuohe
2.8[20]
S2003
Xinghai-Jiali
2.20[20]
图例
首都
省级行政中心
其他城市
国界
未定国界
地区界
军事分界线
省、自治区、直辖市界
特别行政区界
常年河
时令河
运河
珊瑚礁
山峰及高程
海拔(m)
6000
5000
4000
切变线
1: 2500 万
南海诸岛
比例尺 1:5000 万

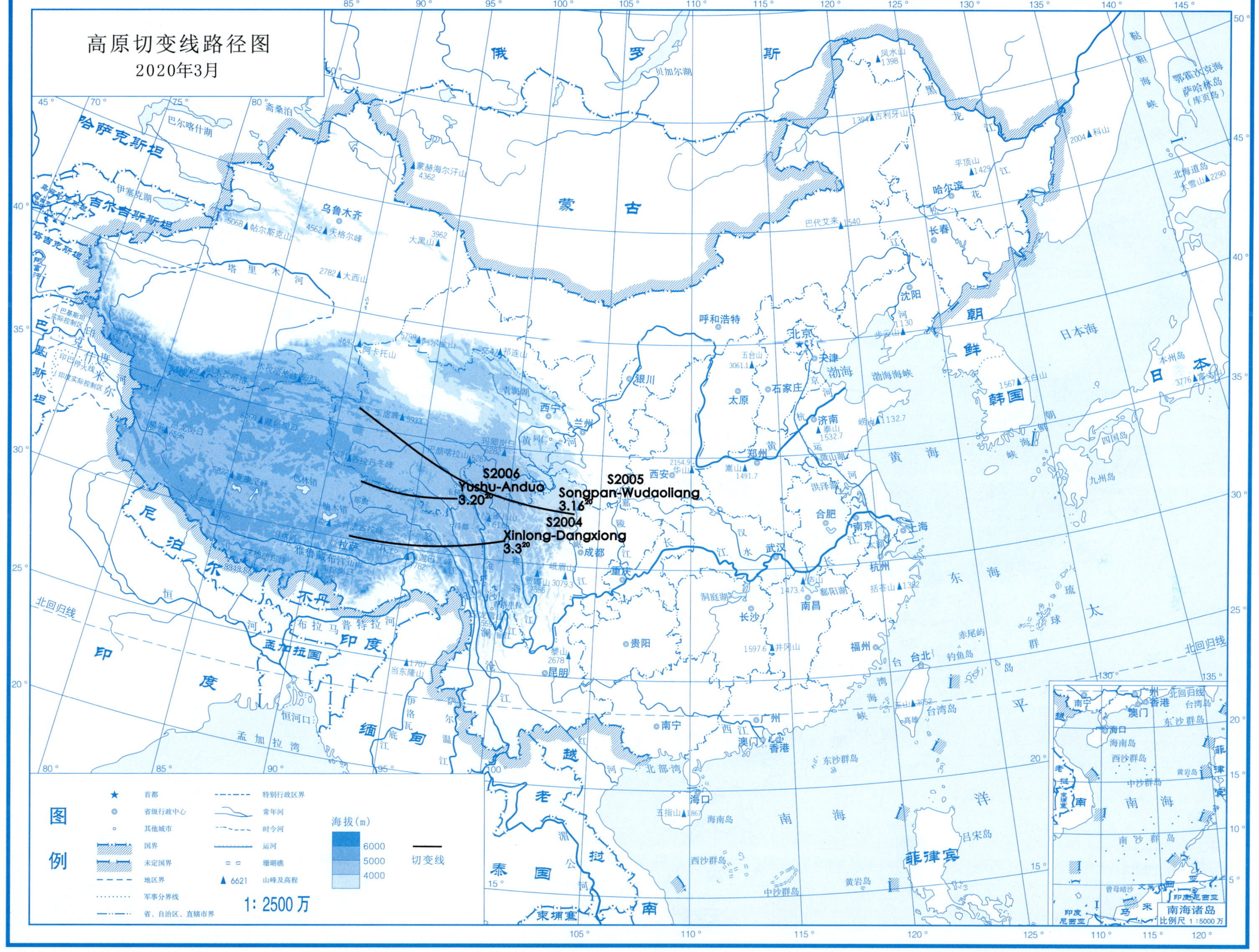
高原切变线路径图
2020年3月
S2006
Yushu-Anduo
3.20[20]
S2005
Songpan-Wudaoliang
3.16[20]
S2004
Xinlong-Dangxiong
3.3[20]
图例
首都
省级行政中心
其他城市
国界
未定国界
地区界
军事分界线
省、自治区、直辖市界
特别行政区界
常年河
时令河
运河
珊瑚礁
山峰及高程
海拔(m)
6000
5000
4000
切变线
1: 2500 万
南海诸岛
比例尺 1 : 5000 万

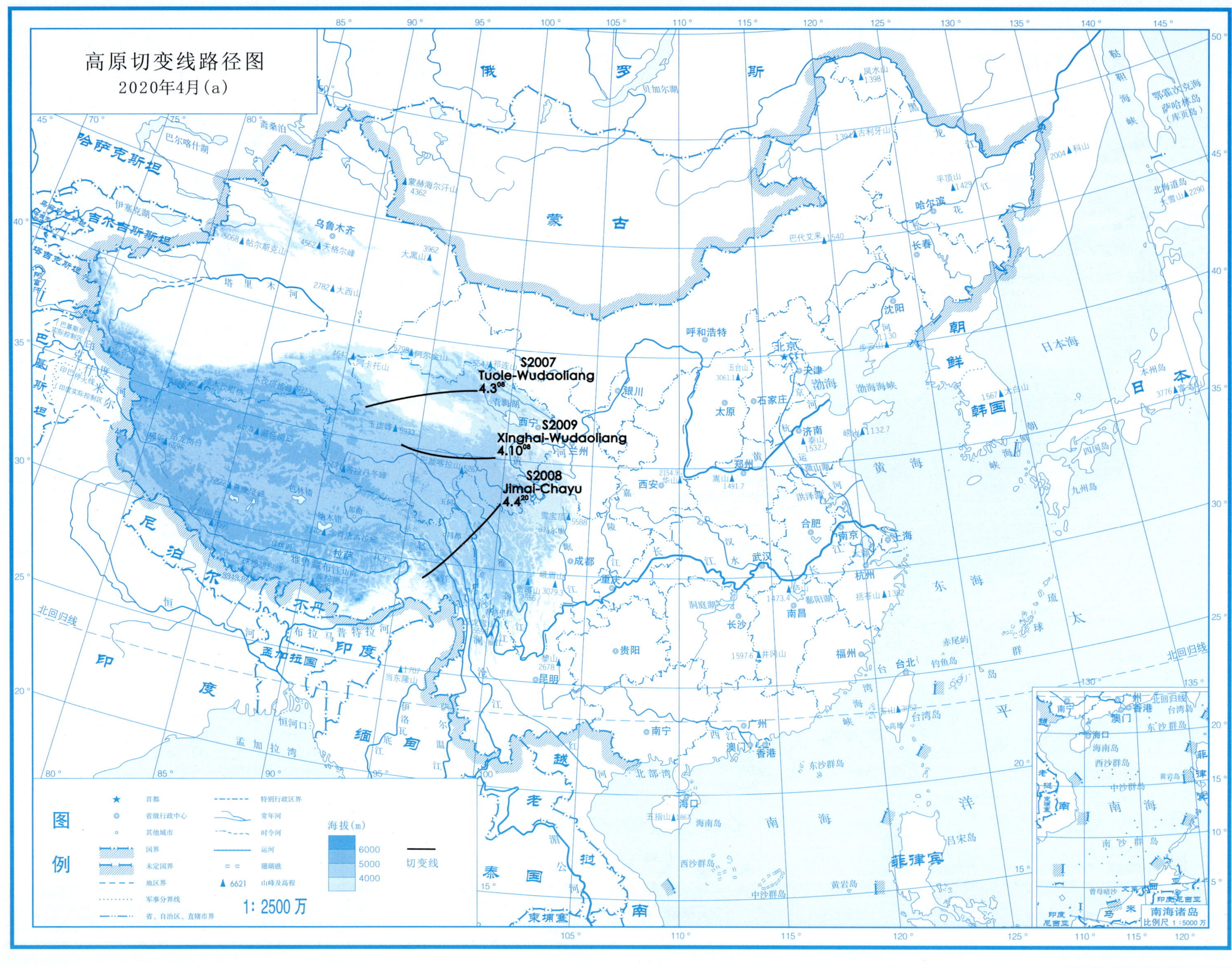
高原切变线路径图
2020年4月(a)
S2007
Tuole-Wudaoliang
4.3^{08}
S2009
Xinghai-Wudaoliang
4.10^{08}
S2008
Jimai-Chayu
4.4^{20}
图例
首都
省级行政中心
其他城市
国界
未定国界
地区界
军事分界线
省、自治区、直辖市界
特别行政区界
常年河
时令河
运河
珊瑚礁
6621 山峰及高程
海拔(m)
6000
5000
4000
切变线
1: 2500 万
南海诸岛
比例尺 1:5000 万

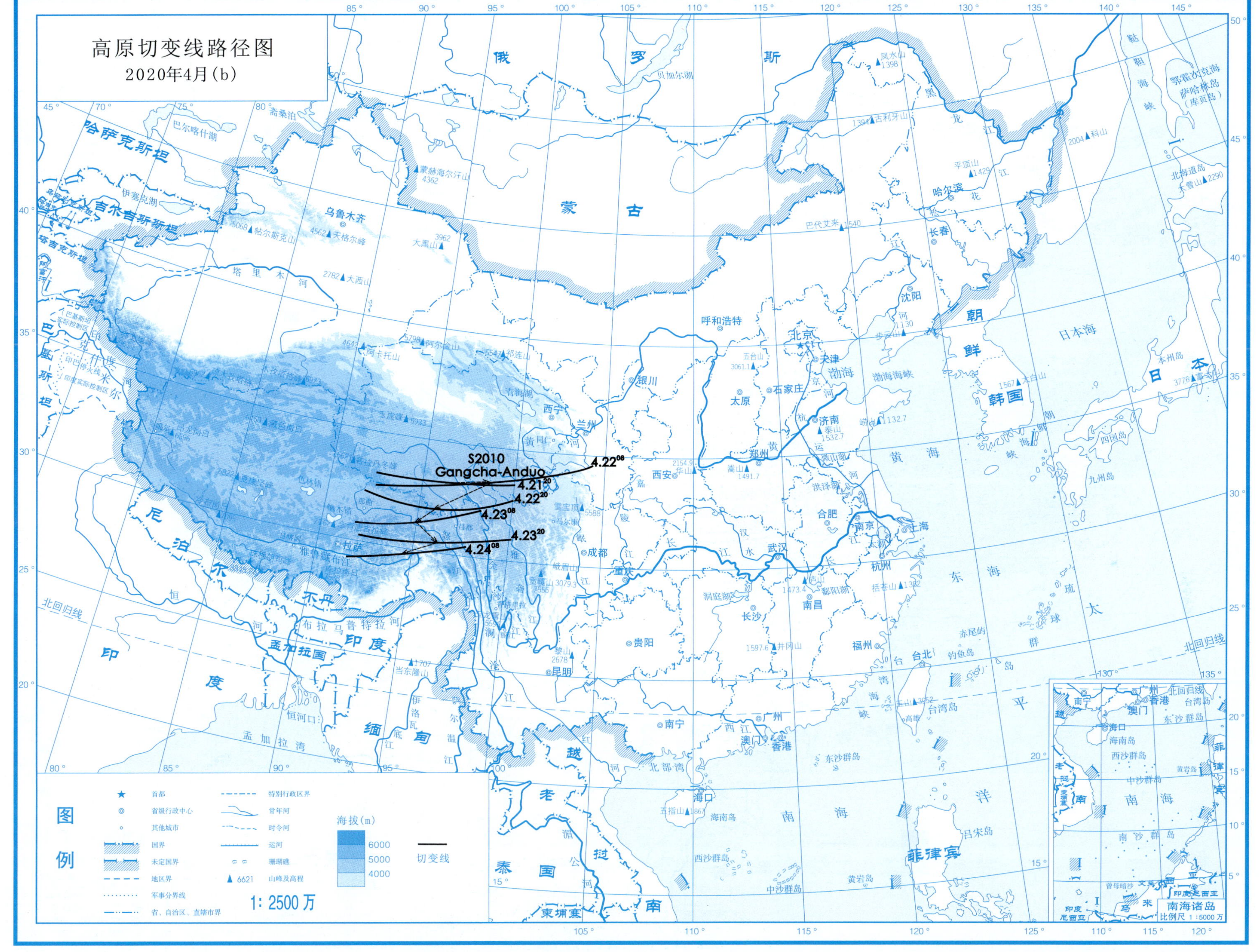

高原切变线路径图
2020年4月(b)
S2010
Gangcha-Anduo
4.22[08]
4.21[20]
4.22[20]
4.23[08]
4.23[20]
4.24[08]
图例
首都
省级行政中心
其他城市
国界
未定国界
地区界
军事分界线
省、自治区、直辖市界
特别行政区界
常年河
时令河
运河
珊瑚礁
6621 山峰及高程
海拔(m)
6000
5000
4000
切变线
1: 2500 万
南海诸岛
比例尺 1 : 5000 万

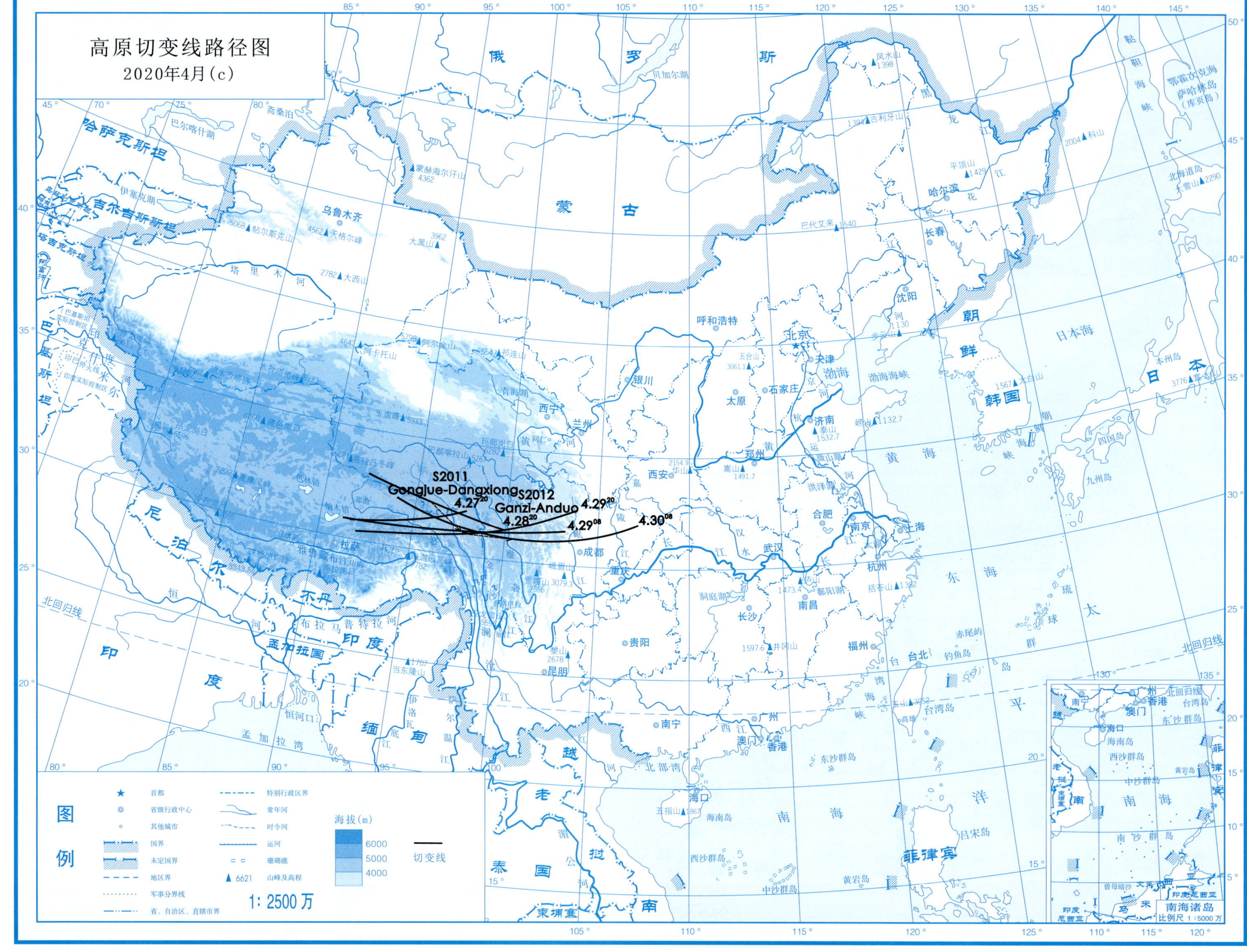
高原切变线路径图
2020年4月(c)
S2011
Gongjue-Dangxiong
4.27^20
S2012
Ganzi-Anduo
4.28^20
4.29^20
4.29^08
4.30^08
图例
首都
省级行政中心
其他城市
国界
未定国界
地区界
军事分界线
省、自治区、直辖市界
特别行政区界
常年河
时令河
运河
珊瑚礁
6621 山峰及高程
海拔(m)
6000
5000
4000
切变线
1:2500万
南海诸岛
比例尺 1:5000万

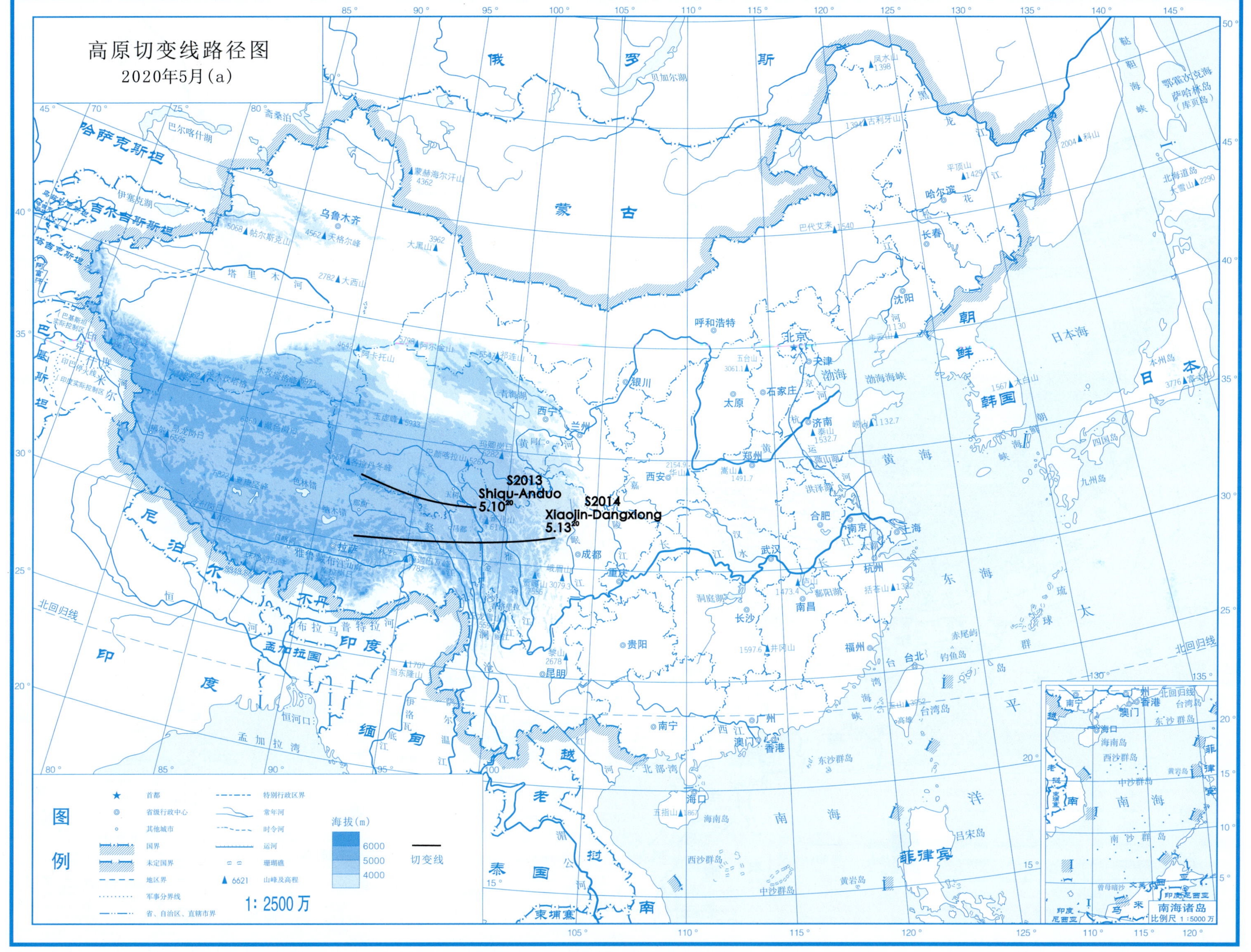
高原切变线路径图
2020年5月(a)
S2013
Shiqu-Anduo
5.10[20]
S2014
Xiaojin-Dangxiong
5.13[20]
图例
首都
省级行政中心
其他城市
国界
未定国界
地区界
军事分界线
省、自治区、直辖市界
特别行政区界
常年河
时令河
运河
珊瑚礁
6621 山峰及高程
海拔(m)
6000
5000
4000
切变线
1:2500万
南海诸岛
比例尺 1:5000万

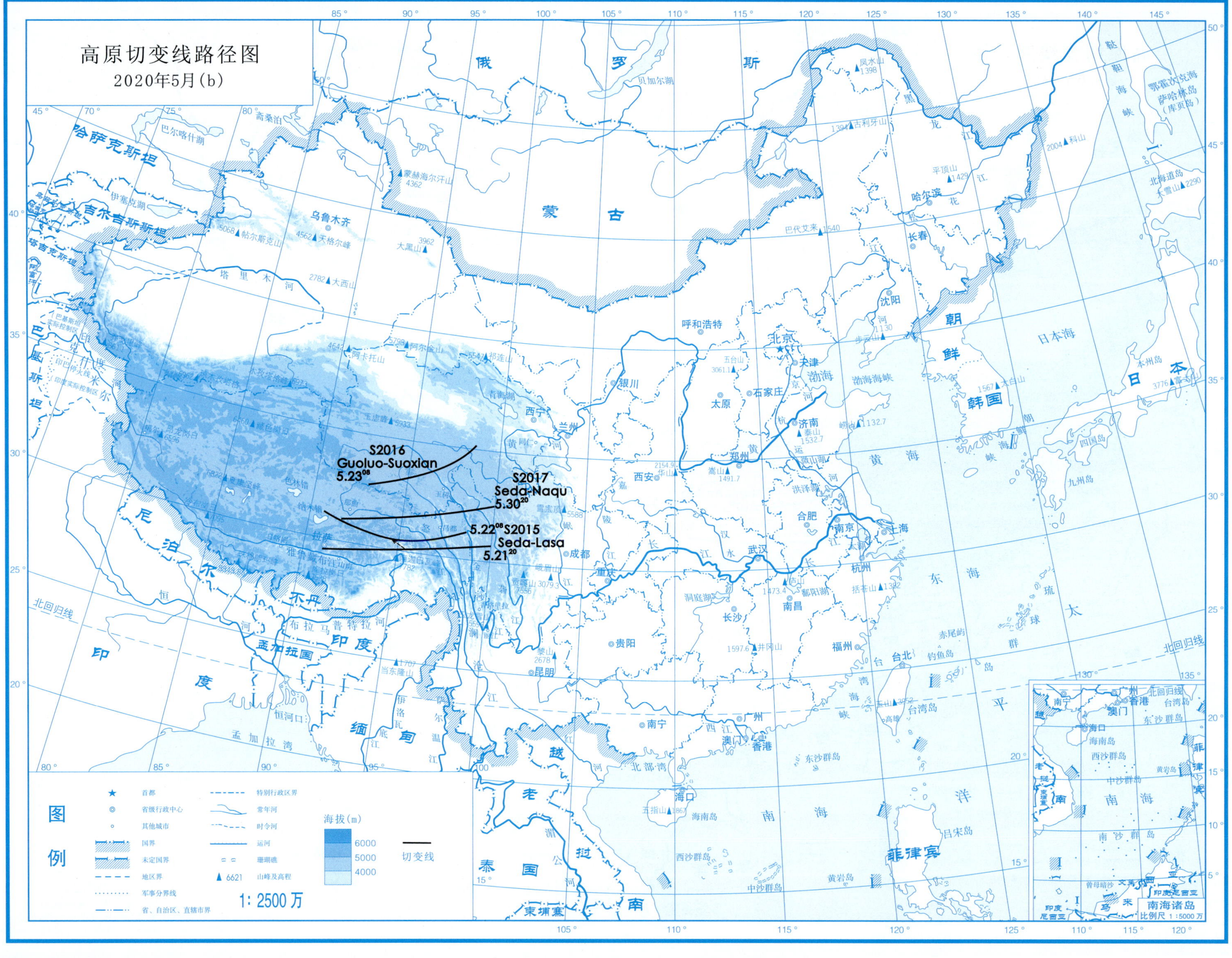
高原切变线路径图
2020年5月(b)
S2016
Guoluo-Suoxian
5.23[08]
S2017
Seda-Naqu
5.30[20]
5.22[08] S2015
Seda-Lasa
5.21[20]
图例
首都
省级行政中心
其他城市
国界
未定国界
地区界
军事分界线
省、自治区、直辖市界
特别行政区界
常年河
时令河
运河
珊瑚礁
6621 山峰及高程
海拔(m)
6000
5000
4000
切变线
1: 2500 万
南海诸岛
比例尺 1:5000 万

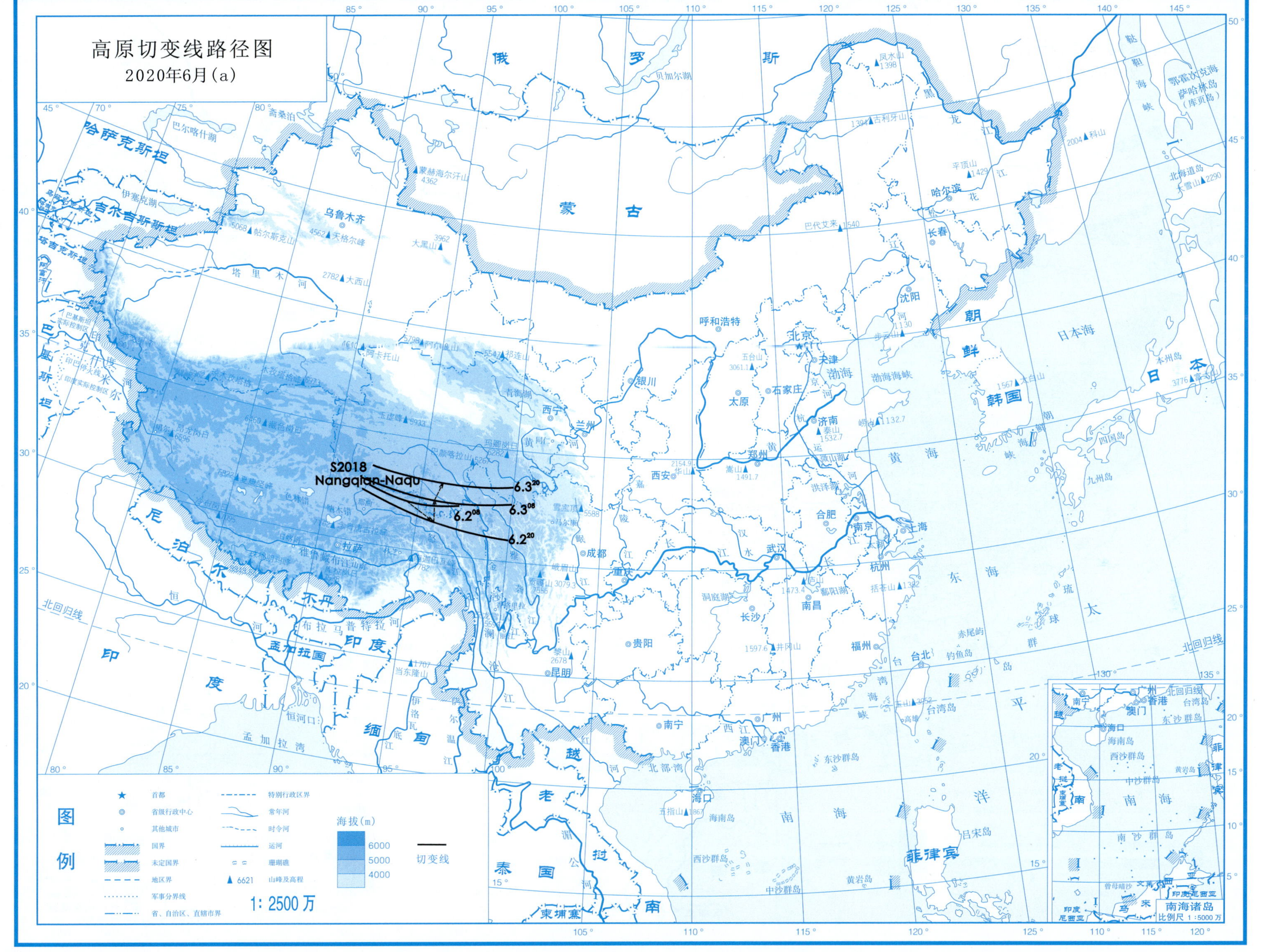
高原切变线路径图
2020年6月(a)
S2018
Nangqian-Naqu
6.3[20]
6.3[08]
6.2[08]
6.2[20]
图例
首都
省级行政中心
其他城市
国界
未定国界
地区界
军事分界线
省、自治区、直辖市界
特别行政区界
常年河
时令河
运河
珊瑚礁
6621 山峰及高程
海拔(m)
6000
5000
4000
切变线
1: 2500 万
南海诸岛
比例尺 1:5000 万

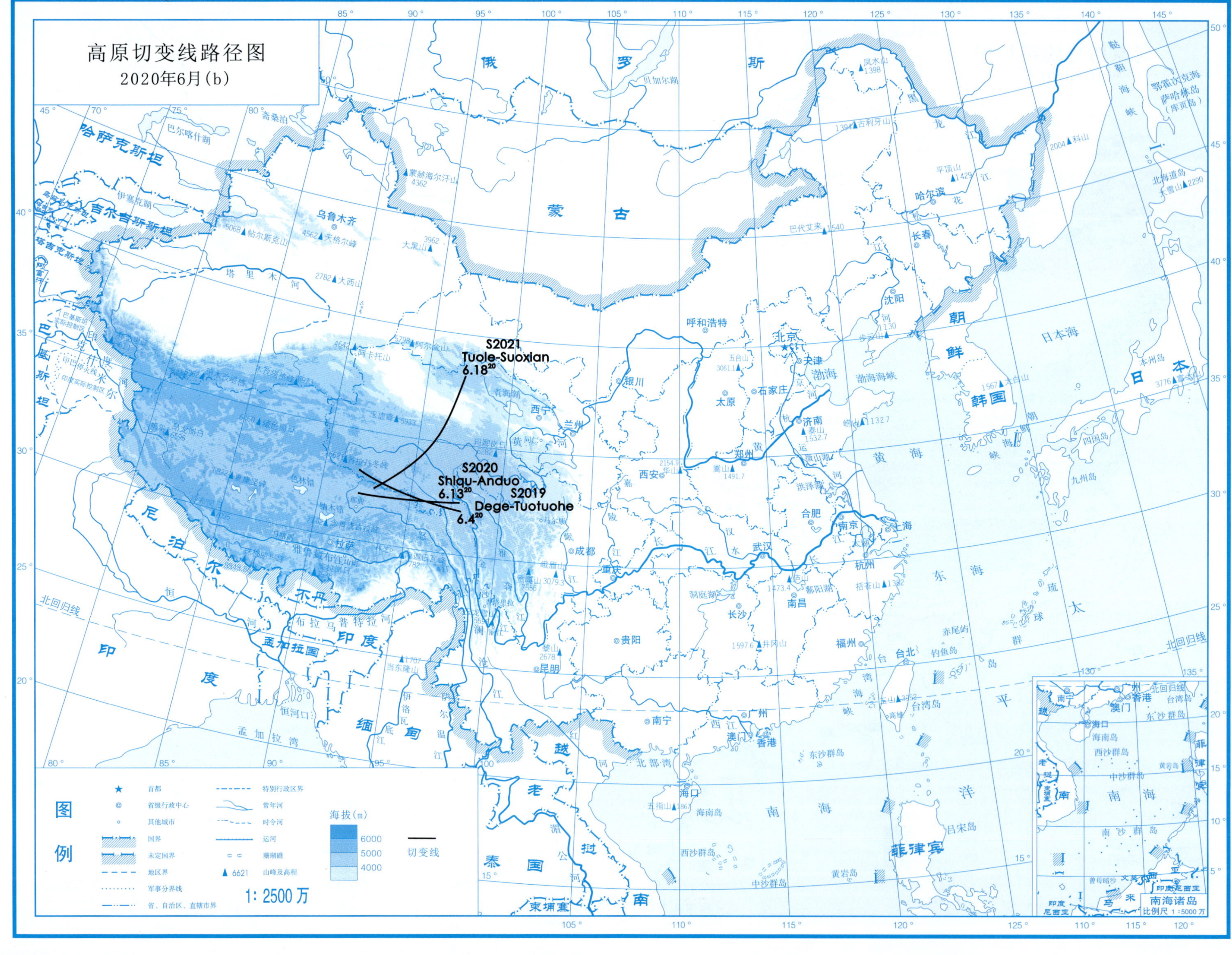
高原切变线路径图
2020年6月(b)
S2021
Tuole-Suoxian
6.18[20]
S2020
Shiqu-Anduo
6.13[20]
S2019
Dege-Tuotuohe
6.4[20]
图例
首都
省级行政中心
其他城市
国界
未定国界
地区界
军事分界线
省、自治区、直辖市界
特别行政区界
常年河
时令河
运河
珊瑚礁
6621 山峰及高程
海拔(m)
6000
5000
4000
切变线
1: 2500 万
南海诸岛
比例尺 1:5000 万

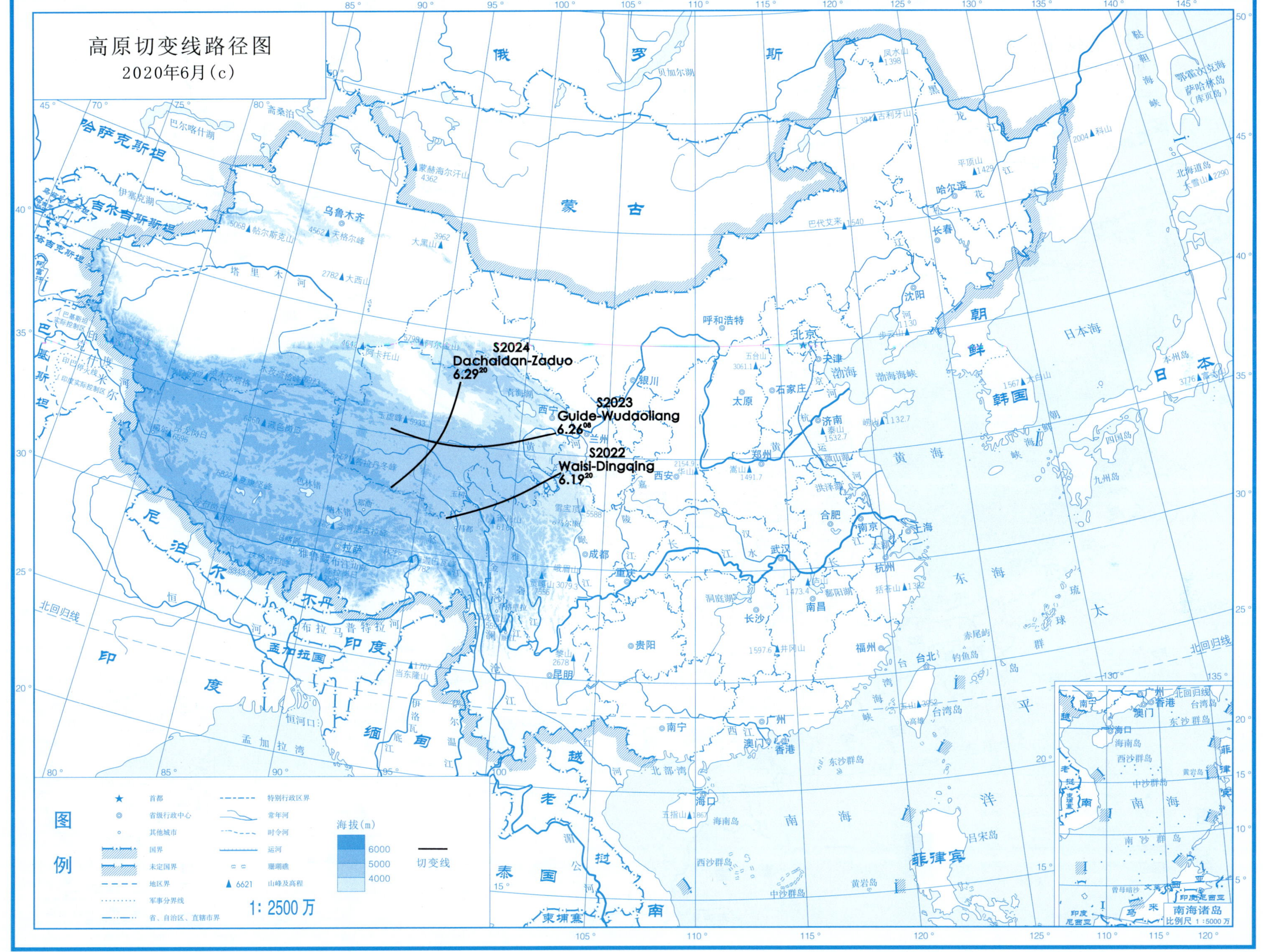
高原切变线路径图
2020年6月(c)
S2024
Dachaidan-Zaduo
6.29[20]
S2023
Guide-Wudaoliang
6.26[08]
S2022
Waisi-Dingqing
6.19[20]
图例
首都
省级行政中心
其他城市
国界
未定国界
地区界
军事分界线
省、自治区、直辖市界
特别行政区界
常年河
时令河
运河
珊瑚礁
山峰及高程
海拔(m)
6000
5000
4000
切变线
1:2500万
南海诸岛
比例尺 1:5000万

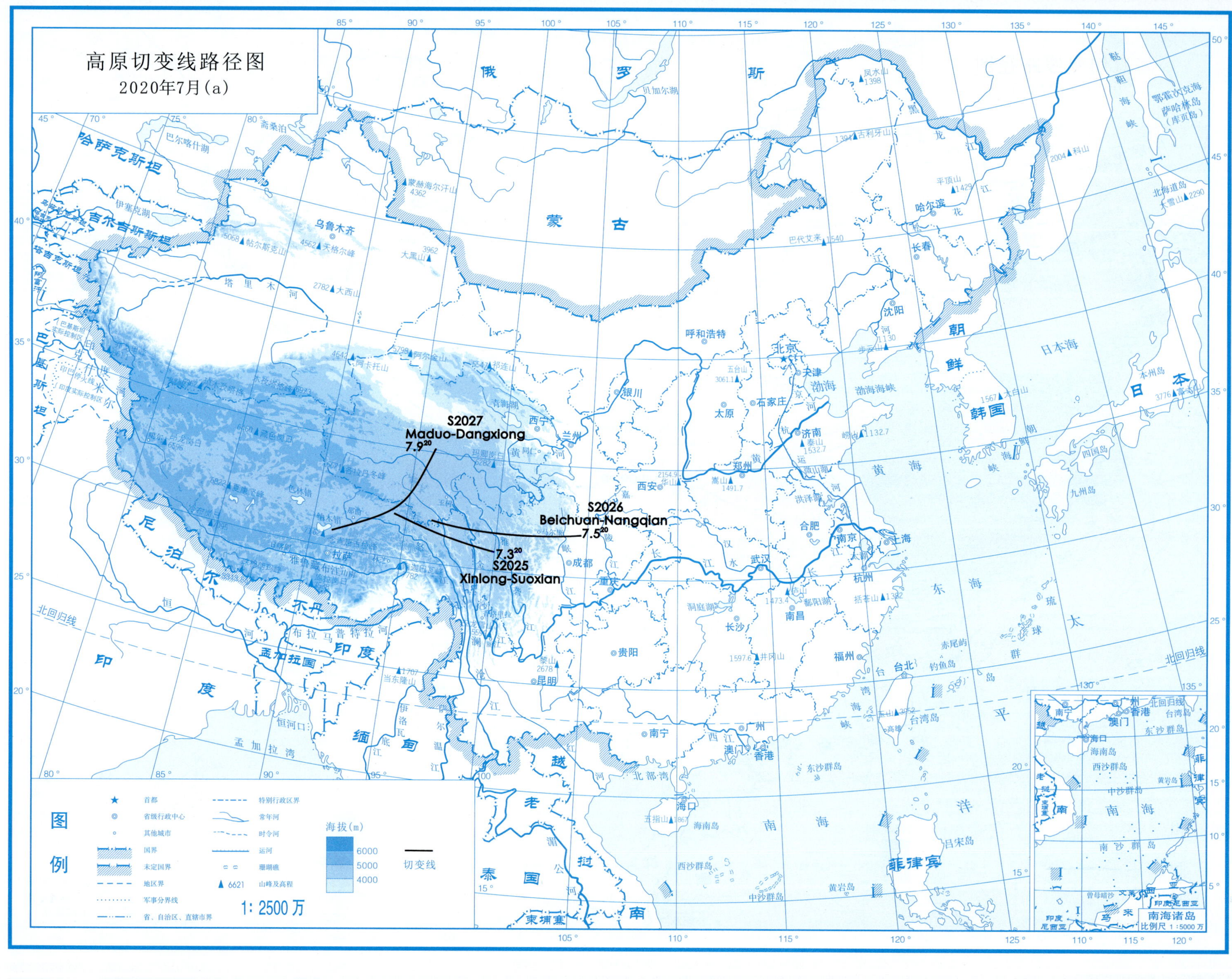
高原切变线路径图
2020年7月(a)
S2027
Maduo-Dangxiong
7.9^{20}
S2026
Beichuan-Nangqian
7.5^{20}
7.3^{20}
S2025
Xinlong-Suoxian
俄 罗 斯
蒙 古
哈萨克斯坦
吉尔吉斯斯坦
塔吉克斯坦
巴基斯坦
尼泊尔
不丹
印度
孟加拉国
缅甸
老挝
泰国
越南
柬埔寨
朝鲜
韩国
日本
菲律宾
乌鲁木齐
拉萨
西宁
兰州
银川
呼和浩特
北京
天津
石家庄
太原
济南
郑州
西安
成都
重庆
贵阳
昆明
南宁
广州
长沙
武汉
合肥
南京
上海
杭州
南昌
福州
台北
海口
香港
澳门
沈阳
长春
哈尔滨
北回归线
南海诸岛
比例尺 1:5000万
图例
首都
省级行政中心
其他城市
国界
未定国界
地区界
军事分界线
省、自治区、直辖市界
特别行政区界
常年河
时令河
运河
珊瑚礁
6621 山峰及高程
海拔(m)
6000
5000
4000
切变线
1: 2500万

高原切变线路径图

2020年7月(b)

S2028
Qumalai-Wudaoliang
7.10^20
7.11^08

S2029
Dege-Dangxiong
7.11^20
7.12^08

图例

★ 首都
◎ 省级行政中心
○ 其他城市
国界
未定国界
地区界
军事分界线
省、自治区、直辖市界
特别行政区界
常年河
时令河
运河
珊瑚礁
▲ 6621 山峰及高程

海拔(m)
6000
5000
4000

切变线

1: 2500 万

南海诸岛
比例尺 1:5000 万

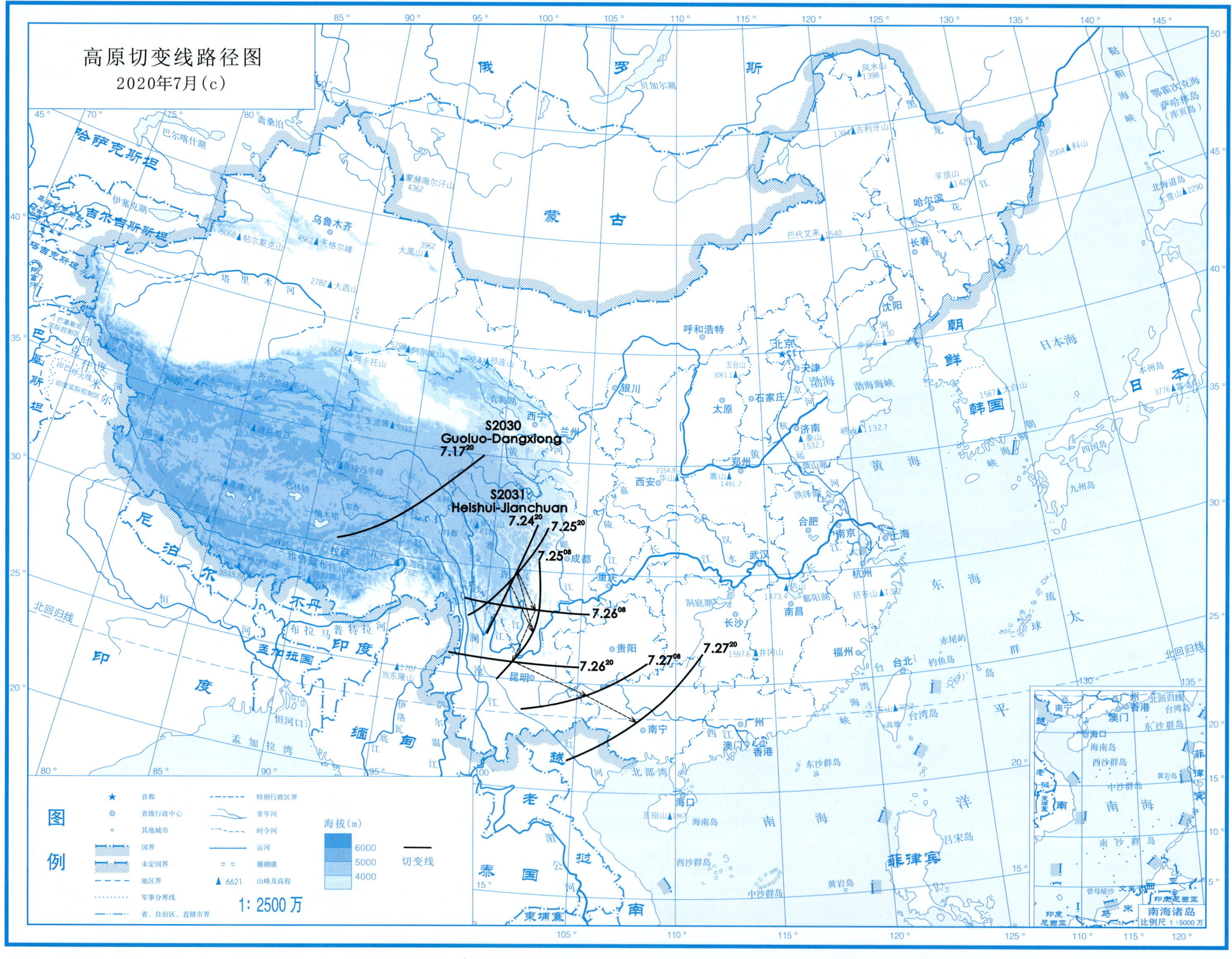
高原切变线路径图
2020年7月(c)
S2030
Guoluo-Dangxiong
7.17[20]
S2031
Heishui-Jianchuan
7.24[20]
7.25[20]
7.25[08]
7.26[08]
7.26[20]
7.27[08]
7.27[20]
图例
首都
省级行政中心
其他城市
国界
未定国界
地区界
军事分界线
省、自治区、直辖市界
特别行政区界
常年河
时令河
运河
珊瑚礁
6621 山峰及高程
海拔(m)
6000
5000
4000
切变线
1: 2500 万
南海诸岛
比例尺 1:5000 万

高原切变线路径图

2020年7月(d)

S2033
Guinan-Dangxiong
7.31[20]

S2032
Xining-Zhiduo
7.27[20]

8.1[20]

8.108

图例

★ 首都
◎ 省级行政中心
○ 其他城市
国界
未定国界
地区界
军事分界线
省、自治区、直辖市界
特别行政区界
常年河
时令河
运河
珊瑚礁
▲ 6621 山峰及高程

海拔(m)
6000
5000
4000

切变线

1: 2500 万

南海诸岛
比例尺 1:5000 万

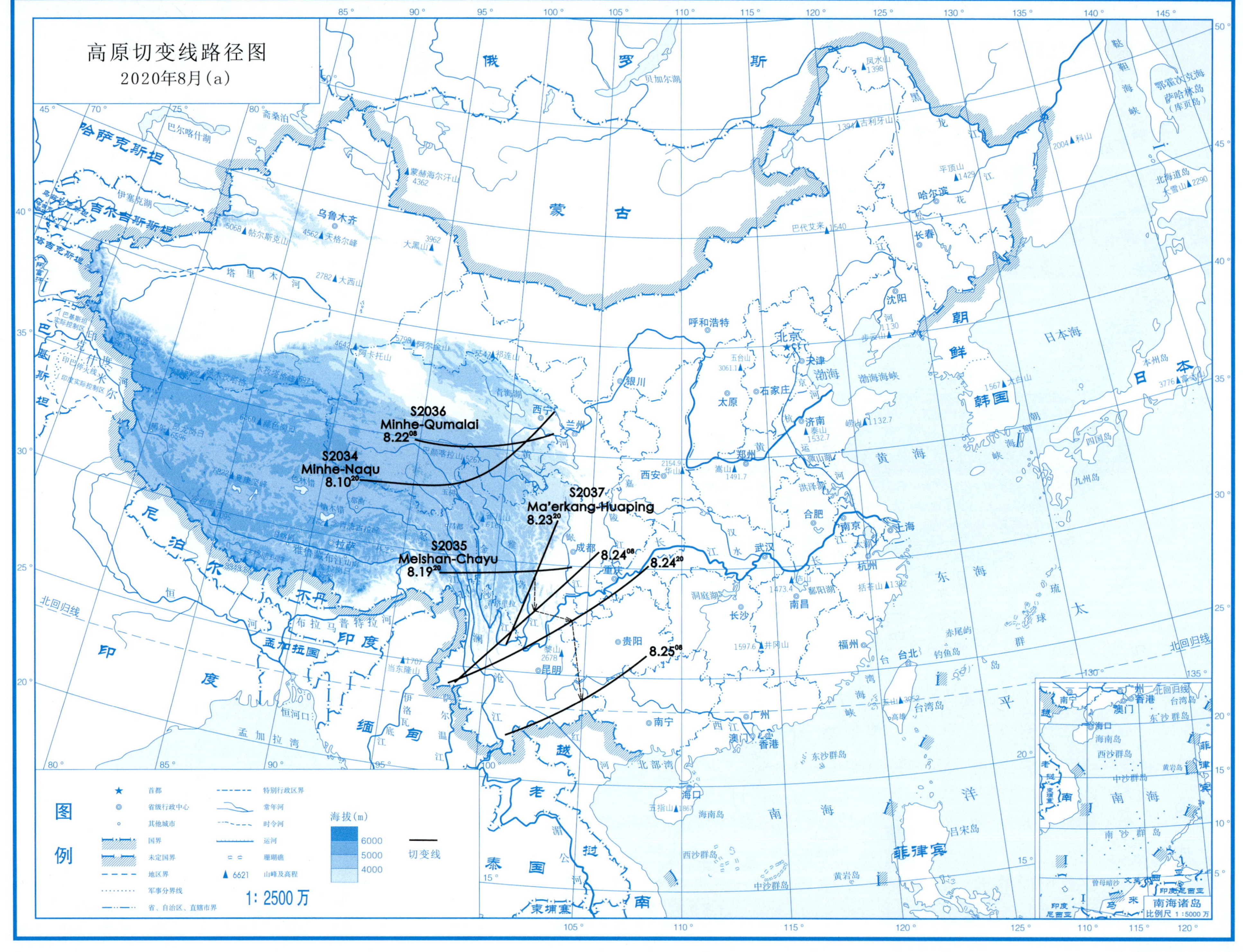
高原切变线路径图
2020年8月(a)
S2036
Minhe-Qumalai
8.22 08
S2034
Minhe-Naqu
8.10 20
S2037
Ma'erkang-Huaping
8.23 20
S2035
Meishan-Chayu
8.19 20
8.24 08
8.24 20
8.25 08
图例
切变线
1: 2500 万
南海诸岛
比例尺 1 : 5000 万

高原切变线路径图

2020年8月(b)

S2038
Daofu-Yuanmou
8.30^{08}
8.30^{20}
8.31^{08}

图例

符号	说明	符号	说明
★	首都		特别行政区界
◎	省级行政中心		常年河
○	其他城市		时令河
	国界		运河
	未定国界		珊瑚礁
	地区界	▲ 6621	山峰及高程
	军事分界线		
	省、自治区、直辖市界		

海拔(m)：6000、5000、4000

切变线

1:2500万

南海诸岛
比例尺 1:5000万

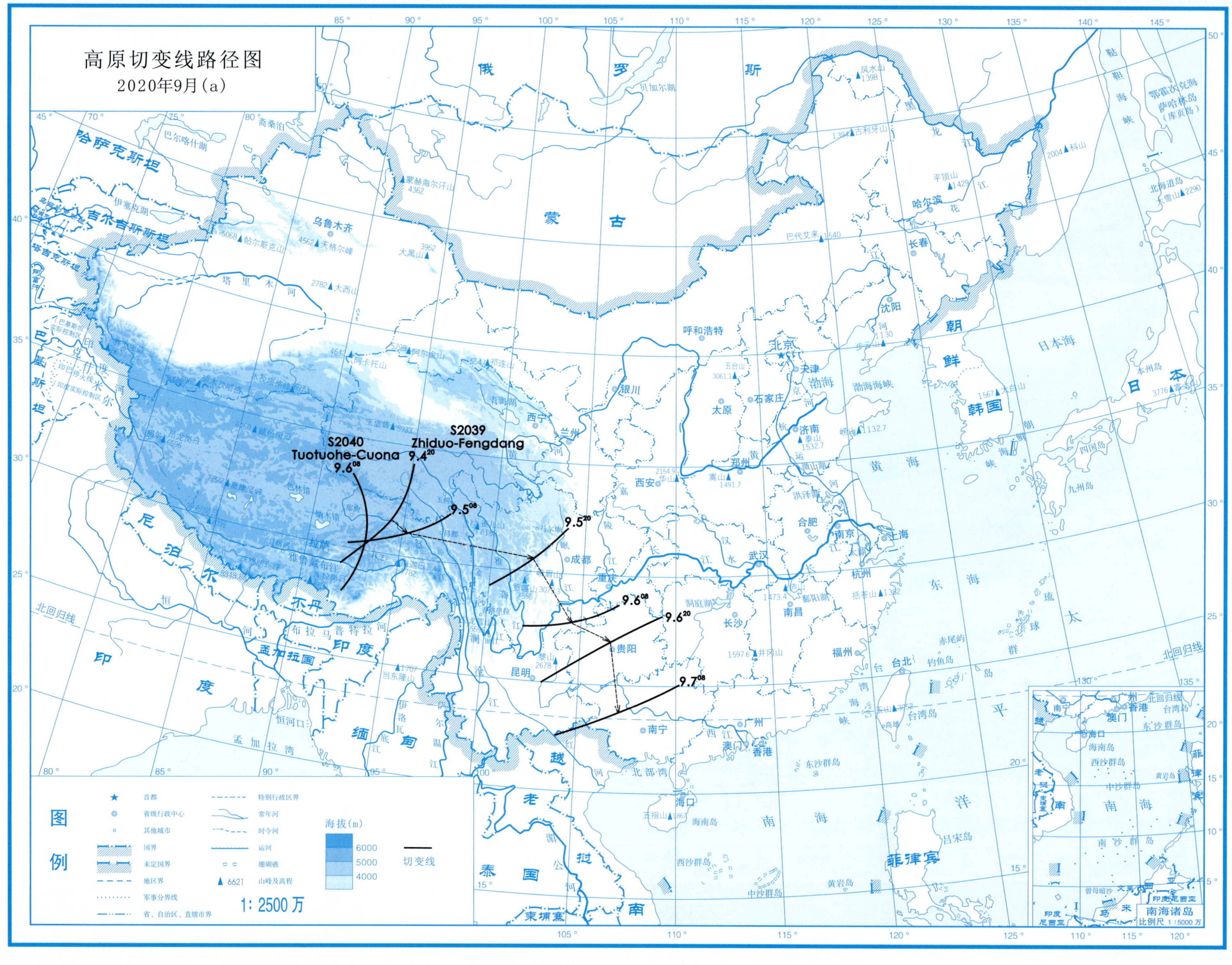

高原切变线路径图
2020年9月(a)
S2040
Tuotuohe-Cuona
9.6 08
S2039
Zhiduo-Fengdang
9.4 20
9.5 08
9.5 20
9.6 08
9.6 20
9.7 08
图例
首都
省级行政中心
其他城市
国界
未定国界
地区界
军事分界线
省、自治区、直辖市界
特别行政区界
常年河
时令河
运河
珊瑚礁
6621 山峰及高程
海拔(m)
6000
5000
4000
切变线
1: 2500 万
南海诸岛
比例尺 1:5000 万

高原切变线路径图

2020年9月(b)

S2042
Maduo-Tuotuohe
9.10[20]

S2041
Nangqian-Anduo
9.9[20]

S2044
Batang-Anduo
9.14[20]

S2043
Renshou-Nangqian
9.11[20]

图例

★ 首都
◎ 省级行政中心
∘ 其他城市
国界
未定国界
地区界
军事分界线
省、自治区、直辖市界
特别行政区界
常年河
时令河
运河
珊瑚礁
▲ 6621 山峰及高程

海拔(m)
6000
5000
4000

切变线

1:2500万

南海诸岛
比例尺 1:5000万

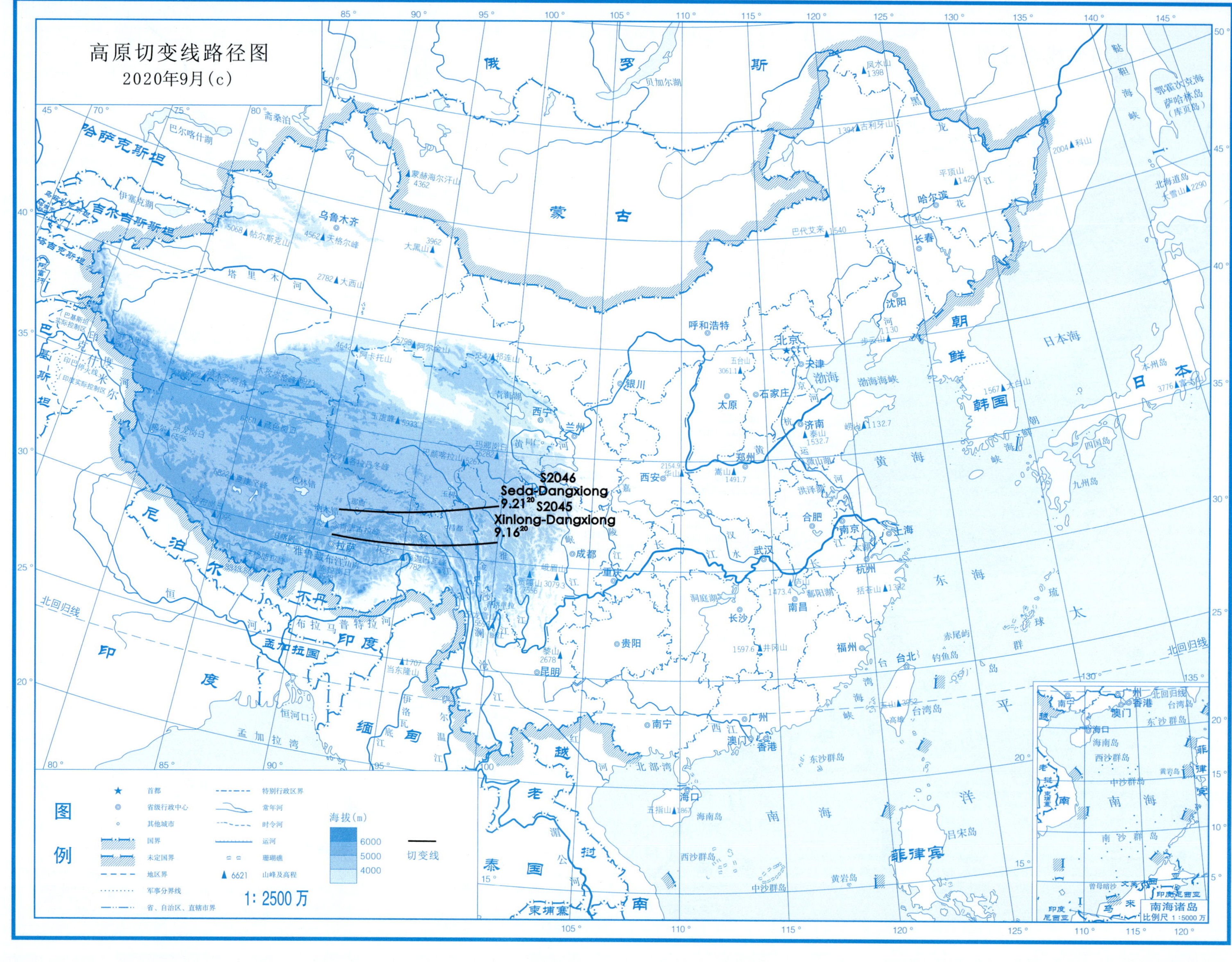
高原切变线路径图
2020年9月(c)
S2046
Seda-Dangxiong
9.21[20]
S2045
Xinlong-Dangxiong
9.16[20]
图例
首都
省级行政中心
其他城市
国界
未定国界
地区界
军事分界线
省、自治区、直辖市界
特别行政区界
常年河
时令河
运河
珊瑚礁
6621 山峰及高程
海拔(m)
6000
5000
4000
切变线
1: 2500 万
南海诸岛
比例尺 1 : 5000 万

高原切变线路径图

2020年9月(d)

S2049
Gangcha-Dachaidan
9.27^{20}

S2048
Jimai-Tuotuohe
9.25^{20}

S2047
Gongjue-Dangxiong
9.22^{20}

图例

★	首都		特别行政区界
◎	省级行政中心		常年河
○	其他城市		时令河
	国界		运河
	未定国界		珊瑚礁
	地区界	▲ 6621	山峰及高程
	军事分界线		
	省、自治区、直辖市界		

海拔(m)

6000
5000
4000

—— 切变线

1: 2500万

南海诸岛
比例尺 1:5000万

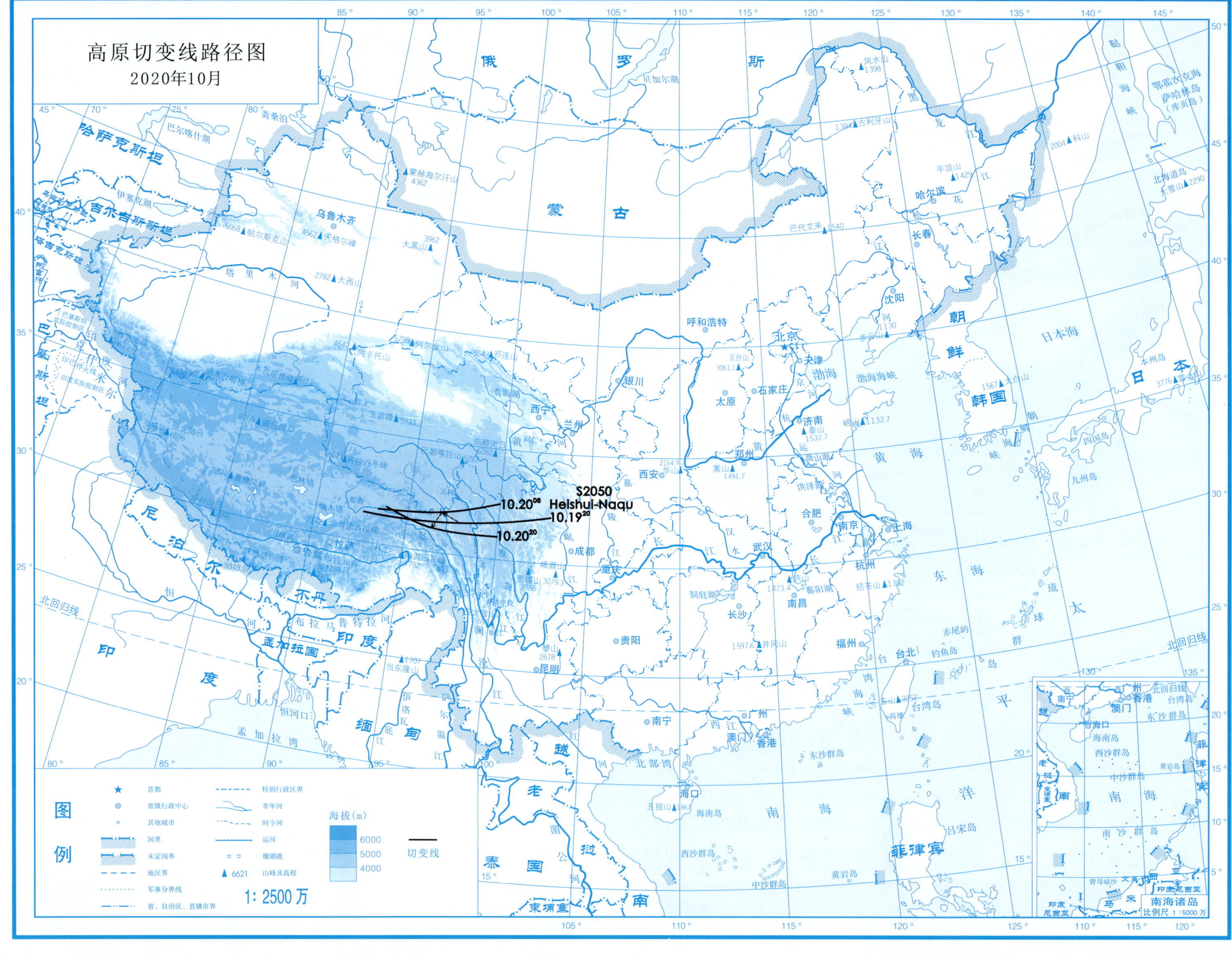
高原切变线路径图
2020年10月
S2050
Heishui-Naqu
10.20[08]
10.19[20]
10.20[20]
图例
首都
省级行政中心
其他城市
国界
未定国界
地区界
军事分界线
省、自治区、直辖市界
特别行政区界
常年河
时令河
运河
珊瑚礁
山峰及高程
海拔(m)
6000
5000
4000
切变线
1: 2500万
南海诸岛
比例尺 1:5000万

高原切变线路径图

2020年11月

S2051
Shiqu-Dangxiong
11.5[20]

图例

首都
省级行政中心
其他城市
国界
未定国界
地区界
军事分界线
省、自治区、直辖市界
特别行政区界
常年河
时令河
运河
珊瑚礁
6621 山峰及高程

海拔(m)
6000
5000
4000

切变线

1: 2500 万

南海诸岛
比例尺 1:5000 万

青 藏 高 原 切 变 线 降 水 资 料

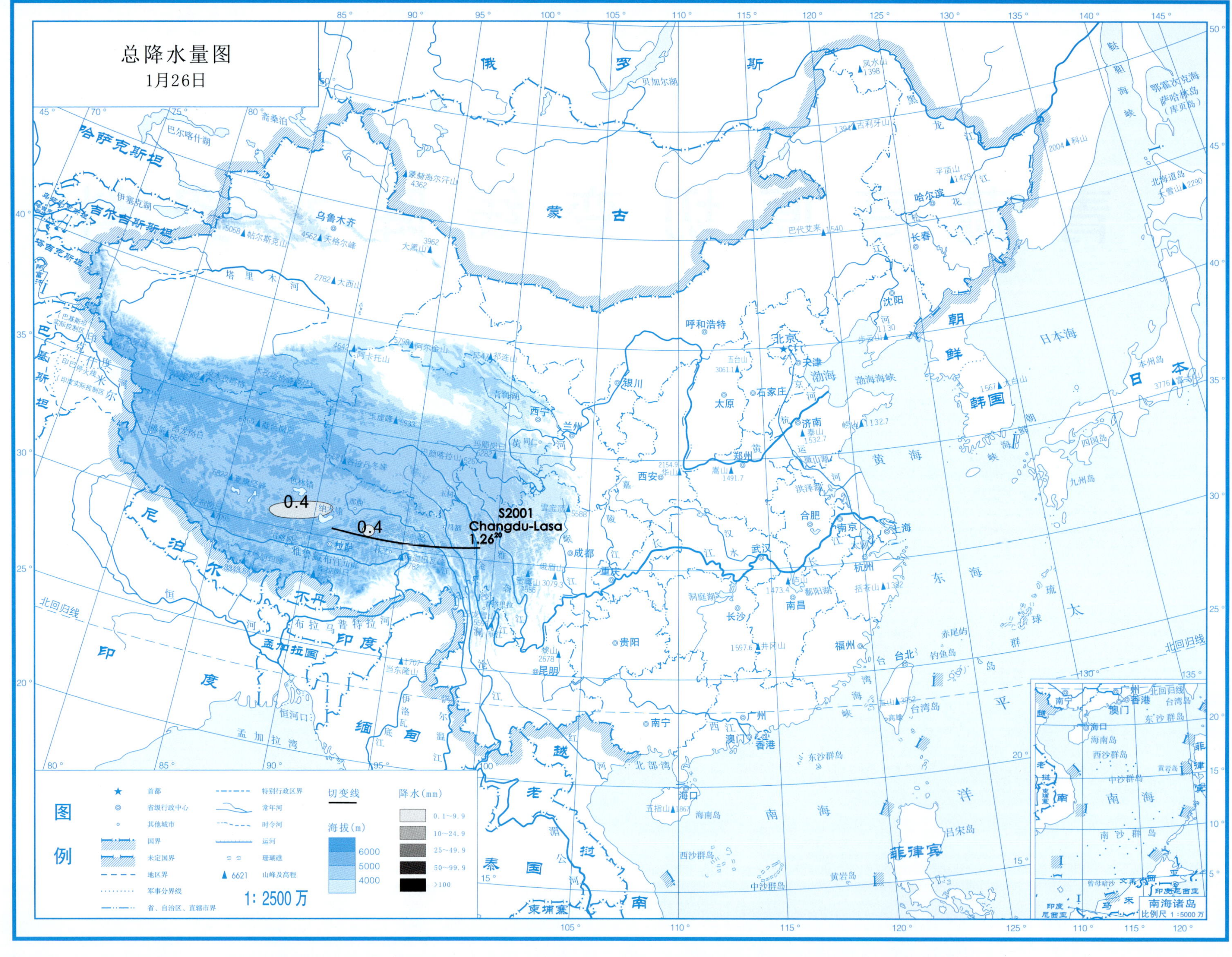
总降水量图
1月26日
0.4
0.4
S2001
Changdu-Lasa
1.26[20]
图例
首都
省级行政中心
其他城市
国界
未定国界
地区界
军事分界线
省、自治区、直辖市界
特别行政区界
常年河
时令河
运河
珊瑚礁
山峰及高程
切变线
海拔(m)
6000
5000
4000
降水(mm)
0.1~9.9
10~24.9
25~49.9
50~99.9
>100
1: 2500万
南海诸岛
比例尺 1:5000万

总降水日数图

1月26日

图例

★ 首都
◎ 省级行政中心
○ 其他城市
国界
未定国界
地区界
军事分界线
省、自治区、直辖市界
特别行政区界
常年河
时令河
运河
珊瑚礁
▲ 6621 山峰及高程

1：2500万

海拔（m）
6000
5000
4000

降水日数
1天
2~3天
4天以上

南海诸岛
比例尺 1：5000万

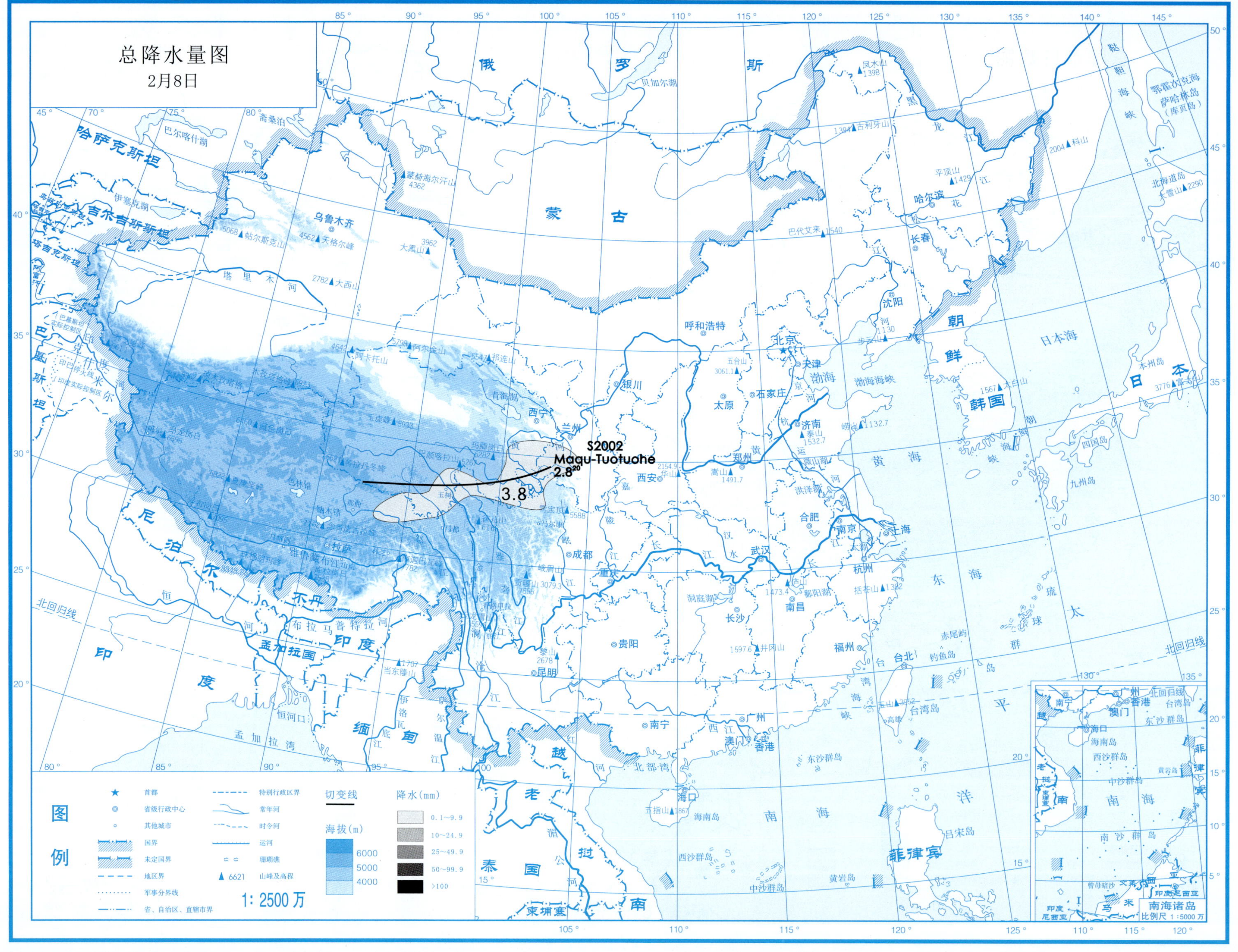

总降水量图
2月8日
S2002
Maqu-Tuotuohe
2.8
3.8
图例
首都
省级行政中心
其他城市
国界
未定国界
地区界
军事分界线
省、自治区、直辖市界
特别行政区界
常年河
时令河
运河
珊瑚礁
山峰及高程
切变线
海拔(m)
6000
5000
4000
降水(mm)
0.1~9.9
10~24.9
25~49.9
50~99.9
>100
1:2500万
南海诸岛
比例尺 1:5000万

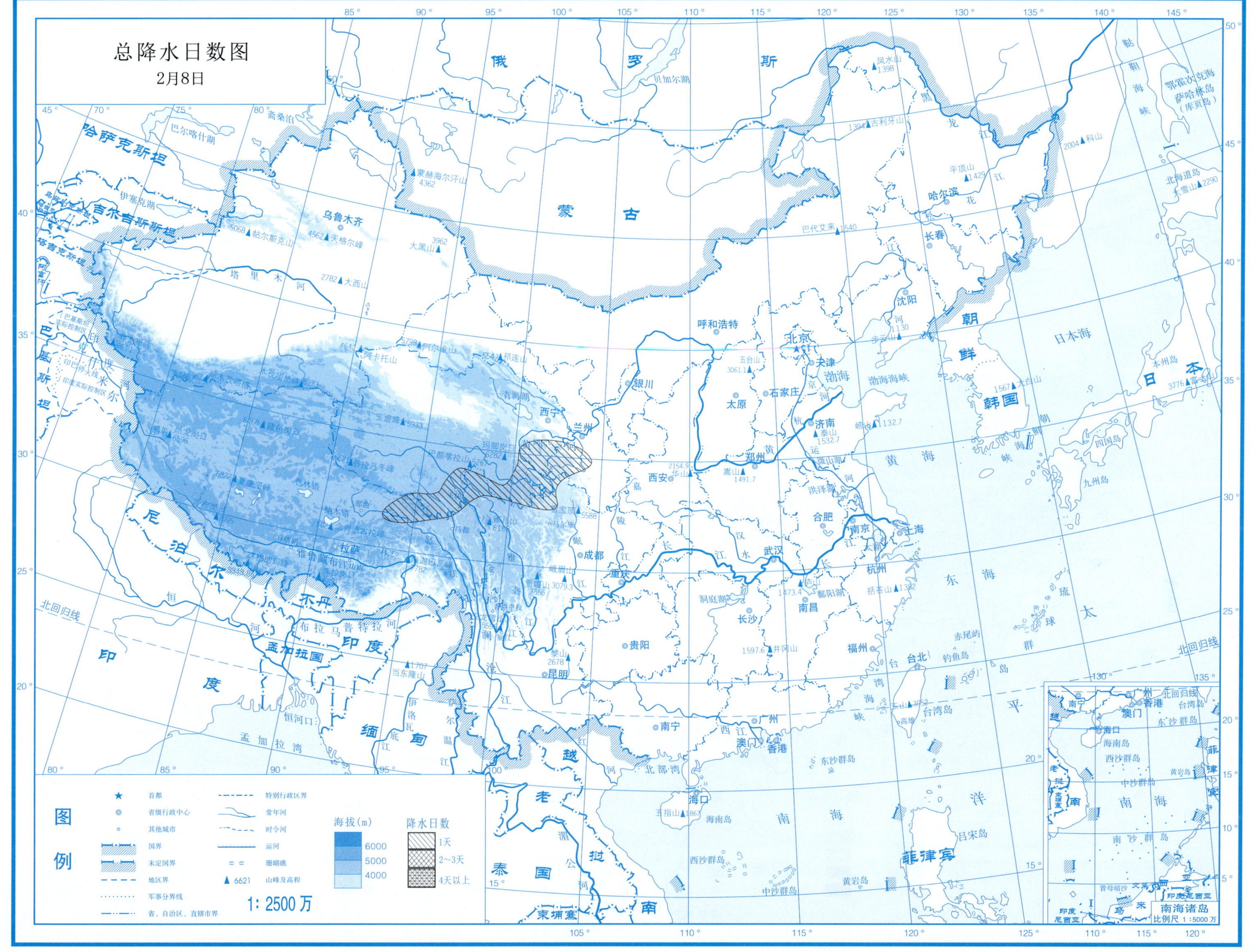

总降水日数图
2月8日
俄
罗
斯
蒙
古
哈萨克斯坦
吉尔吉斯斯坦
塔吉克斯坦
巴基斯坦
尼泊尔
不丹
印度
孟加拉国
缅甸
老挝
泰国
越南
柬埔寨
菲律宾
朝鲜
韩国
日本
乌鲁木齐
呼和浩特
北京
天津
石家庄
太原
银川
西宁
兰州
济南
郑州
西安
合肥
南京
上海
杭州
武汉
成都
重庆
长沙
南昌
贵阳
昆明
福州
台北
广州
南宁
澳门
香港
海口
拉萨
沈阳
长春
哈尔滨
渤海
黄海
东海
南海
日本海
太平洋
东沙群岛
西沙群岛
中沙群岛
黄岩岛
钓鱼岛
赤尾屿
台湾岛
海南岛
北回归线
图例
首都
省级行政中心
其他城市
国界
未定国界
地区界
军事分界线
省、自治区、直辖市界
特别行政区界
常年河
时令河
运河
珊瑚礁
山峰及高程
海拔(m)
6000
5000
4000
降水日数
1天
2~3天
4天以上
1: 2500万
南海诸岛
比例尺 1:5000万

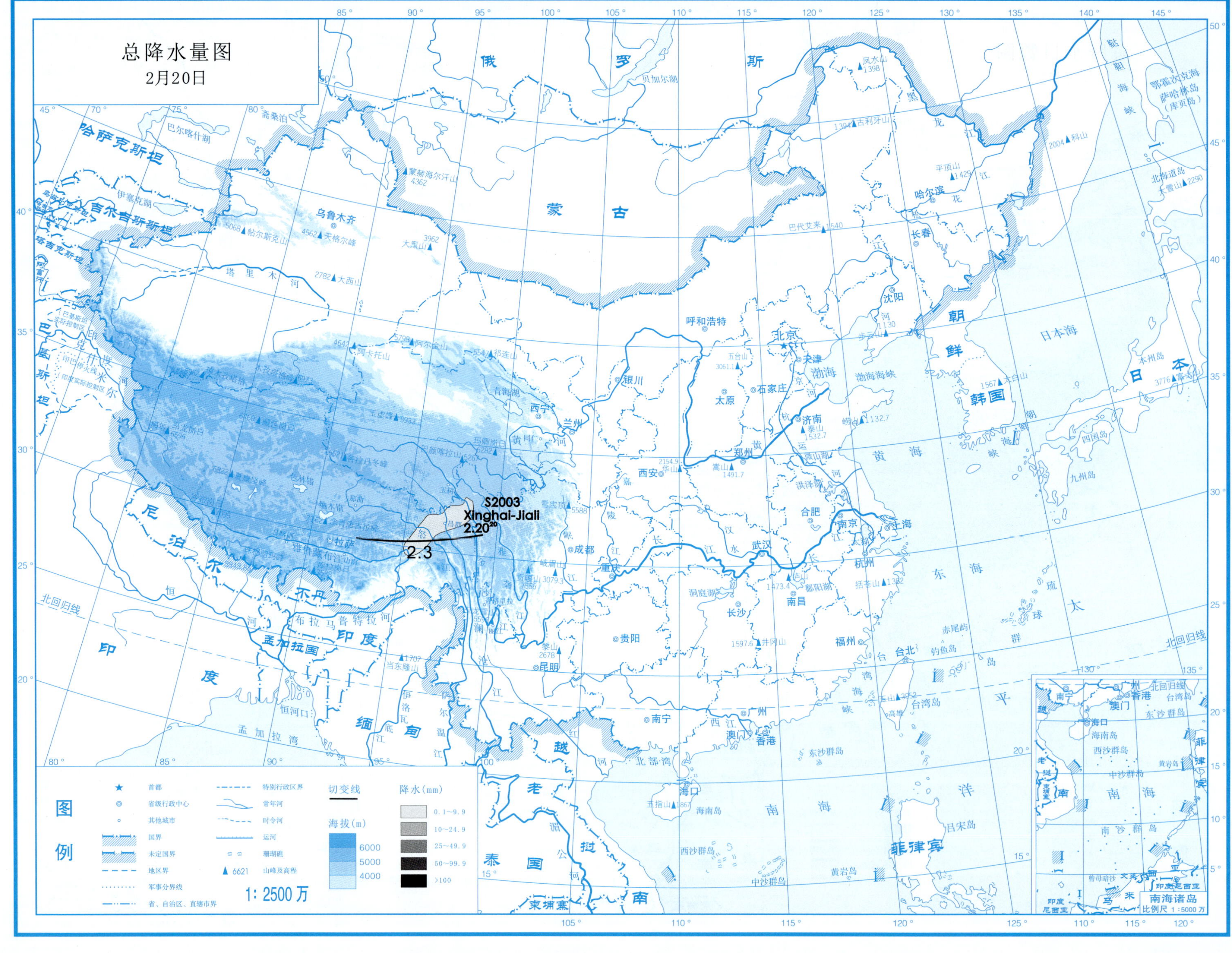
总降水量图
2月20日
S2003
Xinghai-Jiali
2.20[20]
2.3
图例
切变线
降水(mm)
0.1～9.9
10～24.9
25～49.9
50～99.9
>100
海拔(m)
6000
5000
4000
1: 2500万
南海诸岛
比例尺 1：5000万

总降水日数图

2月20日

图例

符号	说明	符号	说明
★	首都		特别行政区界
◎	省级行政中心		常年河
○	其他城市		时令河
	国界		运河
	未定国界		珊瑚礁
	地区界	▲ 6621	山峰及高程
	军事分界线		
	省、自治区、直辖市界		

海拔（m）：6000、5000、4000

降水日数：1天、2~3天、4天以上

1：2500万

南海诸岛 比例尺 1：5000万

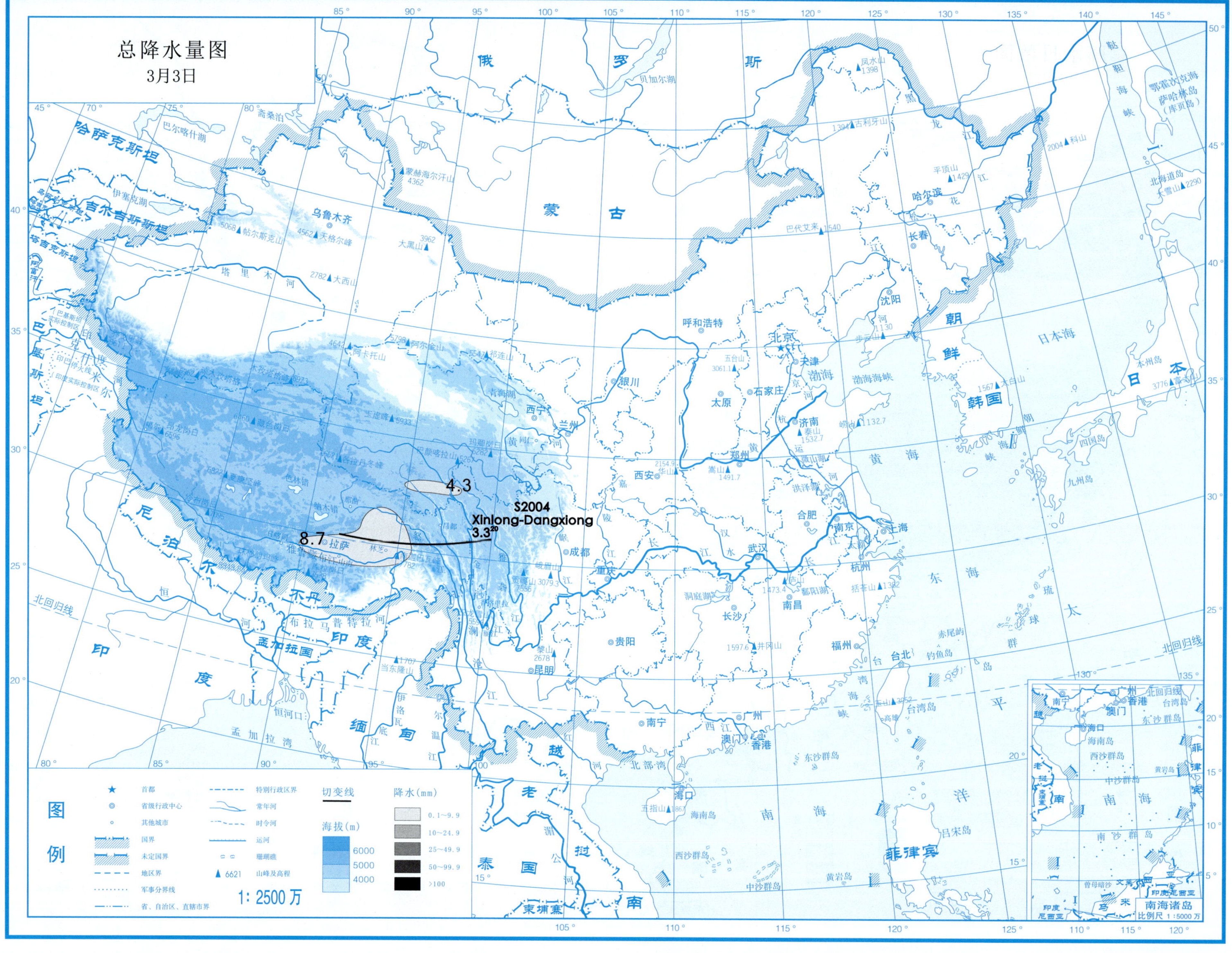

总降水量图
3月3日
4.3
S2004
Xinlong-Dangxiong
3.3
8.7
拉萨
林芝
图例
首都
省级行政中心
其他城市
国界
未定国界
地区界
军事分界线
省、自治区、直辖市界
特别行政区界
常年河
时令河
运河
珊瑚礁
6621 山峰及高程
1: 2500 万
切变线
海拔(m)
6000
5000
4000
降水(mm)
0.1~9.9
10~24.9
25~49.9
50~99.9
>100
南海诸岛
比例尺 1:5000 万

总降水日数图

3月3日

图例

- ★ 首都
- ◎ 省级行政中心
- ○ 其他城市
- 国界
- 未定国界
- 地区界
- 军事分界线
- 省、自治区、直辖市界
- 特别行政区界
- 常年河
- 时令河
- 运河
- 珊瑚礁
- ▲ 6621 山峰及高程

海拔（m）：6000、5000、4000

降水日数：1天、2~3天、4天以上

1：2500万

南海诸岛 比例尺 1：5000万

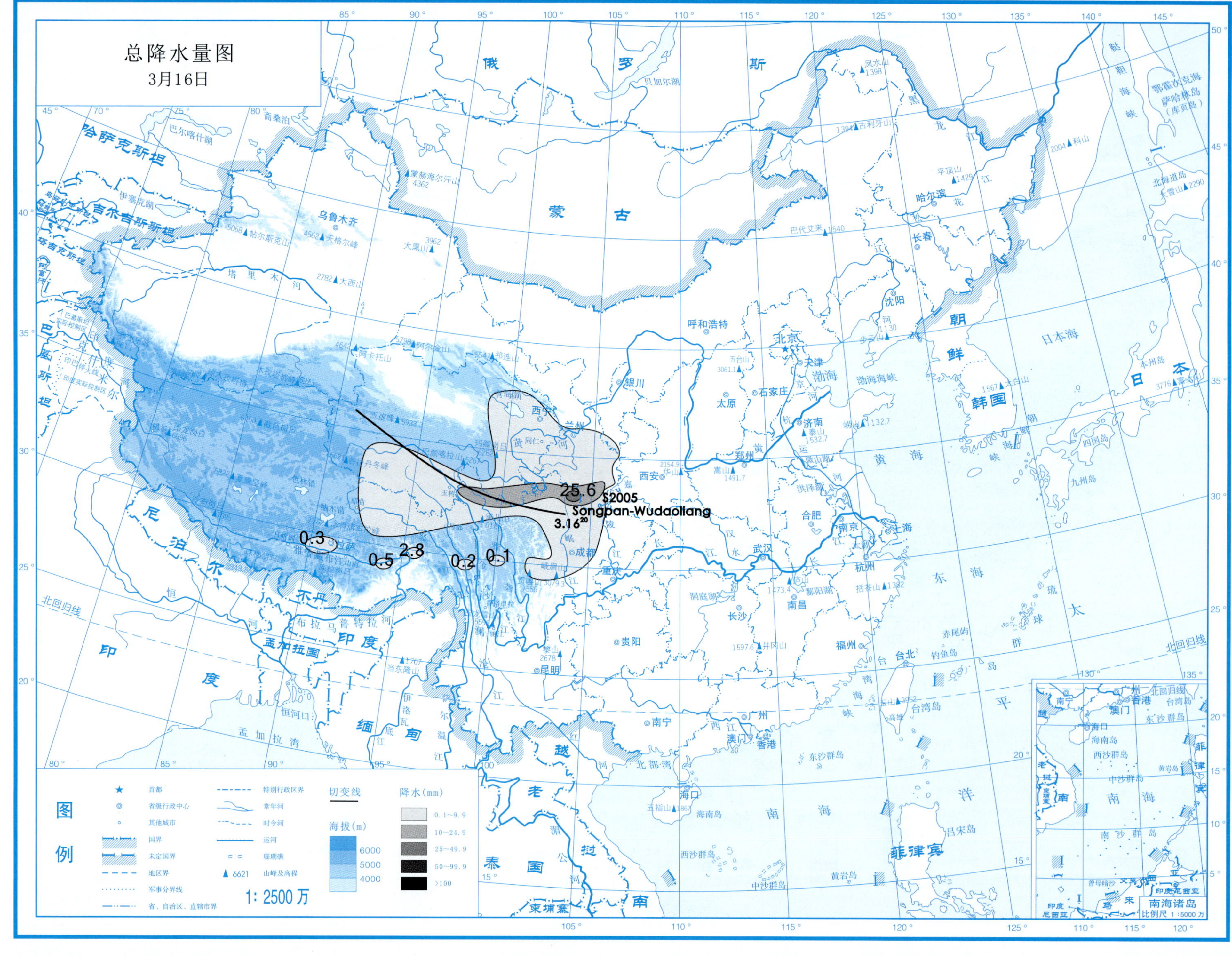
总降水量图
3月16日
25.6
S2005
Songpan-Wudaoliang
3.16[20]
0.3
0.5
2.8
0.2
0.1
图例
切变线
降水(mm)
0.1~9.9
10~24.9
25~49.9
50~99.9
>100
海拔(m)
6000
5000
4000
1: 2500万
南海诸岛
比例尺 1:5000万

总降水日数图

3月16日

图例

★ 首都
◎ 省级行政中心
○ 其他城市
国界
未定国界
地区界
军事分界线
省、自治区、直辖市界
特别行政区界
常年河
时令河
运河
珊瑚礁
▲ 6621 山峰及高程

海拔(m)

6000
5000
4000

降水日数

1天
2~3天
4天以上

1：2500万

南海诸岛
比例尺 1：5000万

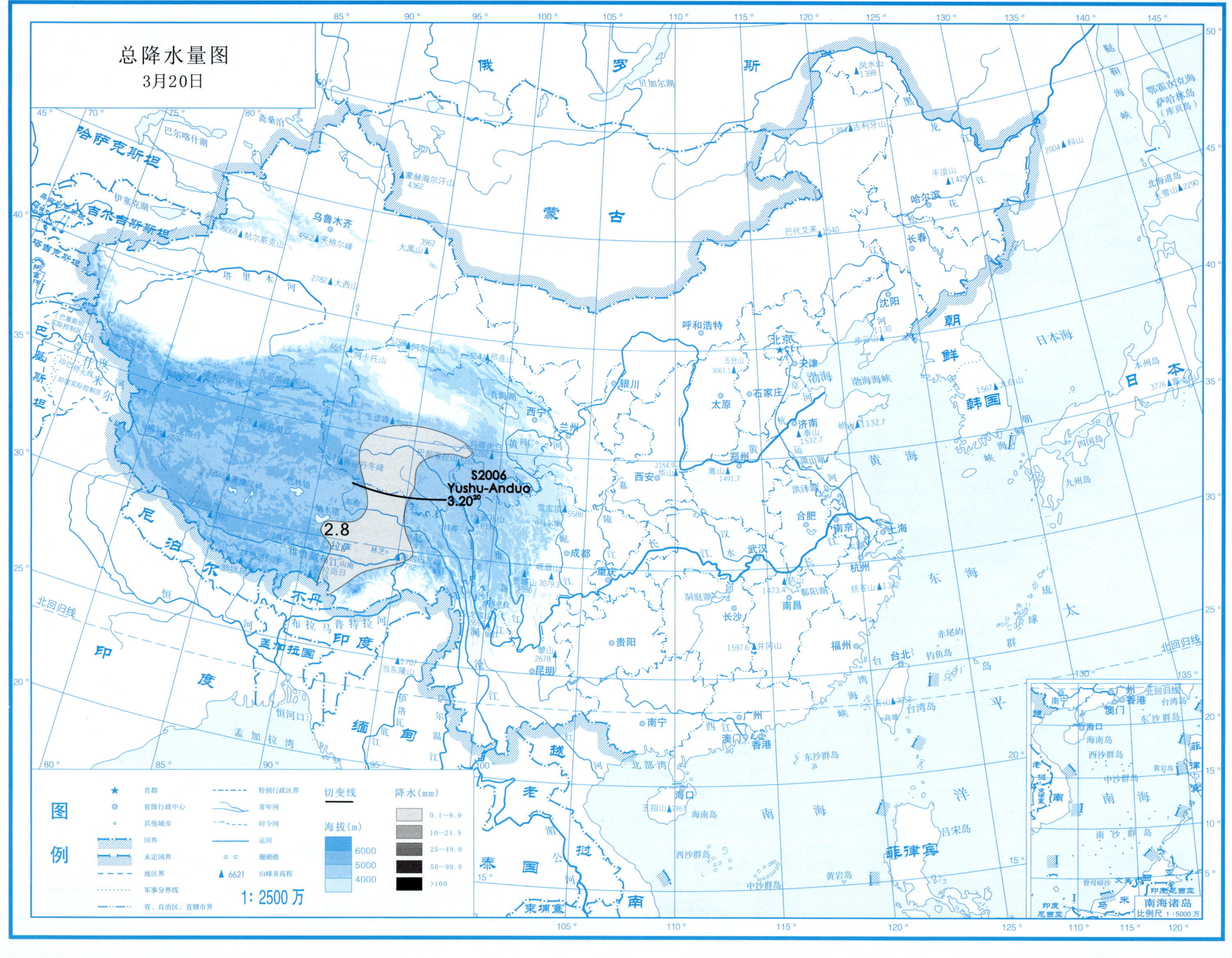
总降水量图
3月20日
S2006
Yushu-Anduo
3.20[20]
2.8
图例
首都
省级行政中心
其他城市
国界
未定国界
地区界
军事分界线
省、自治区、直辖市界
特别行政区界
常年河
时令河
运河
珊瑚礁
6621 山峰及高程
切变线
海拔(m)
6000
5000
4000
降水(mm)
0.1~9.9
10~24.9
25~49.9
50~99.9
>100
1: 2500万
南海诸岛
比例尺 1:5000万

总降水日数图

3月20日

图例

降水日数

1天

2~3天

4天以上

海拔(m)

6000

5000

4000

1：2500万

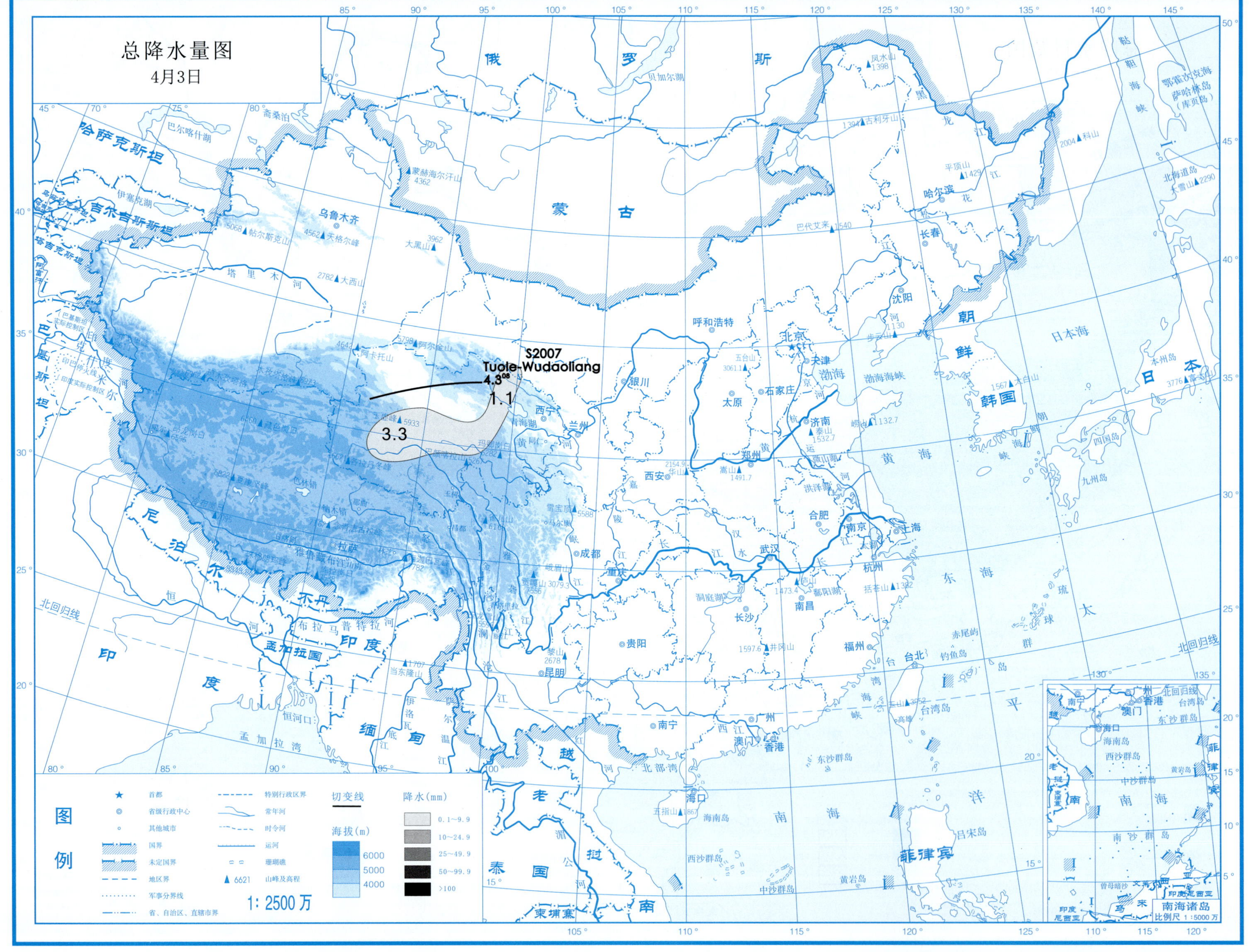
总降水量图
4月3日
S2007
Tuole-Wudaoliang
4.3[08]
1.1
3.3
图例
首都
省级行政中心
其他城市
国界
未定国界
地区界
军事分界线
省、自治区、直辖市界
特别行政区界
常年河
时令河
运河
珊瑚礁
6621 山峰及高程
切变线
海拔(m)
6000
5000
4000
降水(mm)
0.1~9.9
10~24.9
25~49.9
50~99.9
>100
1: 2500 万
南海诸岛
比例尺 1:5000 万

总降水日数图
4月3日
图例
首都
省级行政中心
其他城市
国界
未定国界
地区界
军事分界线
省、自治区、直辖市界
特别行政区界
常年河
时令河
运河
珊瑚礁
6621 山峰及高程
海拔（m）
6000
5000
4000
降水日数
1天
2~3天
4天以上
1：2500万
南海诸岛
比例尺 1：5000万

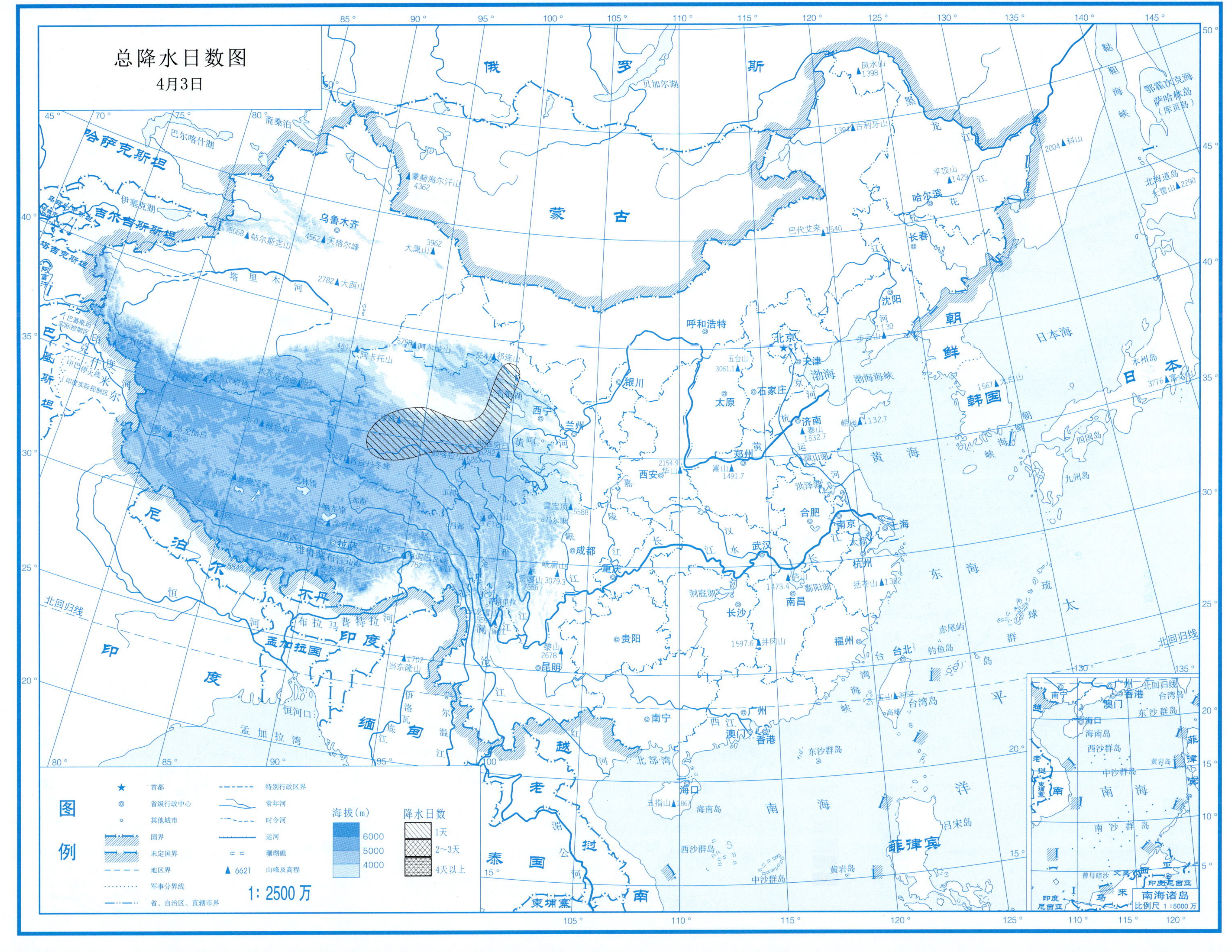

高原切变线 第2部分

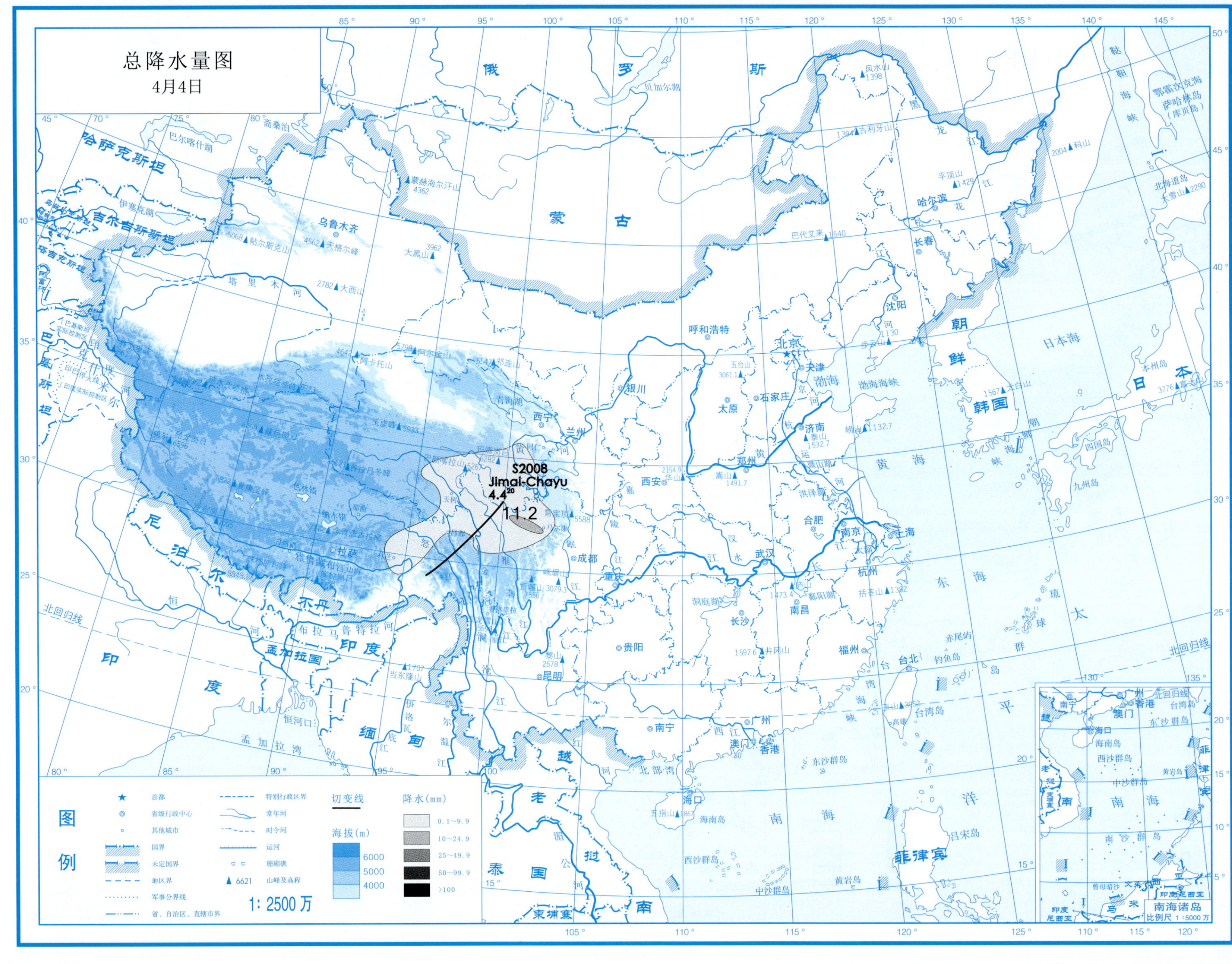
总降水量图
4月4日
S2008
Jimai-Chayu
4.4[20]
11.2
图例
首都
省级行政中心
其他城市
国界
未定国界
地区界
军事分界线
特别行政区界
常年河
时令河
运河
珊瑚礁
6621 山峰及高程
省、自治区、直辖市界
切变线
海拔(m)
6000
5000
4000
降水(mm)
0.1~9.9
10~24.9
25~49.9
50~99.9
>100
1: 2500 万
南海诸岛
比例尺 1:5000 万

总降水日数图

4月4日

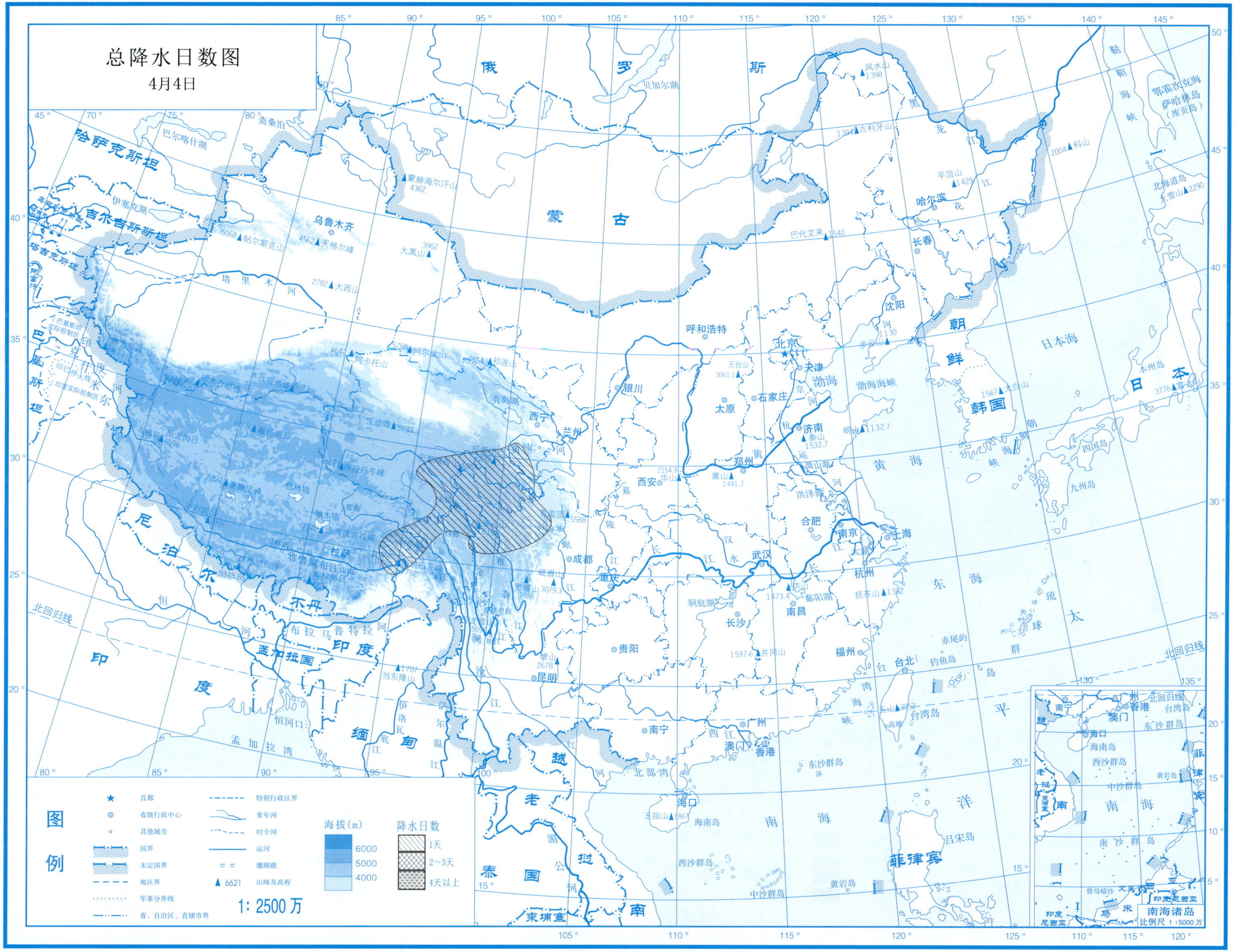
图例
首都
省级行政中心
其他城市
国界
未定国界
地区界
军事分界线
省、自治区、直辖市界
特别行政区界
常年河
时令河
运河
珊瑚礁
6621 山峰及高程
海拔(m)
6000
5000
4000
降水日数
1天
2~3天
4天以上
1: 2500 万
南海诸岛
比例尺 1 :5000 万
俄罗斯
蒙古
哈萨克斯坦
吉尔吉斯斯坦
塔吉克斯坦
巴基斯坦
尼泊尔
不丹
印度
孟加拉国
缅甸
老挝
泰国
越南
柬埔寨
朝鲜
韩国
日本
菲律宾
北京
乌鲁木齐
拉萨
西宁
兰州
银川
呼和浩特
太原
石家庄
天津
济南
郑州
西安
成都
重庆
贵阳
昆明
南宁
长沙
武汉
合肥
南京
上海
杭州
南昌
福州
台北
广州
澳门
香港
海口
哈尔滨
长春
沈阳

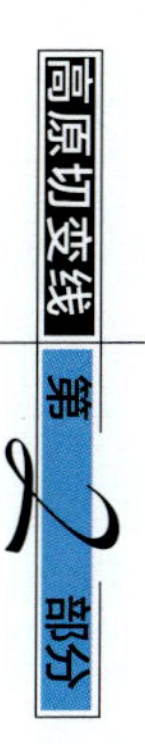

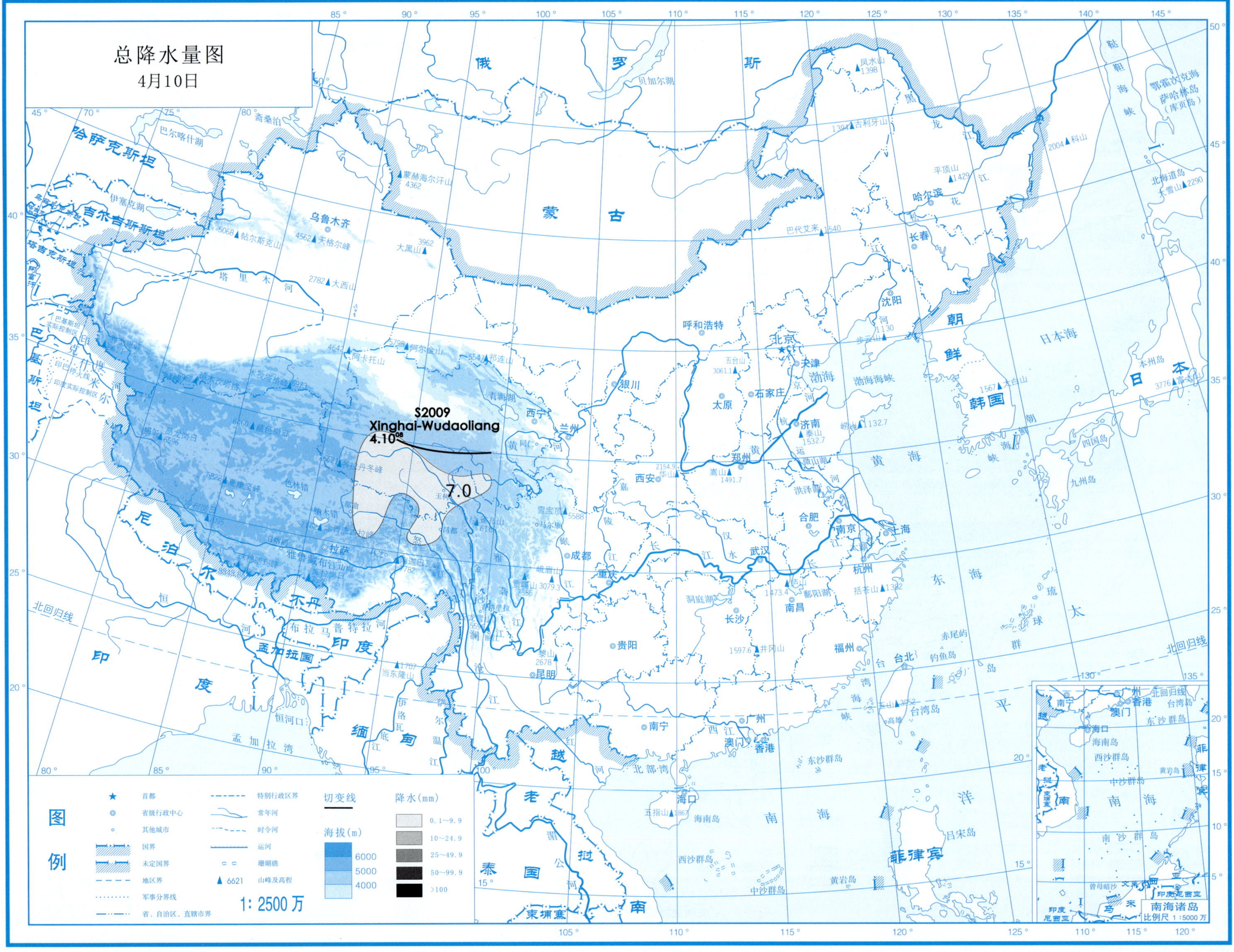

总降水量图
4月10日
S2009
Xinghai-Wudaoliang
4.10[08]
7.0
图例
切变线
降水(mm)
0.1~9.9
10~24.9
25~49.9
50~99.9
>100
海拔(m)
6000
5000
4000
1: 2500 万
南海诸岛
比例尺 1:5000 万

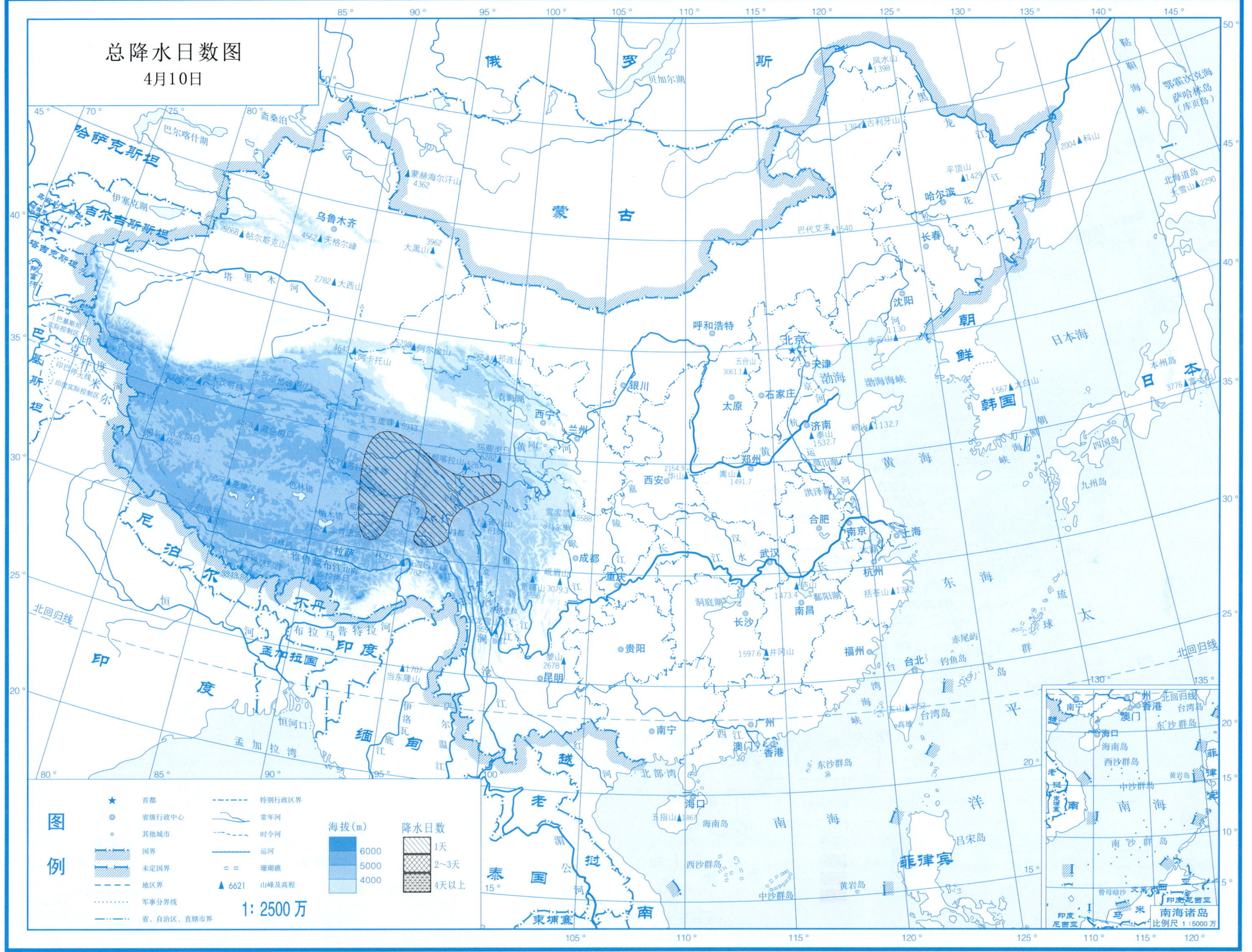
总降水日数图
4月10日
图例
首都
省级行政中心
其他城市
国界
未定国界
地区界
军事分界线
省、自治区、直辖市界
特别行政区界
常年河
时令河
运河
珊瑚礁
▲ 6621 山峰及高程
1: 2500万
海拔(m)
6000
5000
4000
降水日数
1天
2~3天
4天以上
南海诸岛
比例尺 1:5000万

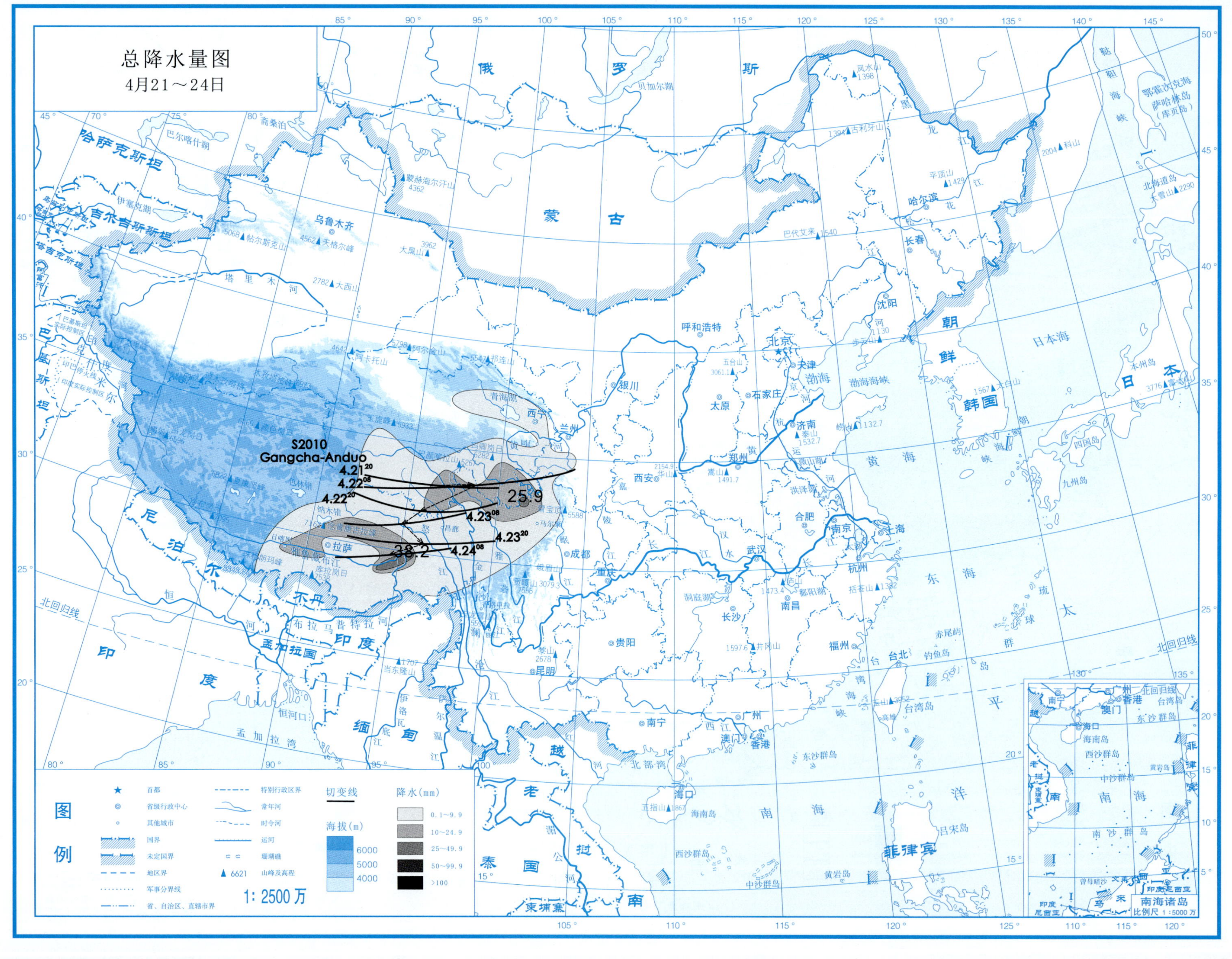

总降水量图
4月21～24日
S2010
Gangcha-Anduo
4.21[20]
4.22[08]
4.22[20]
4.23[08]
4.23[20]
4.24[08]
25.9
38.2
图例
首都
省级行政中心
其他城市
国界
未定国界
地区界
军事分界线
省、自治区、直辖市界
特别行政区界
常年河
时令河
运河
珊瑚礁
6621 山峰及高程
切变线
海拔（m）
6000
5000
4000
降水（mm）
0.1～9.9
10～24.9
25～49.9
50～99.9
>100
1：2500 万
南海诸岛
比例尺 1：5000 万
俄罗斯
蒙古
哈萨克斯坦
吉尔吉斯斯坦
塔吉克斯坦
尼泊尔
不丹
印度
孟加拉国
缅甸
老挝
泰国
越南
柬埔寨
菲律宾
朝鲜
韩国
日本
北京
天津
石家庄
太原
呼和浩特
沈阳
长春
哈尔滨
济南
郑州
西安
银川
兰州
西宁
拉萨
成都
重庆
贵阳
昆明
南宁
广州
香港
澳门
海口
长沙
武汉
南昌
合肥
南京
上海
杭州
福州
台北
乌鲁木齐
青海湖
渤海
黄海
东海
南海
日本海
北回归线

总降水日数图

4月21～24日

图例

符号	说明	符号	说明
★	首都	—·—·—	特别行政区界
◎	省级行政中心	～	常年河
○	其他城市	～	时令河
	国界	—	运河
	未定国界	= =	珊瑚礁
- - -	地区界	▲ 6621	山峰及高程
······	军事分界线		
—··—	省、自治区、直辖市界		

海拔(m)：6000、5000、4000

降水日数：1天、2～3天、4天以上

1：2500万

南海诸岛 比例尺 1：5000万

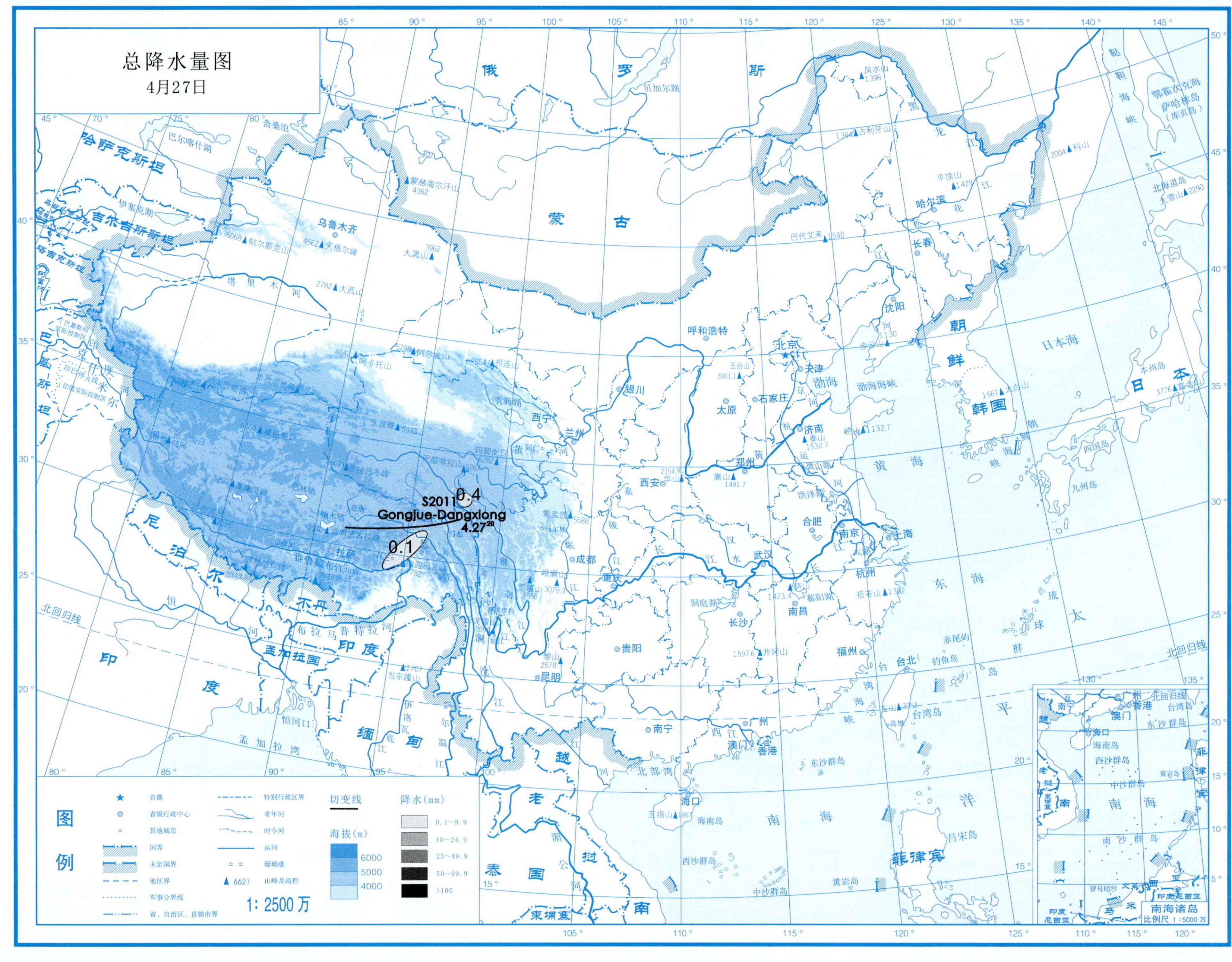
总降水量图
4月27日
S2011
Gongjue-Dangxiong
4.27 20
0.4
0.1
图例
首都
省级行政中心
其他城市
国界
未定国界
地区界
军事分界线
省、自治区、直辖市界
特别行政区界
常年河
时令河
运河
珊瑚礁
6621 山峰及高程
1:2500万
切变线
海拔(m)
6000
5000
4000
降水(mm)
0.1~9.9
10~24.9
25~49.9
50~99.9
>100
南海诸岛
比例尺 1:5000万

总降水日数图

4月27日

图例

★ 首都
◎ 省级行政中心
○ 其他城市
国界
未定国界
地区界
军事分界线
省、自治区、直辖市界
特别行政区界
常年河
时令河
运河
珊瑚礁
▲ 6621 山峰及高程

1: 2500 万

海拔(m)
6000
5000
4000

降水日数
1天
2~3天
4天以上

南海诸岛
比例尺 1:5000 万

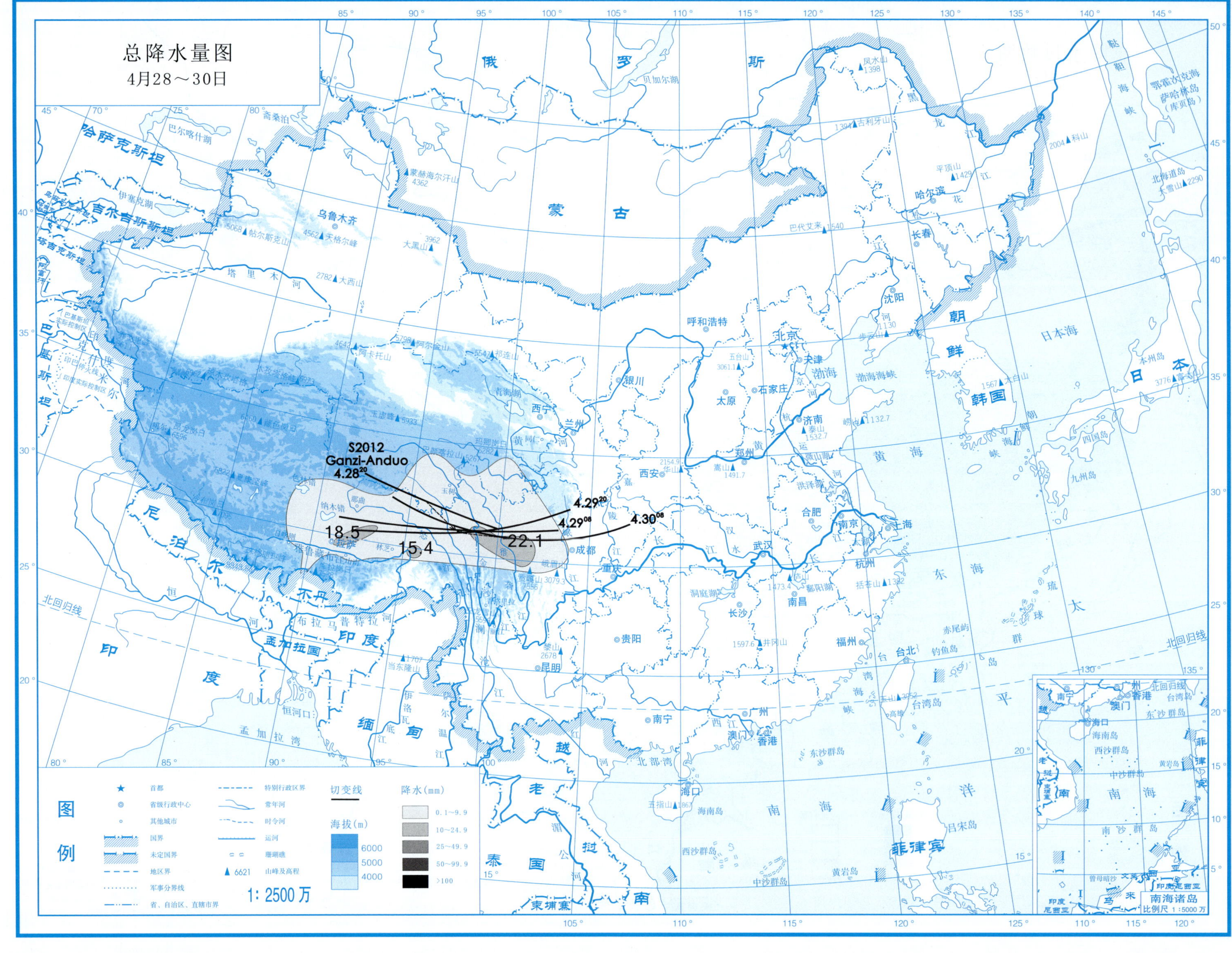
总降水量图
4月28～30日
S2012
Ganzi-Anduo
4.28[20]
4.29[20]
4.29[08]
4.30[08]
18.5
15.4
22.1
图例
首都
省级行政中心
其他城市
国界
未定国界
地区界
军事分界线
省、自治区、直辖市界
特别行政区界
常年河
时令河
运河
珊瑚礁
山峰及高程
1: 2500万
切变线
海拔(m)
6000
5000
4000
降水(mm)
0.1～9.9
10～24.9
25～49.9
50～99.9
>100
南海诸岛
比例尺 1:5000万

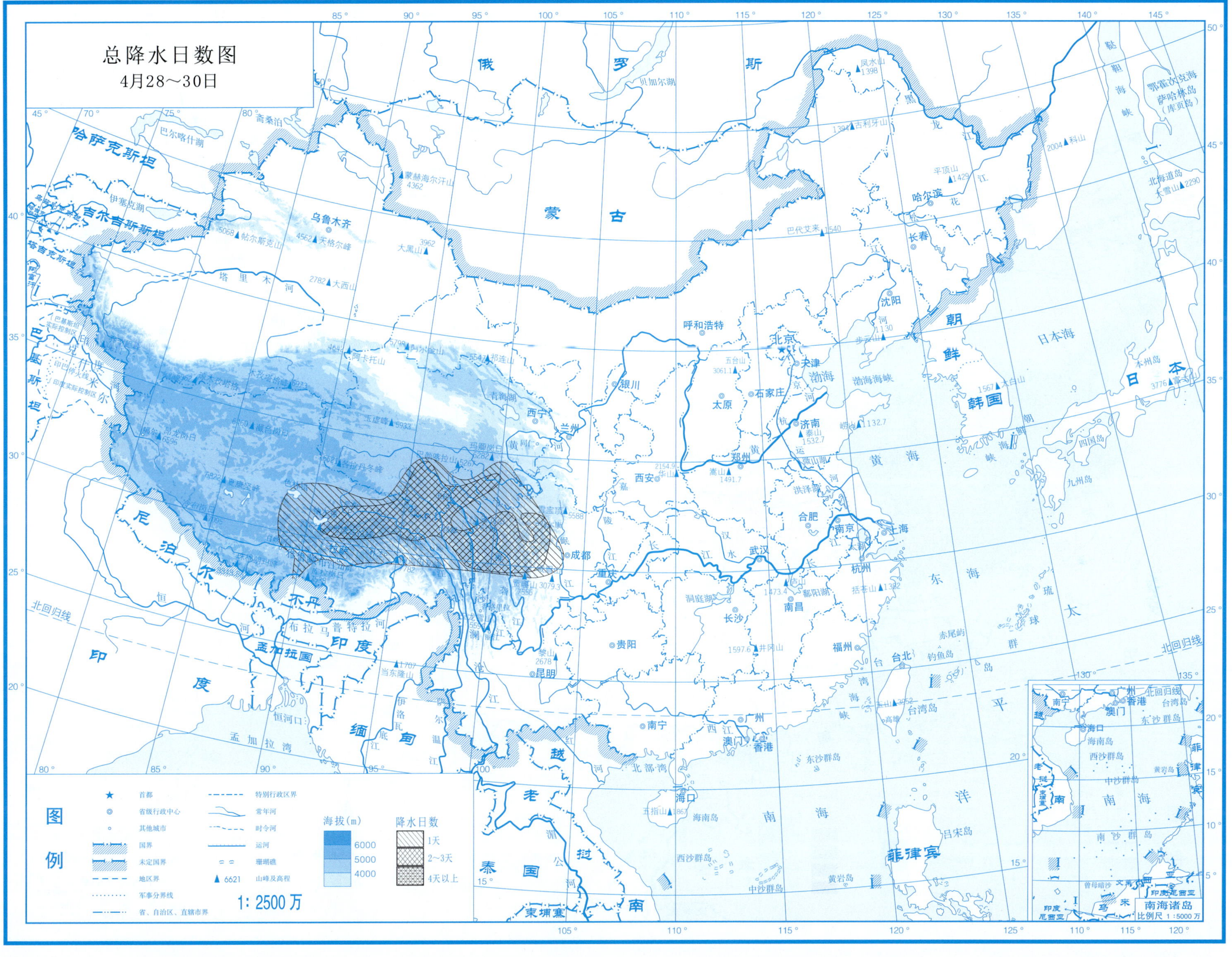
总降水日数图
4月28～30日
图例
首都
省级行政中心
其他城市
国界
未定国界
地区界
军事分界线
省、自治区、直辖市界
特别行政区界
常年河
时令河
运河
珊瑚礁
山峰及高程
海拔(m)
6000
5000
4000
降水日数
1天
2～3天
4天以上
1: 2500万
南海诸岛
比例尺 1:5000万

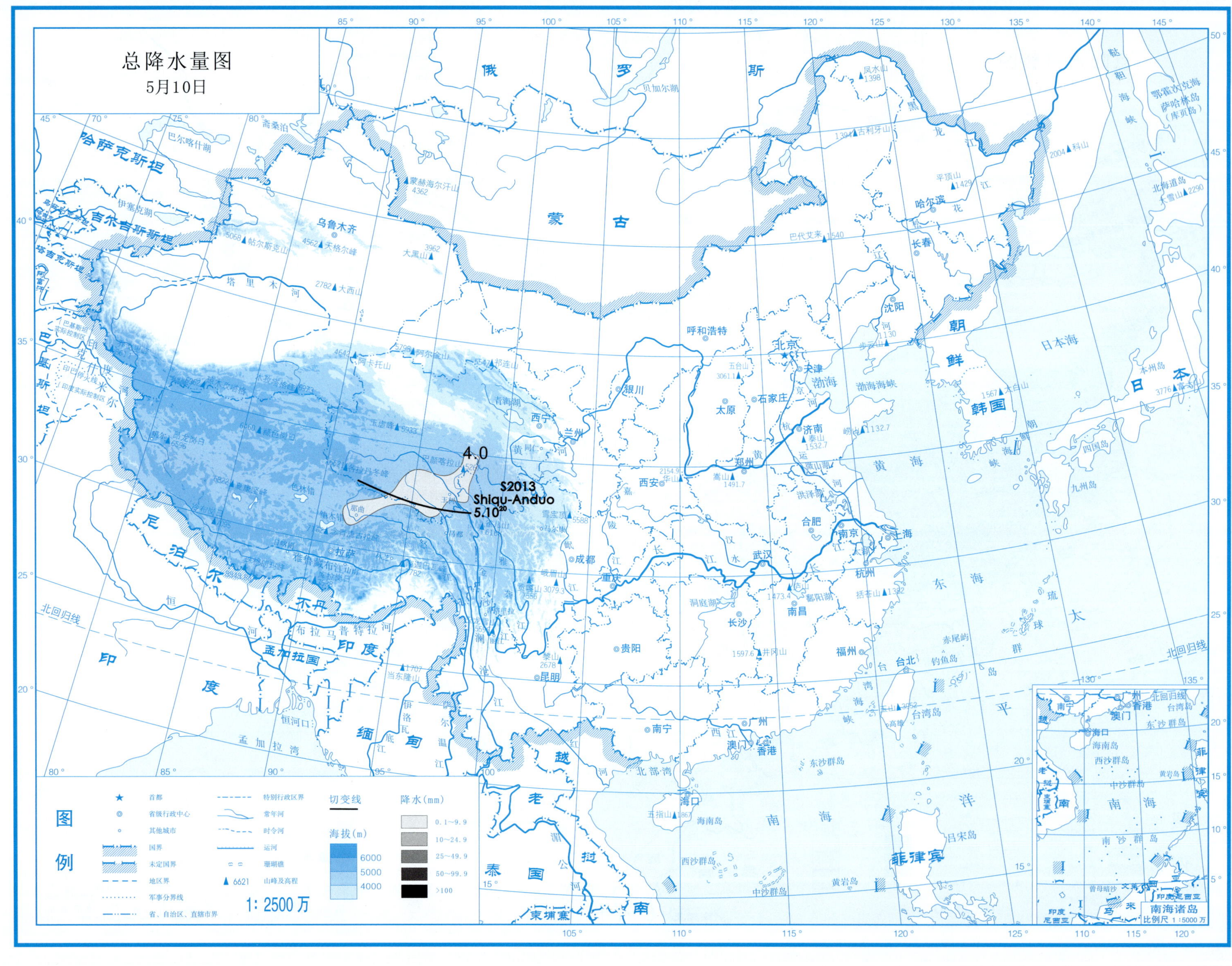
总降水量图
5月10日
4.0
S2013
Shiqu-Anduo
5.10 20
图例
切变线
降水(mm)
海拔(m)
1: 2500万

总降水日数图

5月10日

图例

★ 首都
◎ 省级行政中心
○ 其他城市
国界
未定国界
地区界
军事分界线
省、自治区、直辖市界
特别行政区界
常年河
时令河
运河
珊瑚礁
▲6621 山峰及高程

海拔(m)
6000
5000
4000

降水日数
1天
2~3天
4天以上

1: 2500 万

南海诸岛 比例尺 1:5000 万

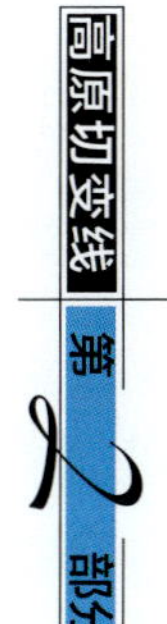

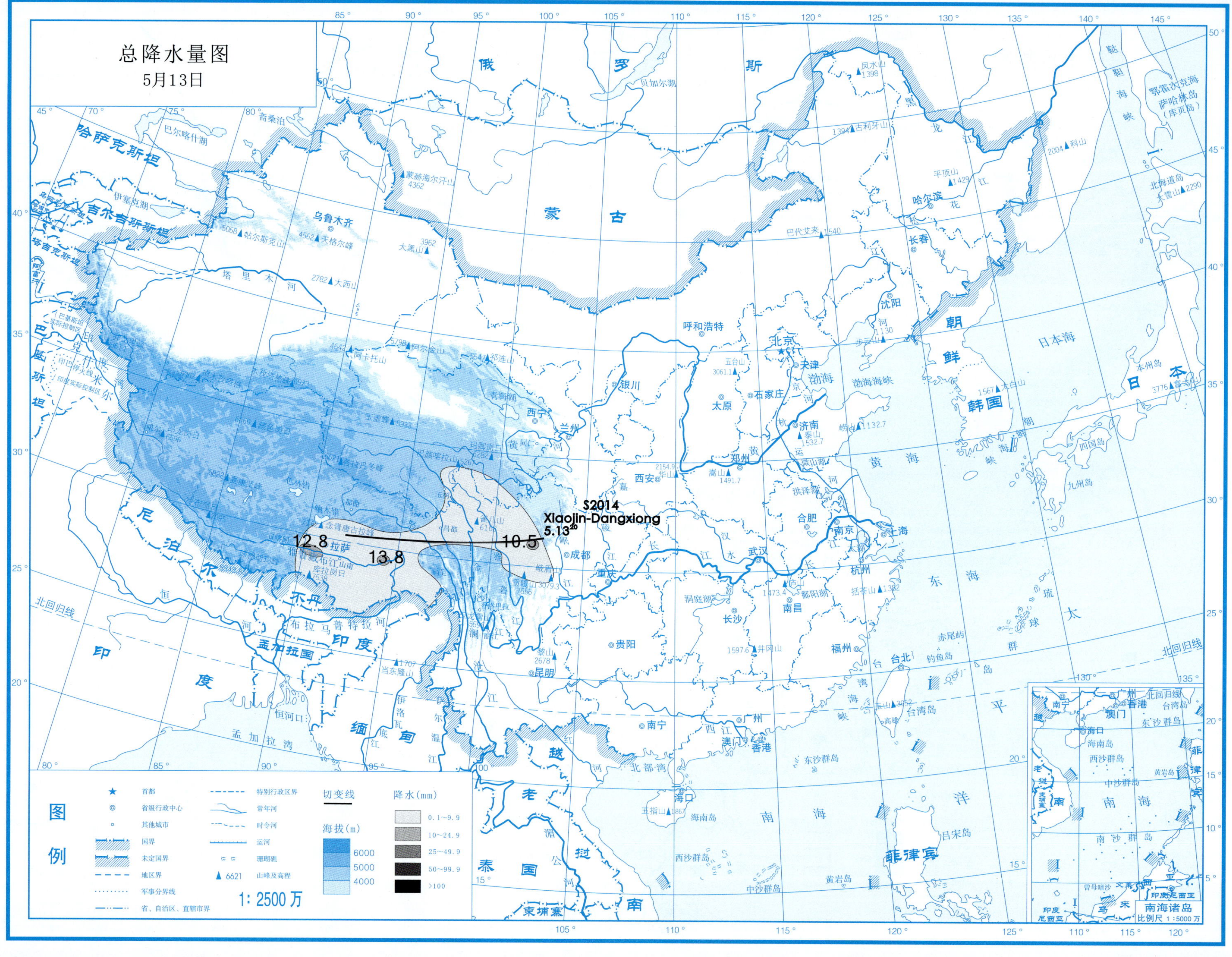
总降水量图
5月13日
S2014
Xiaojin-Dangxiong
5.13 20
12.8
13.8
10.5
图例
首都
省级行政中心
其他城市
国界
未定国界
地区界
军事分界线
省、自治区、直辖市界
特别行政区界
常年河
时令河
运河
珊瑚礁
6621 山峰及高程
切变线
海拔（m）
6000
5000
4000
降水（mm）
0.1~9.9
10~24.9
25~49.9
50~99.9
>100
1: 2500 万
南海诸岛
比例尺 1：5000 万

总降水日数图

5月13日

图例

符号	说明	符号	说明
★	首都		特别行政区界
◎	省级行政中心		常年河
○	其他城市		时令河
	国界		运河
	未定国界		珊瑚礁
	地区界	▲ 6621	山峰及高程
	军事分界线		
	省、自治区、直辖市界		

海拔(m)：6000　5000　4000

降水日数：1天　2~3天　4天以上

1：2500万

南海诸岛　比例尺 1：5000万

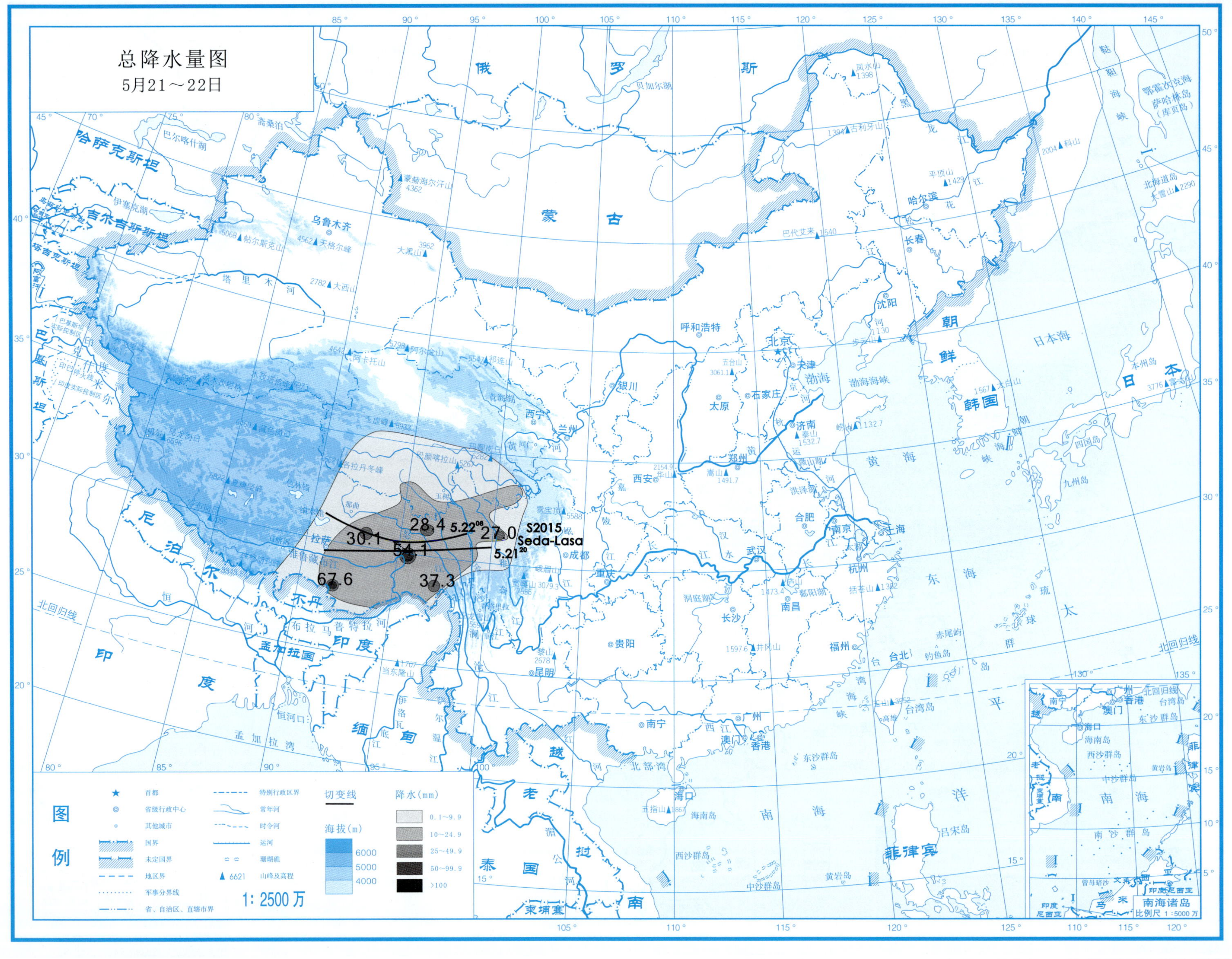
总降水量图
5月21～22日
30.1
28.4
5.22[08]
27.0
S2015
Seda-Lasa
54.1
5.21[20]
67.6
37.3
切变线
降水(mm)
0.1～9.9
10～24.9
25～49.9
50～99.9
>100
海拔(m)
6000
5000
4000
1: 2500 万
图例

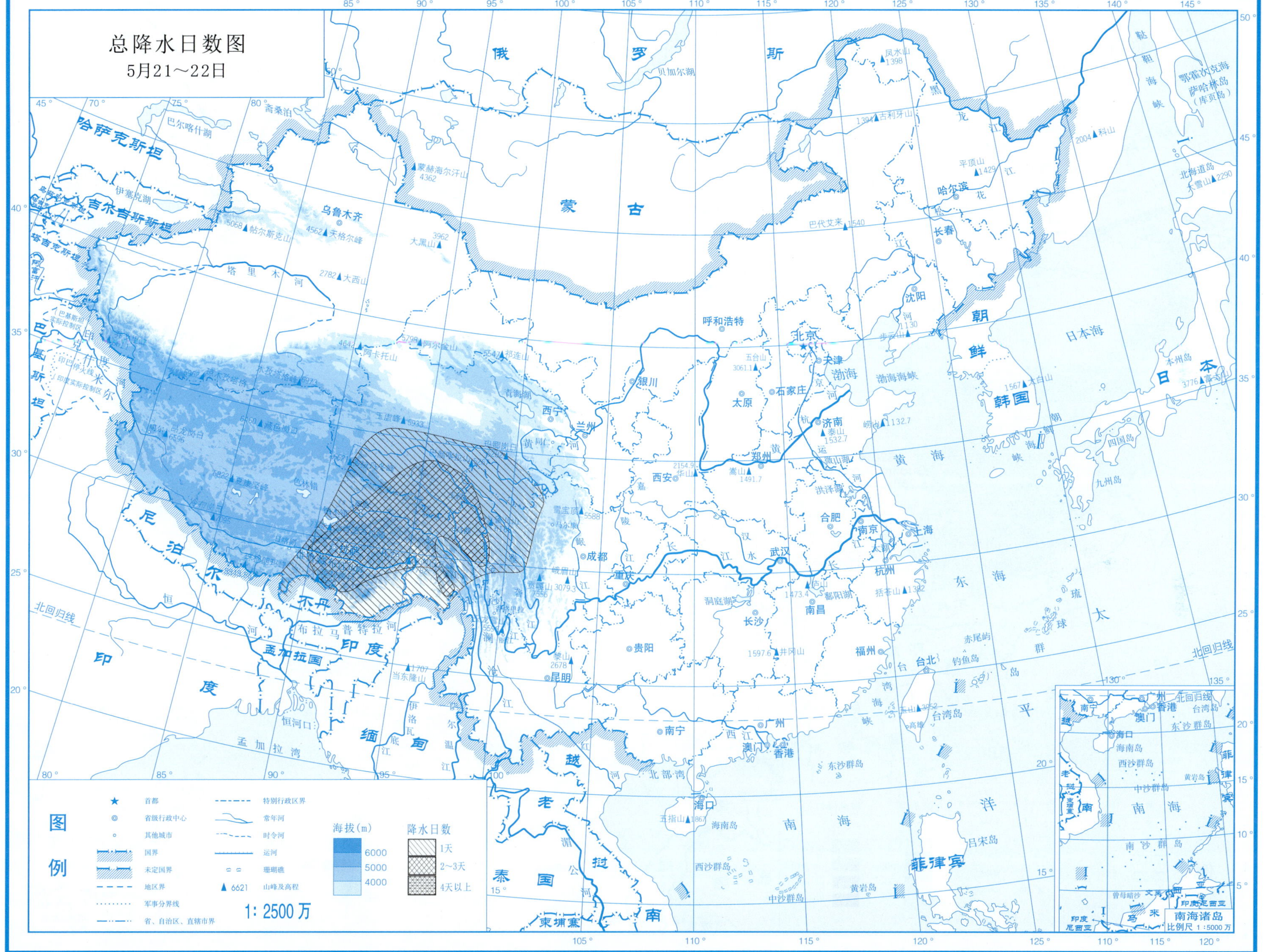
总降水日数图
5月21～22日
图例
首都
省级行政中心
其他城市
国界
未定国界
地区界
军事分界线
省、自治区、直辖市界
特别行政区界
常年河
时令河
运河
珊瑚礁
6621 山峰及高程
海拔(m)
6000
5000
4000
降水日数
1天
2～3天
4天以上
1:2500万
俄
罗
斯
蒙
古
哈萨克斯坦
吉尔吉斯斯坦
塔吉克斯坦
尼泊尔
不丹
印
度
孟加拉国
缅
甸
老
挝
越
南
泰
国
柬埔寨
朝
鲜
韩国
日
本
菲律宾
北京
天津
石家庄
太原
呼和浩特
沈阳
长春
哈尔滨
济南
郑州
西安
银川
兰州
西宁
乌鲁木齐
成都
重庆
武汉
合肥
南京
上海
杭州
南昌
长沙
贵阳
昆明
南宁
广州
福州
台北
海口
香港
澳门
渤海
黄海
东海
南海
日本海
太
平
洋
北回归线
南海诸岛
比例尺 1:5000万

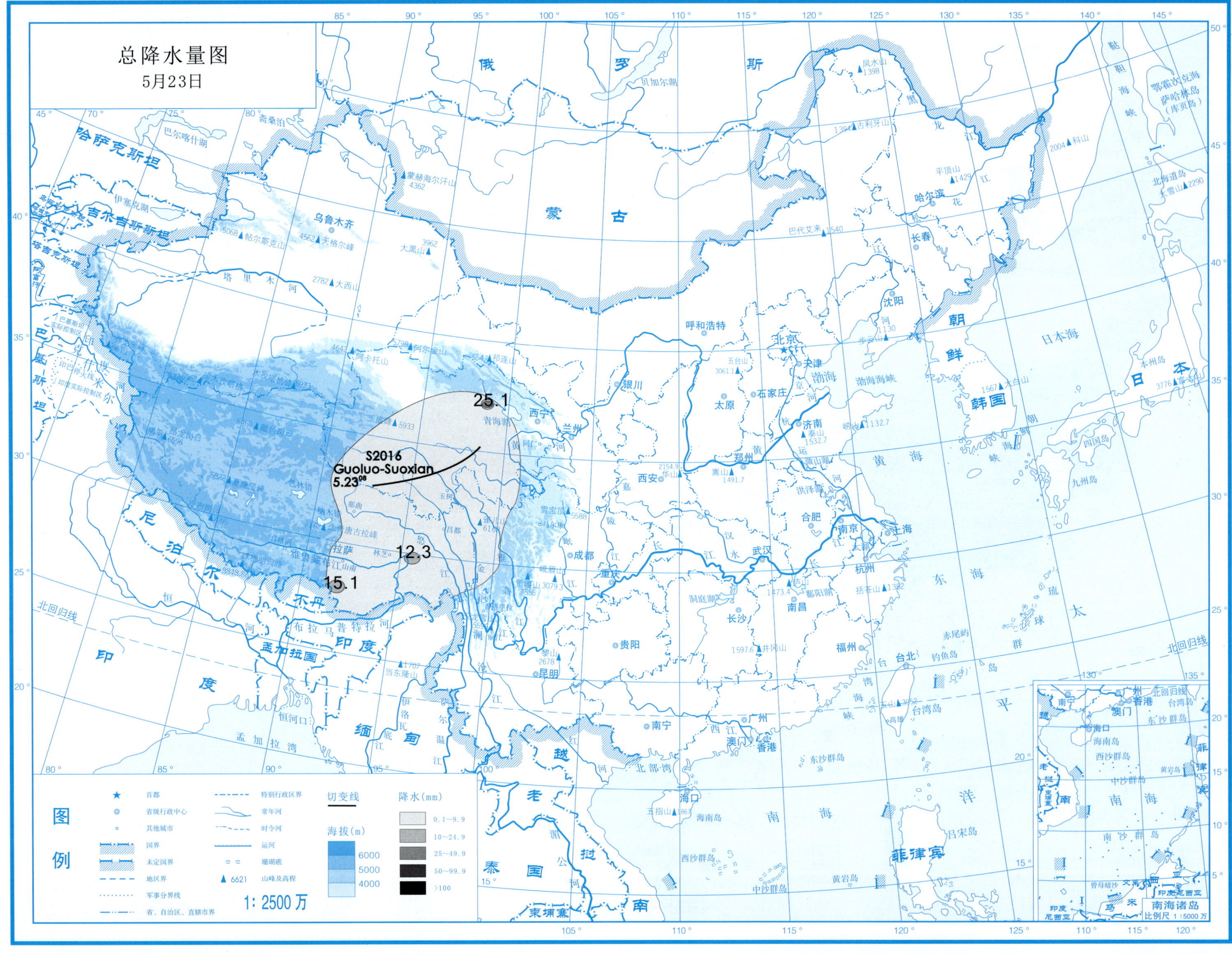
总降水量图
5月23日
25.1
S2016
Guoluo-Suoxian
5.23[08]
12.3
15.1
图例
首都
省级行政中心
其他城市
国界
未定国界
地区界
军事分界线
省、自治区、直辖市界
特别行政区界
常年河
时令河
运河
珊瑚礁
6621 山峰及高程
1:2500万
切变线
海拔(m)
6000
5000
4000
降水(mm)
0.1~9.9
10~24.9
25~49.9
50~99.9
>100
南海诸岛
比例尺 1:5000万

总降水日数图

5月23日

图例

符号	说明	符号	说明
★	首都		特别行政区界
◎	省级行政中心		常年河
○	其他城市		时令河
	国界		运河
	未定国界		珊瑚礁
	地区界	▲ 6621	山峰及高程
	军事分界线		
	省、自治区、直辖市界		

海拔(m)：6000　5000　4000

降水日数：1天　2~3天　4天以上

1: 2500万

南海诸岛 比例尺 1:5000万

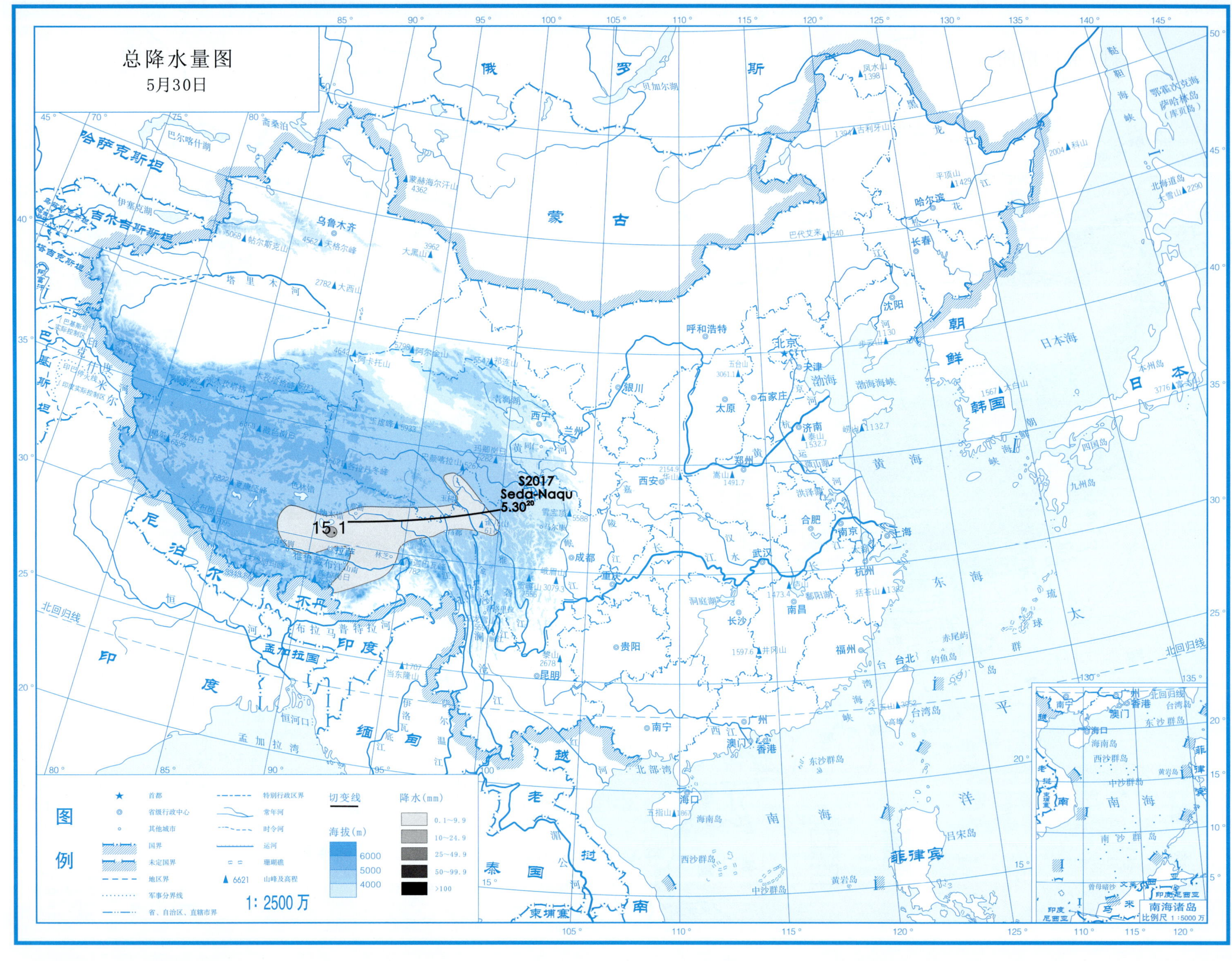
总降水量图
5月30日
S2017
Seda-Naqu
5.30^{20}
15.1
图例
首都
省级行政中心
其他城市
国界
未定国界
地区界
军事分界线
省、自治区、直辖市界
特别行政区界
常年河
时令河
运河
珊瑚礁
6621 山峰及高程
切变线
海拔(m)
6000
5000
4000
降水(mm)
0.1～9.9
10～24.9
25～49.9
50～99.9
>100
1:2500万
南海诸岛
比例尺 1:5000万

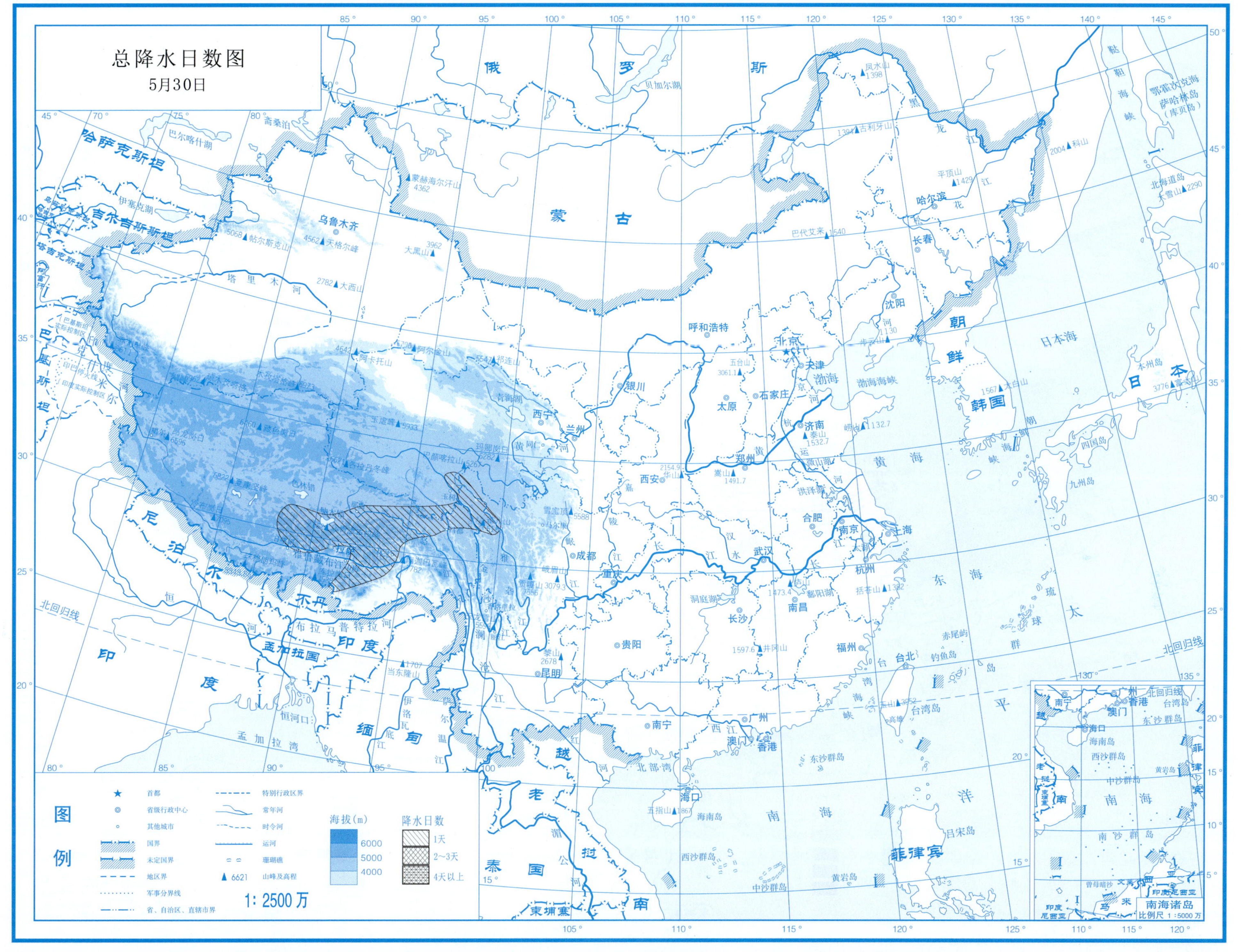

总降水日数图
5月30日
图例
首都
省级行政中心
其他城市
国界
未定国界
地区界
军事分界线
省、自治区、直辖市界
特别行政区界
常年河
时令河
运河
珊瑚礁
6621 山峰及高程
海拔(m)
6000
5000
4000
降水日数
1天
2~3天
4天以上
1:2500万
南海诸岛
比例尺 1:5000万

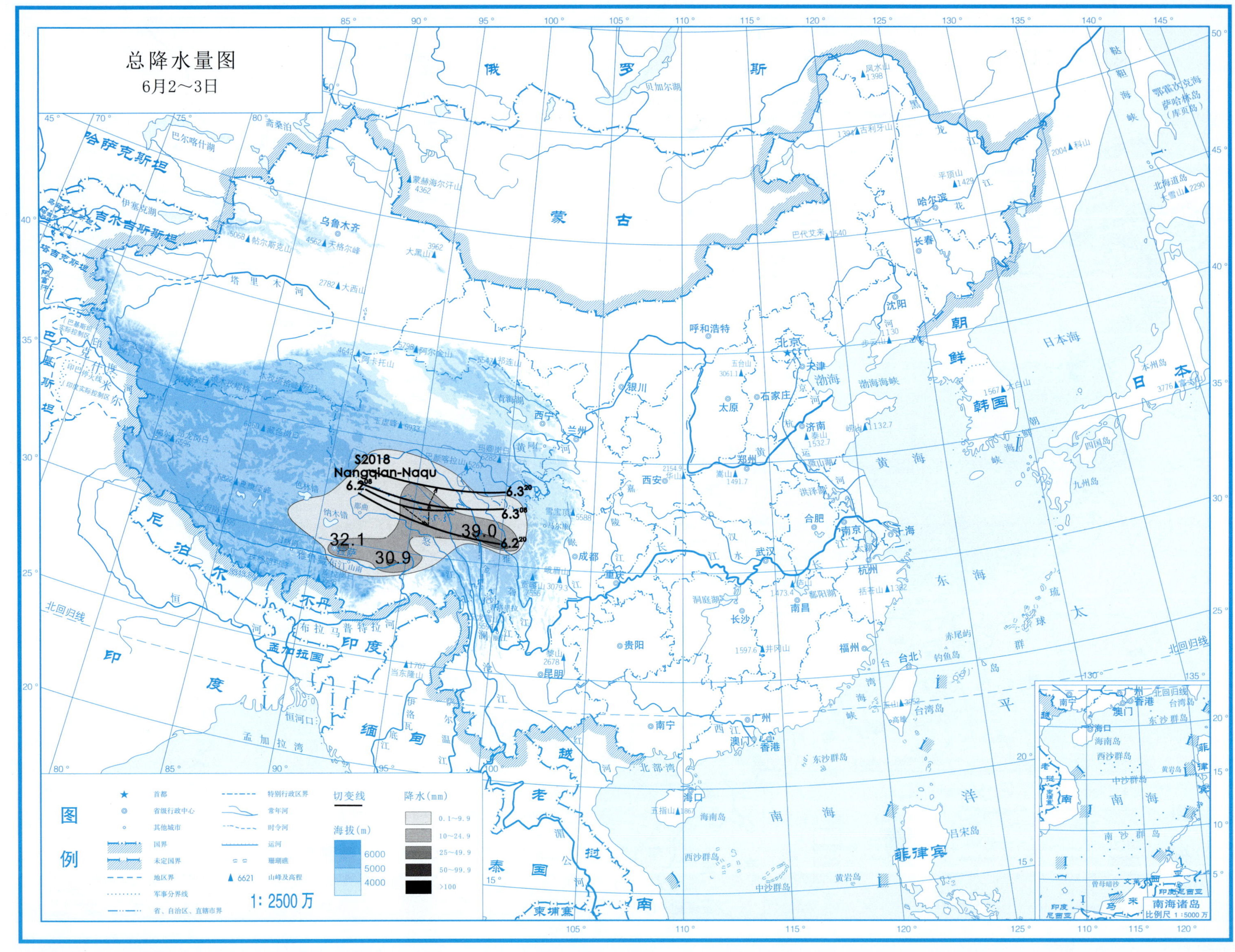
总降水量图
6月2～3日
S2018
Nangqian-Naqu
6.2[08]
6.3[20]
6.3[08]
6.2[20]
32.1
30.9
39.0
图例
首都
省级行政中心
其他城市
国界
未定国界
地区界
军事分界线
省、自治区、直辖市界
特别行政区界
常年河
时令河
运河
珊瑚礁
6621 山峰及高程
切变线
海拔(m)
6000
5000
4000
1: 2500万
降水(mm)
0.1～9.9
10～24.9
25～49.9
50～99.9
>100
南海诸岛
比例尺 1:5000万

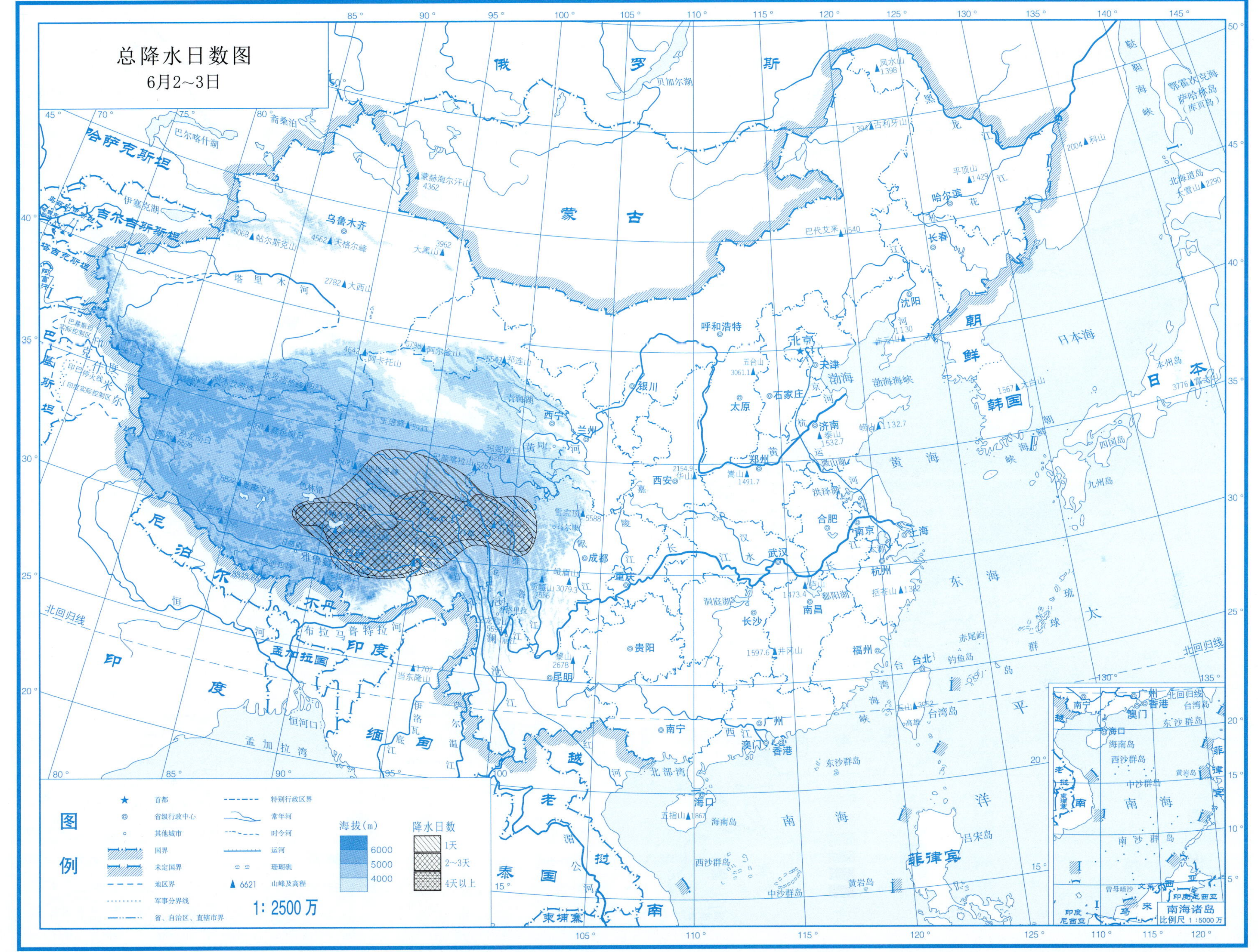
总降水日数图
6月2~3日
图例
首都
省级行政中心
其他城市
国界
未定国界
地区界
军事分界线
省、自治区、直辖市界
特别行政区界
常年河
时令河
运河
珊瑚礁
6621 山峰及高程
海拔(m)
6000
5000
4000
降水日数
1天
2~3天
4天以上
1: 2500 万
俄
罗
斯
蒙
古
哈萨克斯坦
吉尔吉斯斯坦
塔吉克斯坦
阿富汗
巴基斯坦
印度
尼泊尔
不丹
孟加拉国
缅甸
老挝
泰国
越南
柬埔寨
朝鲜
韩国
日本
菲律宾
贝加尔湖
巴尔喀什湖
斋桑泊
伊塞克湖
乌鲁木齐
呼和浩特
北京
天津
石家庄
太原
银川
西宁
兰州
济南
郑州
西安
合肥
南京
上海
杭州
武汉
成都
重庆
长沙
南昌
福州
台北
贵阳
昆明
南宁
广州
澳门
香港
海口
哈尔滨
长春
沈阳
塔里木河
黄河
长江
汉水
渤海
黄海
东海
日本海
南海
太平洋
北回归线
南海诸岛
比例尺 1：5000 万

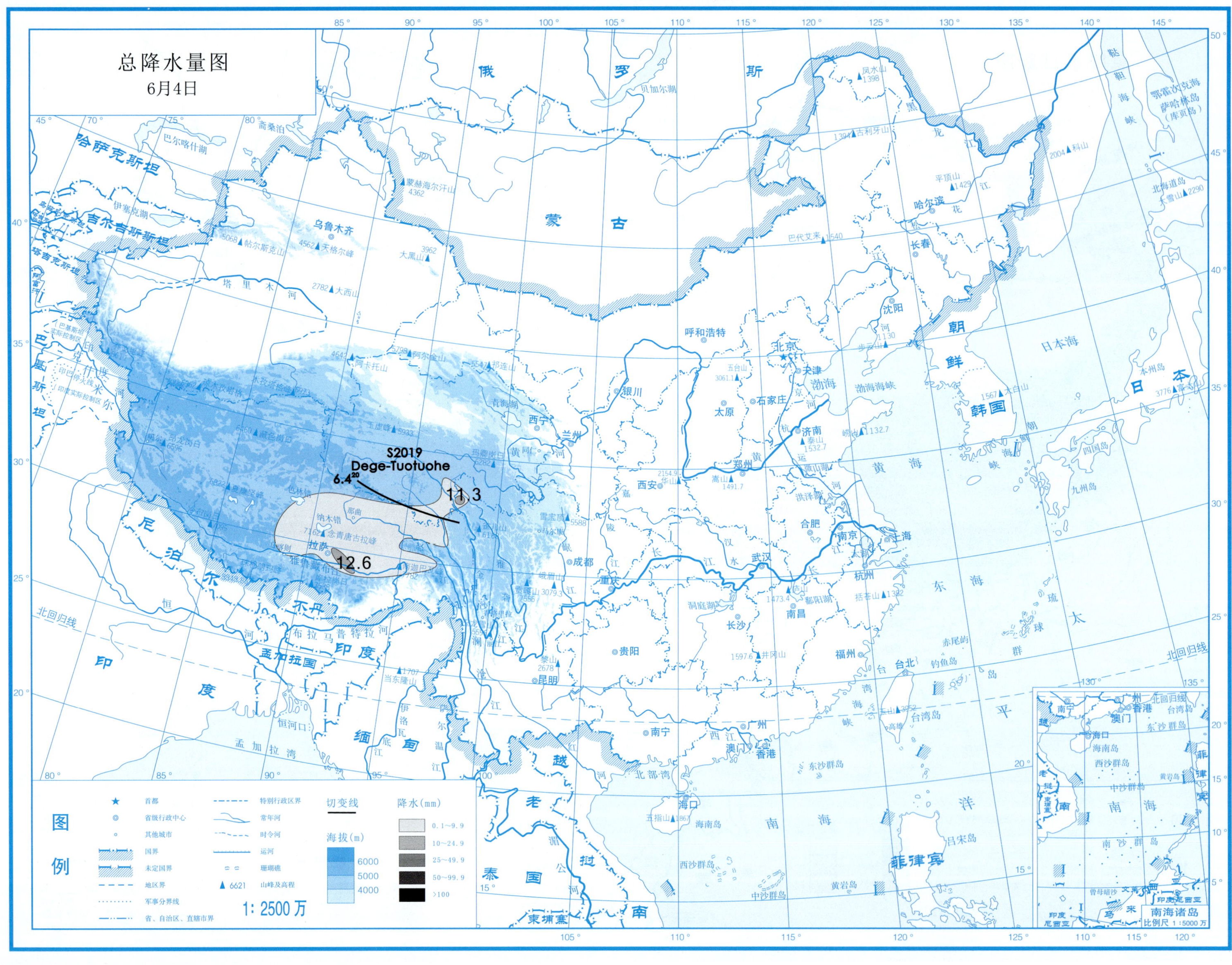
总降水量图
6月4日
S2019
Dege-Tuotuohe
6.4[20]
11.3
12.6
图例
首都
省级行政中心
其他城市
国界
未定国界
地区界
军事分界线
省、自治区、直辖市界
特别行政区界
常年河
时令河
运河
珊瑚礁
6621 山峰及高程
1: 2500 万
切变线
海拔(m)
6000
5000
4000
降水(mm)
0.1～9.9
10～24.9
25～49.9
50～99.9
>100
南海诸岛
比例尺 1:5000 万

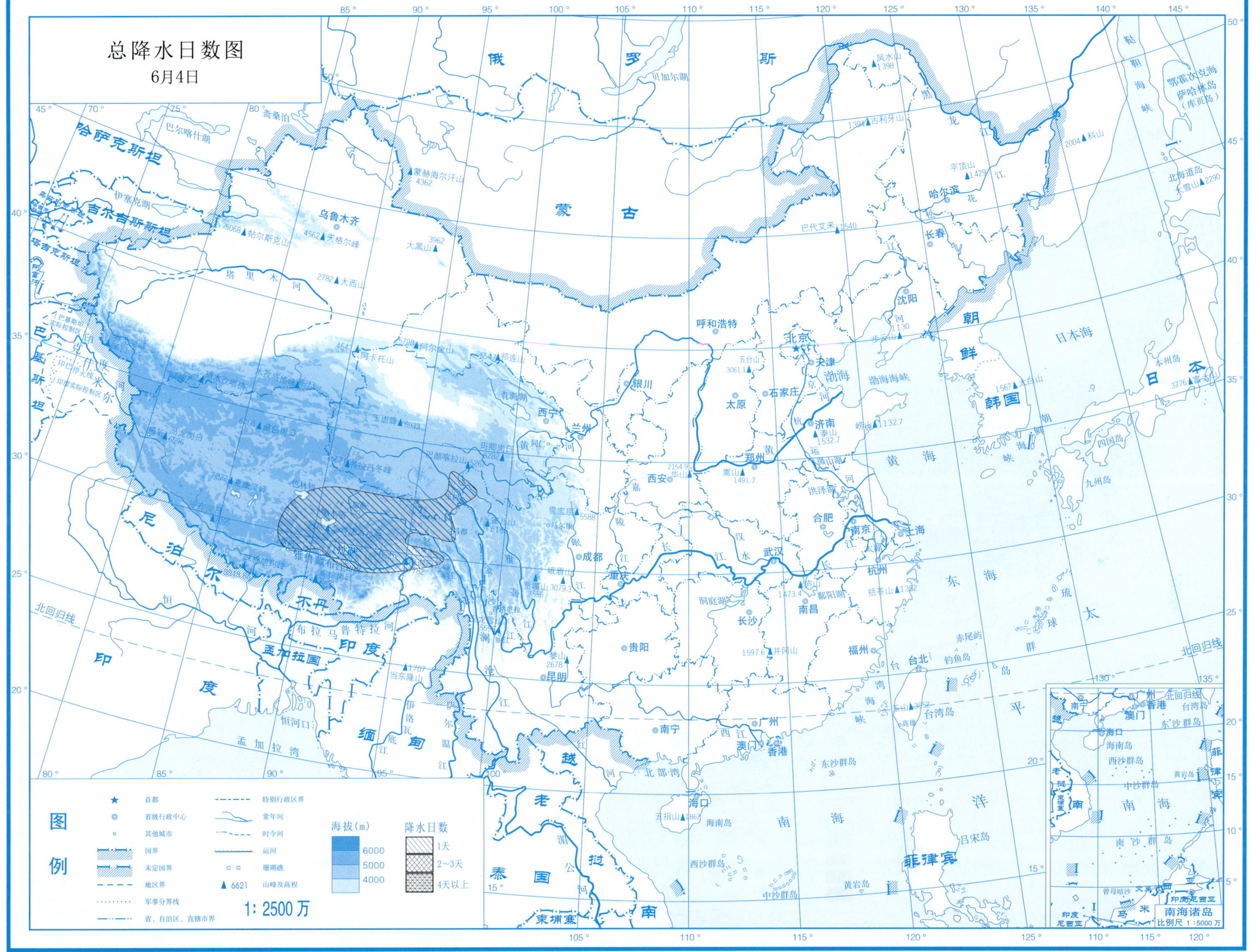
总降水日数图
6月4日
图例
首都
省级行政中心
其他城市
国界
未定国界
地区界
军事分界线
省、自治区、直辖市界
特别行政区界
常年河
时令河
运河
珊瑚礁
6621 山峰及高程
海拔(m)
6000
5000
4000
降水日数
1天
2~3天
4天以上
1:2500万
南海诸岛
比例尺 1:5000万

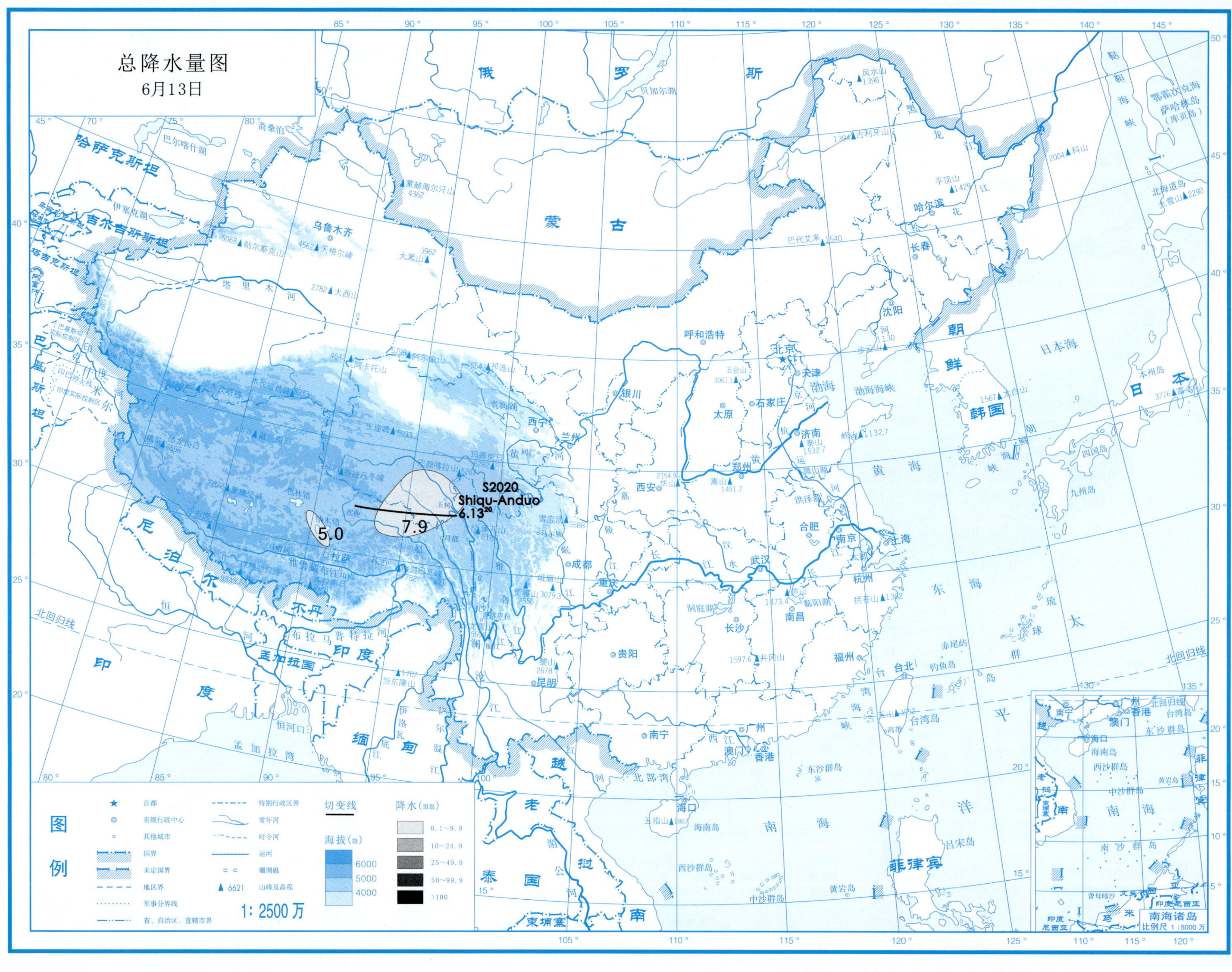
总降水量图
6月13日
S2020
Shiqu-Anduo
6.13[20]
7.9
5.0
图例
切变线
降水(mm)
0.1~9.9
10~24.9
25~49.9
50~99.9
>100
海拔(m)
6000
5000
4000
1: 2500万
南海诸岛
比例尺 1:5000万

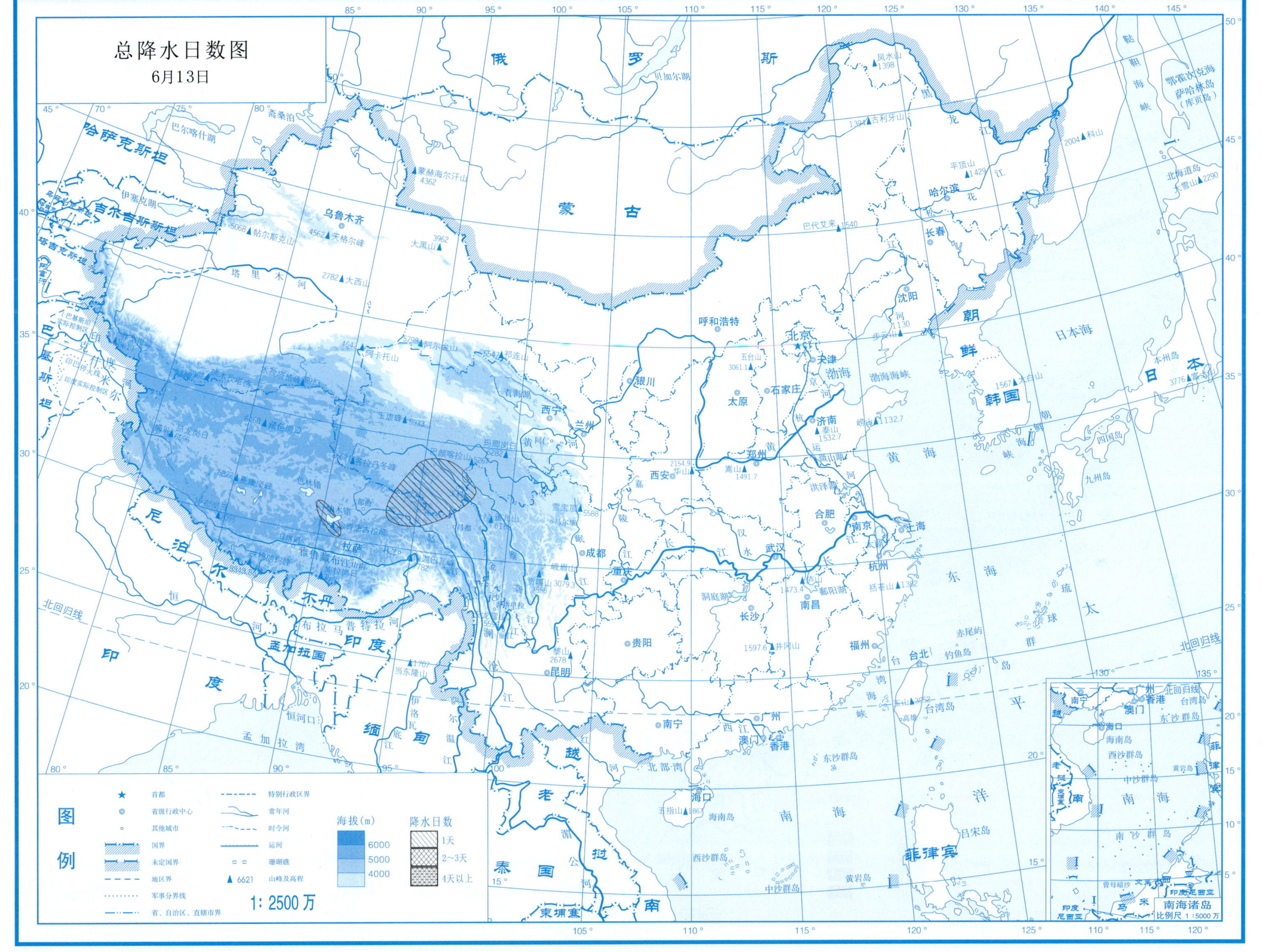

Page...289

高原切变线 第2部分

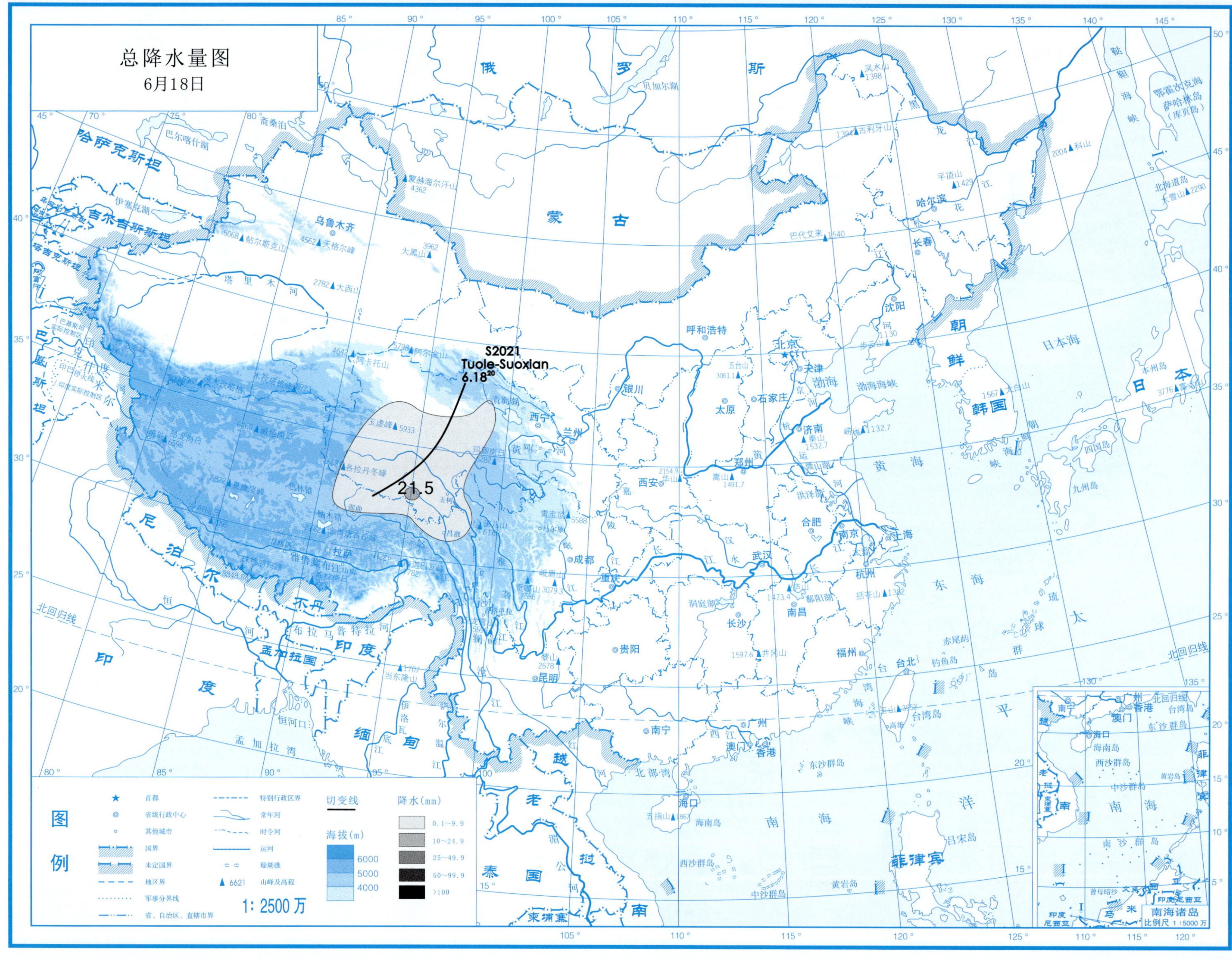
总降水量图
6月18日
S2021
Tuole-Suoxian
6.18[20]
21.5
图例
首都
省级行政中心
其他城市
国界
未定国界
地区界
军事分界线
省、自治区、直辖市界
特别行政区界
常年河
时令河
运河
珊瑚礁
6621 山峰及高程
1:2500万
切变线
海拔(m)
6000
5000
4000
降水(mm)
0.1~9.9
10~24.9
25~49.9
50~99.9
>100
南海诸岛
比例尺 1:5000万

总降水日数图

6月18日

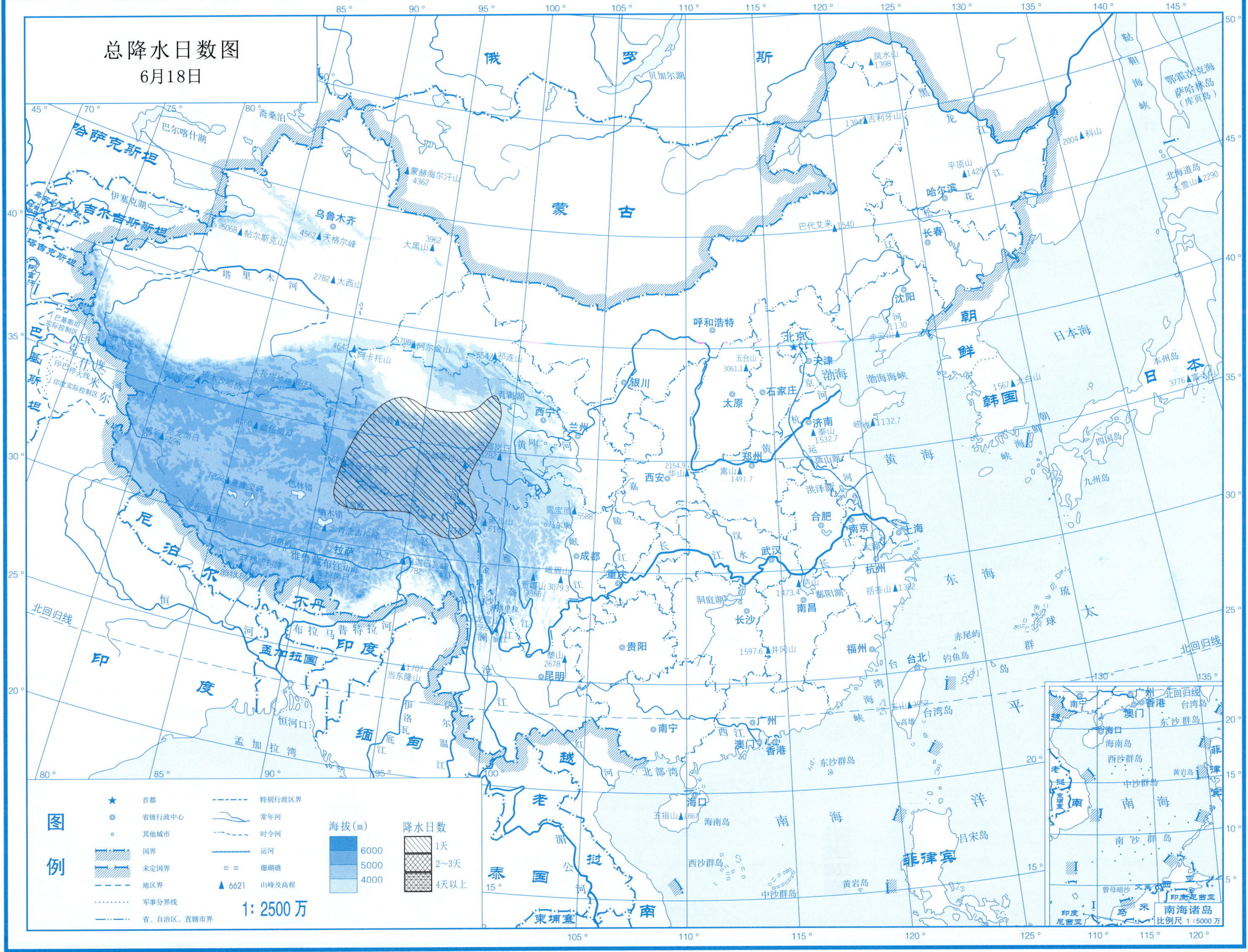

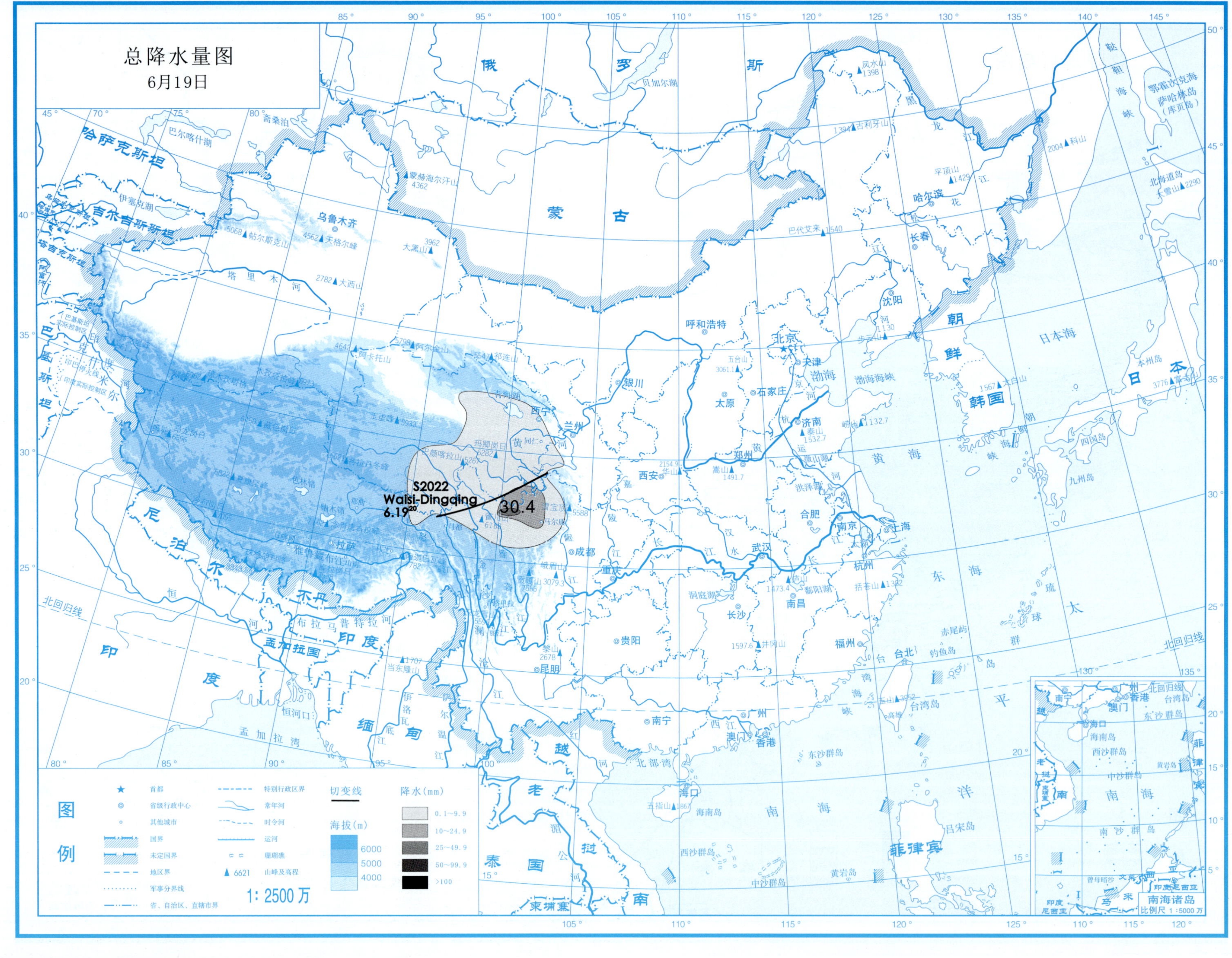
总降水量图
6月19日
S2022
Waisi-Dingqing
6.19 20
30.4
图例
首都
省级行政中心
其他城市
国界
未定国界
地区界
军事分界线
省、自治区、直辖市界
特别行政区界
常年河
时令河
运河
珊瑚礁
6621 山峰及高程
切变线
海拔(m)
6000
5000
4000
降水(mm)
0.1~9.9
10~24.9
25~49.9
50~99.9
>100
1:2500万
南海诸岛
比例尺 1:5000万

总降水日数图

6月19日

图例

符号	说明
★	首都
◎	省级行政中心
○	其他城市
	国界
	未定国界
	地区界
	军事分界线
	省、自治区、直辖市界
	特别行政区界
	常年河
	时令河
	运河
	珊瑚礁
▲ 6621	山峰及高程

海拔(m)：6000、5000、4000

降水日数：1天、2~3天、4天以上

1:2500万

南海诸岛
比例尺 1:5000万

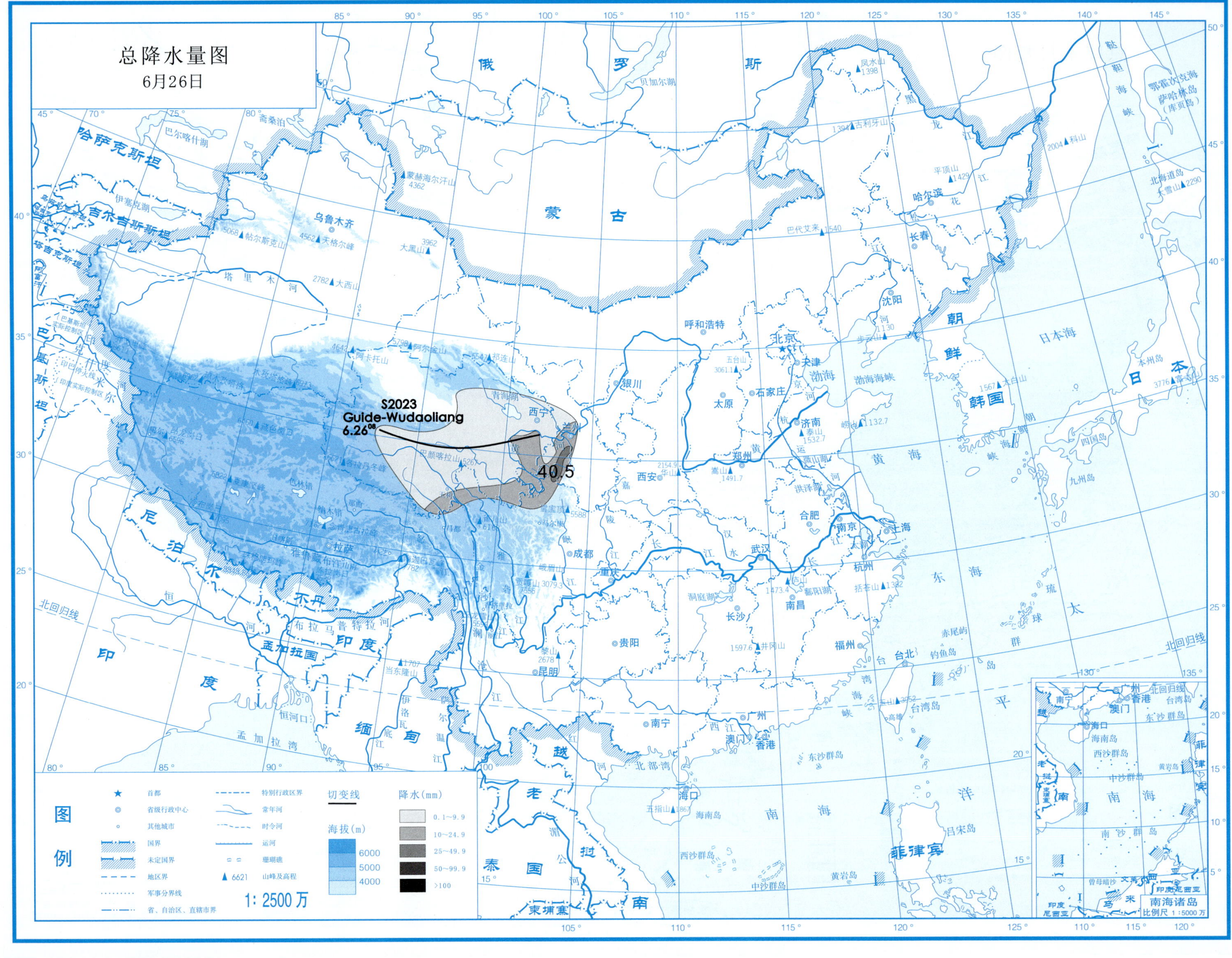
总降水量图
6月26日
S2023
Guide-Wudaoliang
6.26 08
40.5
图例
首都
省级行政中心
其他城市
国界
未定国界
地区界
军事分界线
省、自治区、直辖市界
特别行政区界
常年河
时令河
运河
珊瑚礁
6621 山峰及高程
切变线
海拔(m)
6000
5000
4000
1: 2500 万
降水(mm)
0.1~9.9
10~24.9
25~49.9
50~99.9
>100
南海诸岛
比例尺 1:5000 万

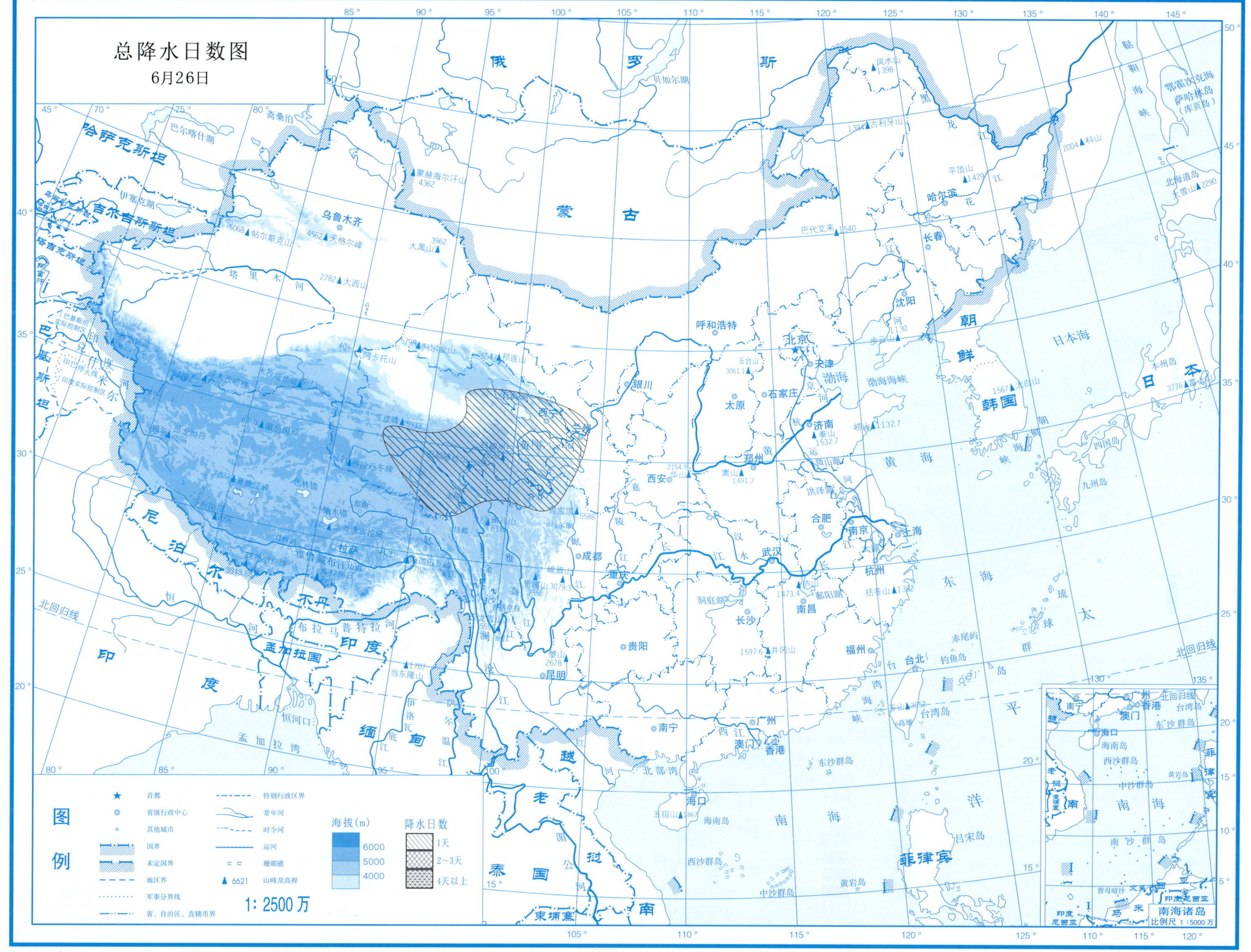
总降水日数图
6月26日
图例
首都
省级行政中心
其他城市
国界
未定国界
地区界
军事分界线
省、自治区、直辖市界
特别行政区界
常年河
时令河
运河
珊瑚礁
6621 山峰及高程
海拔(m)
6000
5000
4000
降水日数
1天
2~3天
4天以上
1: 2500 万
南海诸岛
比例尺 1:5000 万

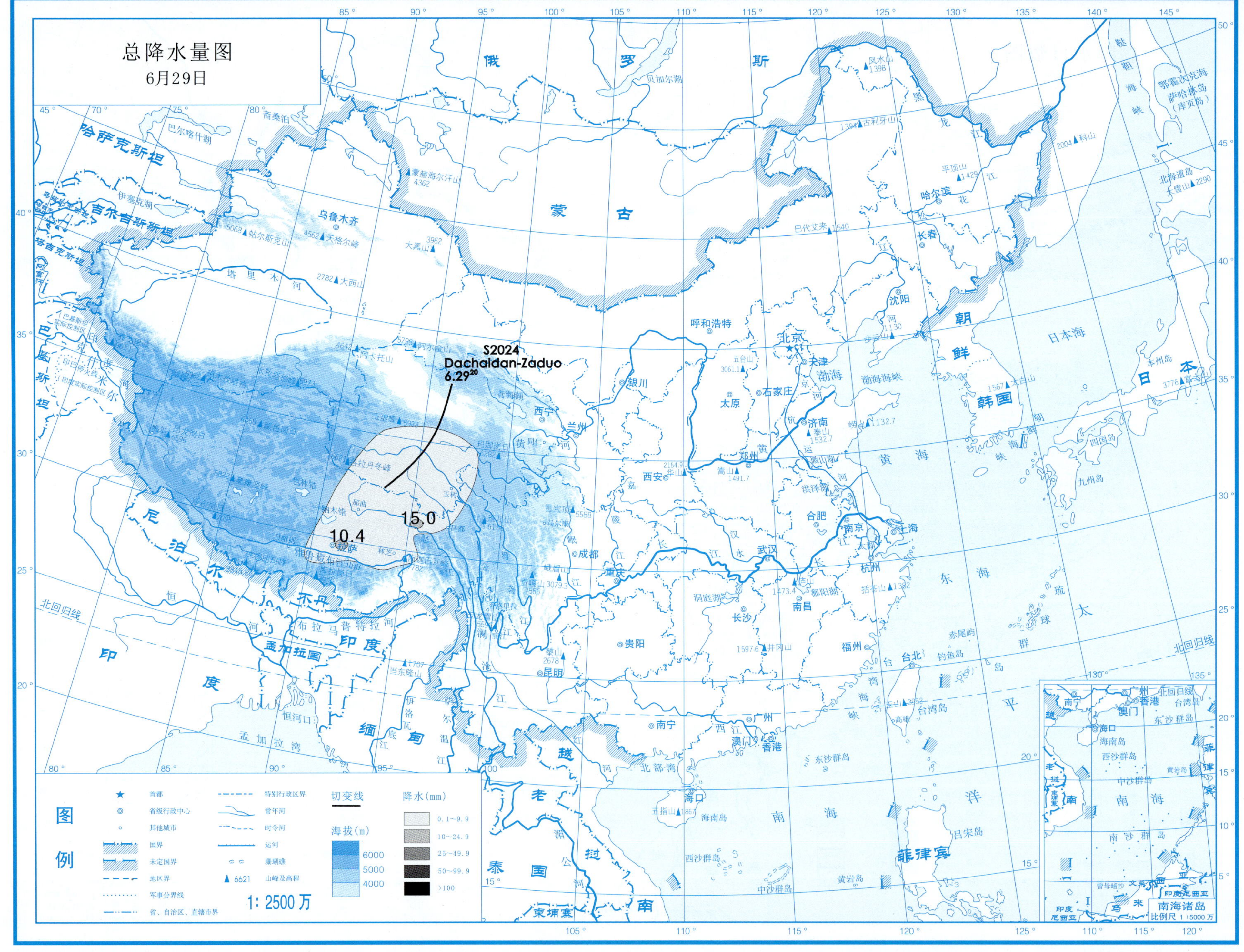
总降水量图
6月29日
S2024
Dachaidan-Zaduo
6.29[20]
15.0
10.4
图例
首都
省级行政中心
其他城市
国界
未定国界
地区界
军事分界线
省、自治区、直辖市界
特别行政区界
常年河
时令河
运河
珊瑚礁
山峰及高程
切变线
海拔(m)
6000
5000
4000
降水(mm)
0.1~9.9
10~24.9
25~49.9
50~99.9
>100
1: 2500 万
南海诸岛
比例尺 1:5000 万

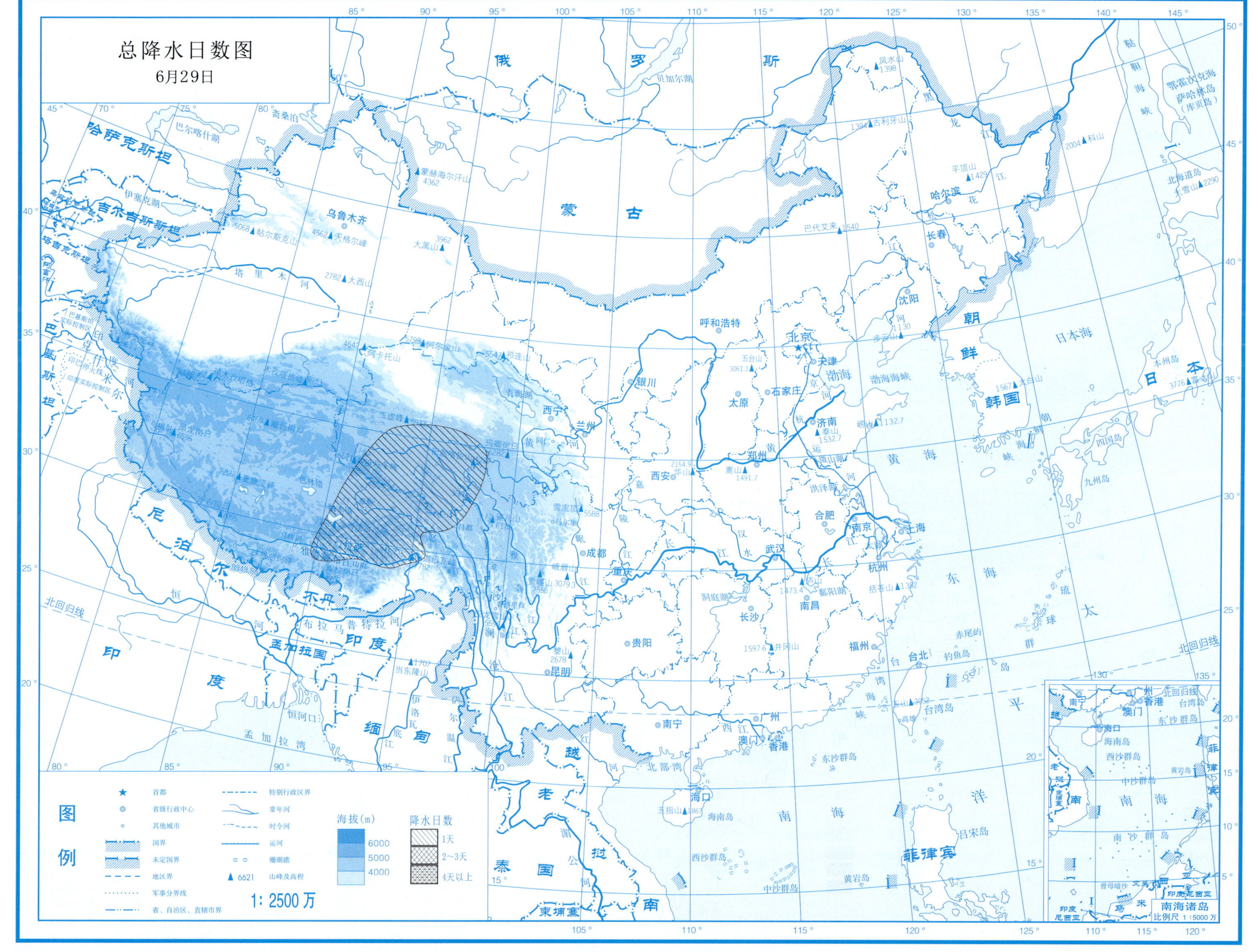
总降水日数图
6月29日
图例
首都
省级行政中心
其他城市
国界
未定国界
地区界
军事分界线
省、自治区、直辖市界
特别行政区界
常年河
时令河
运河
珊瑚礁
6621 山峰及高程
海拔(m)
6000
5000
4000
降水日数
1天
2~3天
4天以上
1: 2500万
南海诸岛
比例尺 1:5000万

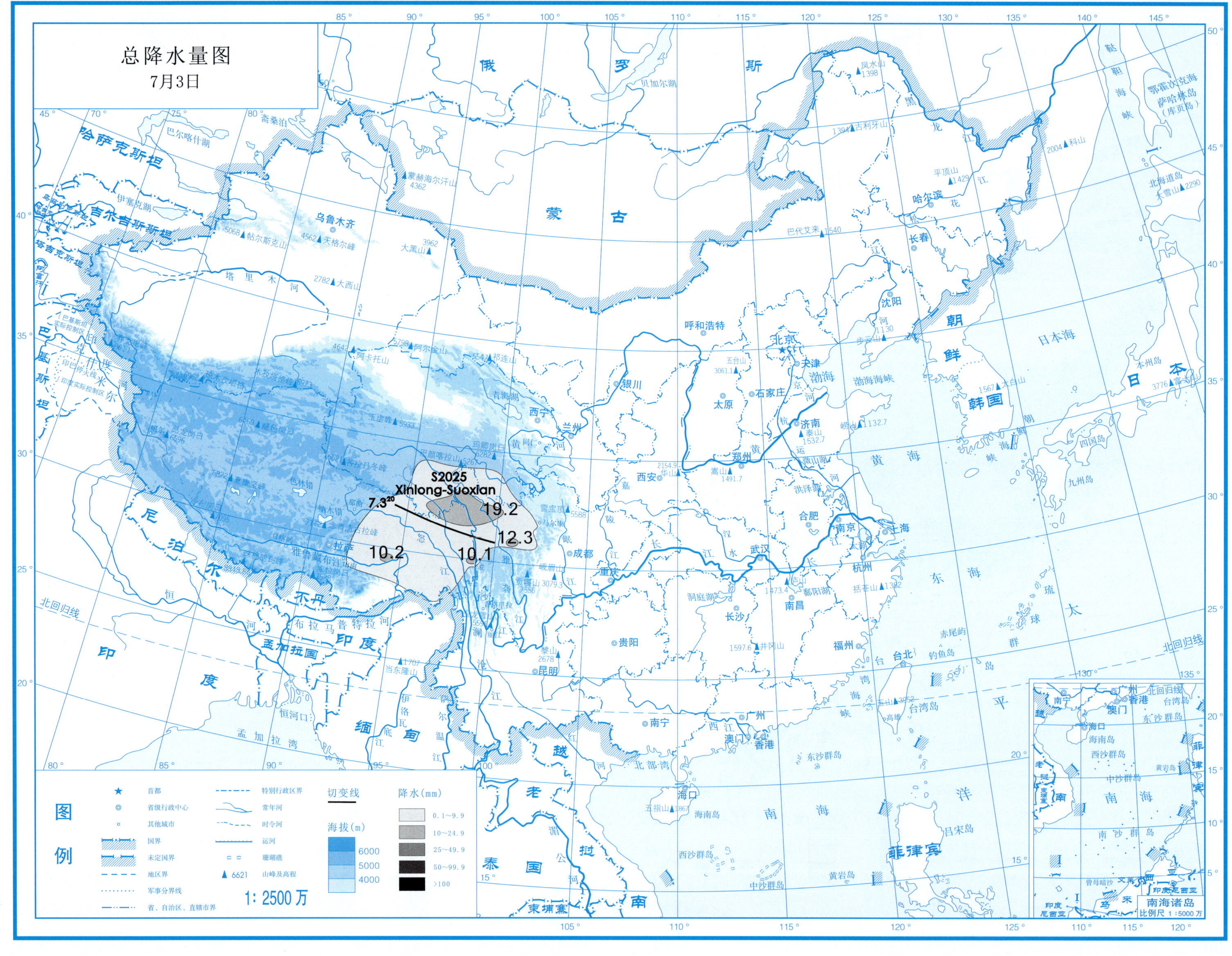
总降水量图
7月3日
S2025
Xinlong-Suoxian
7.3[20]
19.2
12.3
10.2
10.1
图例
首都
省级行政中心
其他城市
国界
未定国界
地区界
军事分界线
省、自治区、直辖市界
特别行政区界
常年河
时令河
运河
珊瑚礁
6621 山峰及高程
切变线
海拔(m)
6000
5000
4000
降水(mm)
0.1~9.9
10~24.9
25~49.9
50~99.9
>100
1: 2500 万
南海诸岛
比例尺 1:5000 万

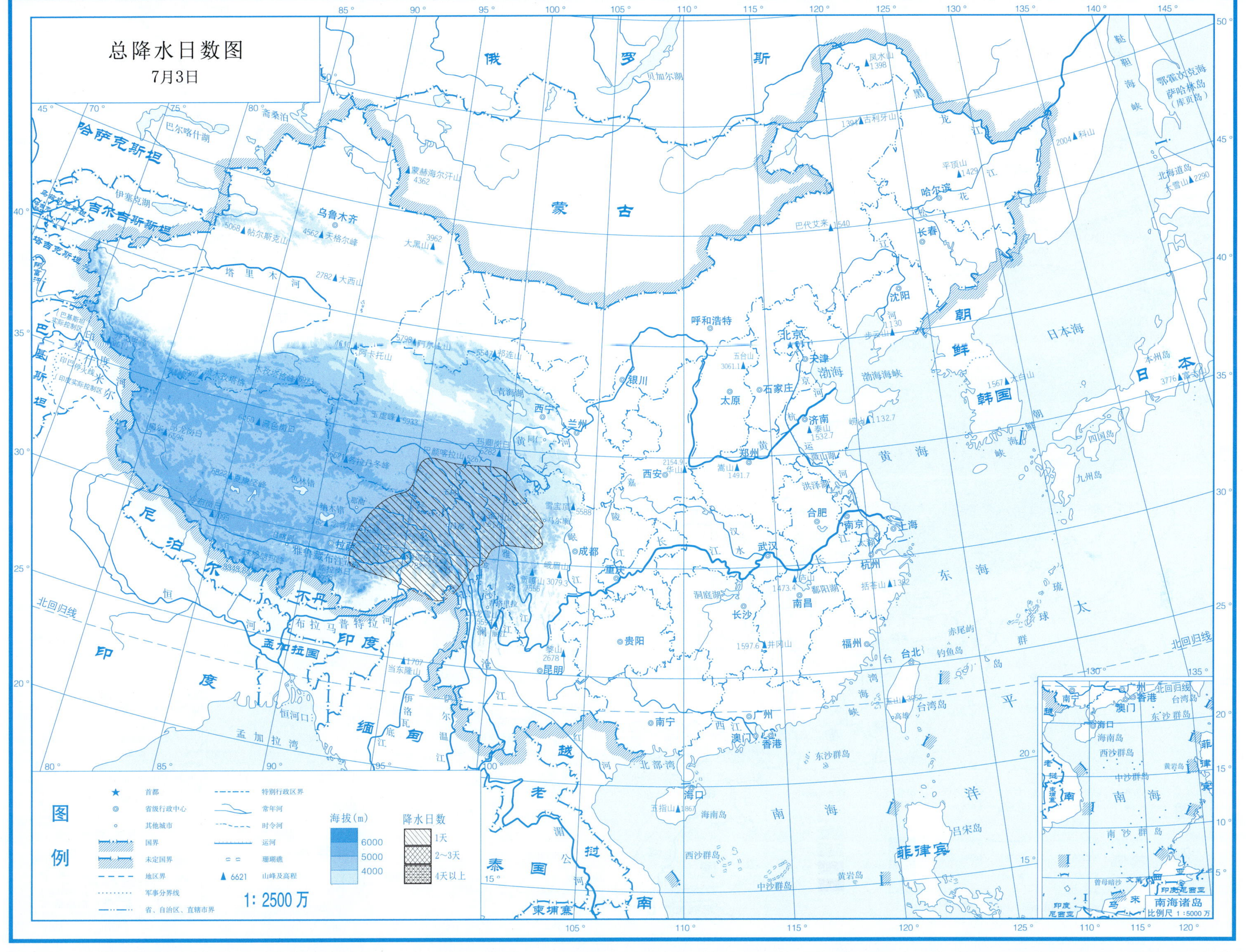
总降水日数图
7月3日
图例
首都
省级行政中心
其他城市
国界
未定国界
地区界
军事分界线
省、自治区、直辖市界
特别行政区界
常年河
时令河
运河
珊瑚礁
山峰及高程
1: 2500 万
海拔(m)
6000
5000
4000
降水日数
1天
2~3天
4天以上
南海诸岛
比例尺 1:5000 万

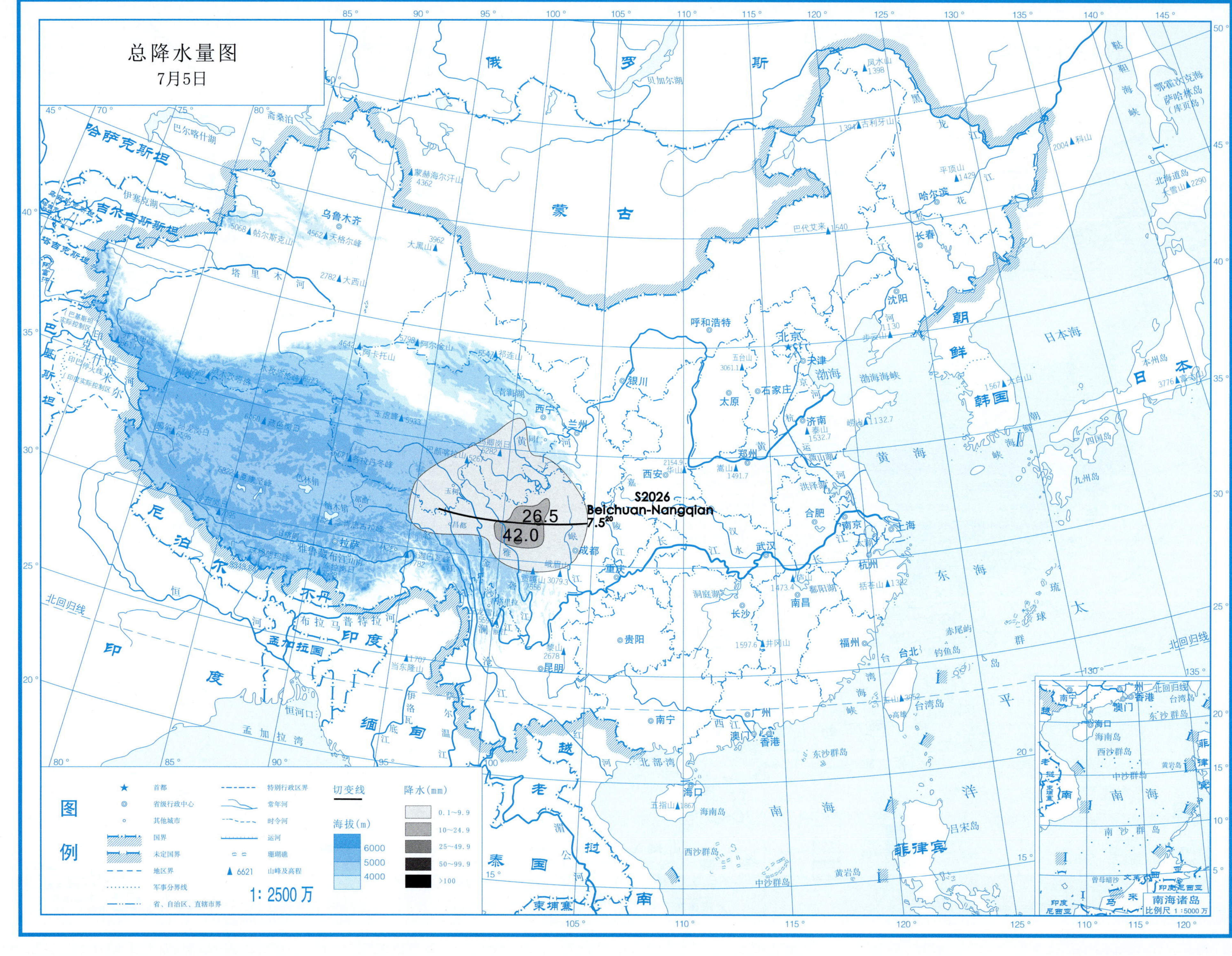
总降水量图
7月5日
S2026
Beichuan-Nangqian
7.5[20]
26.5
42.0
图例
首都
省级行政中心
其他城市
国界
未定国界
地区界
军事分界线
省、自治区、直辖市界
特别行政区界
常年河
时令河
运河
珊瑚礁
山峰及高程
切变线
海拔(m)
6000
5000
4000
降水(mm)
0.1~9.9
10~24.9
25~49.9
50~99.9
>100
1: 2500万
南海诸岛
比例尺 1:5000万

总降水日数图

7月5日

图例

符号	说明
★	首都
◎	省级行政中心
∘	其他城市
	国界
	未定国界
	地区界
	军事分界线
	省、自治区、直辖市界
	特别行政区界
	常年河
	时令河
	运河
	珊瑚礁
▲ 6621	山峰及高程

海拔(m)：6000、5000、4000

降水日数：1天、2~3天、4天以上

1: 2500万

南海诸岛 比例尺 1:5000万

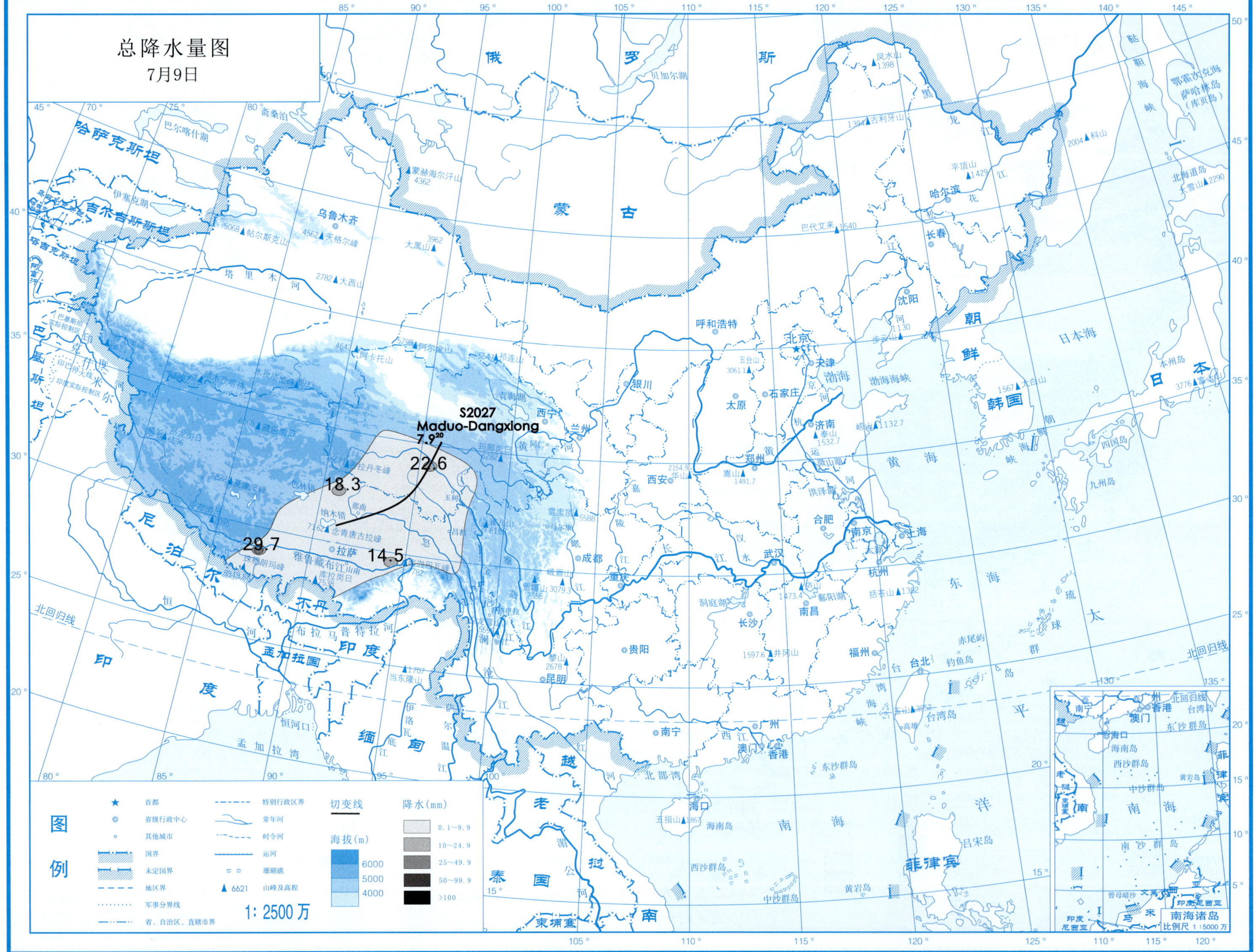
总降水量图
7月9日
S2027
Maduo-Dangxiong
7.9[20]
22.6
18.3
29.7
14.5
图例
首都
省级行政中心
其他城市
国界
未定国界
地区界
军事分界线
省、自治区、直辖市界
特别行政区界
常年河
时令河
运河
珊瑚礁
6621 山峰及高程
1：2500万
切变线
海拔(m)
6000
5000
4000
降水(mm)
0.1～9.9
10～24.9
25～49.9
50～99.9
>100
南海诸岛
比例尺 1：5000万

总降水日数图

7月9日

图例

- ★ 首都
- ◎ 省级行政中心
- ○ 其他城市
- 国界
- 未定国界
- 地区界
- 军事分界线
- 省、自治区、直辖市界
- 特别行政区界
- 常年河
- 时令河
- 运河
- 珊瑚礁
- ▲ 6621 山峰及高程

海拔(m)

- 6000
- 5000
- 4000

降水日数

- 1天
- 2~3天
- 4天以上

1:2500万

南海诸岛 比例尺 1:5000万

第2部分 高原切变线

Page...268

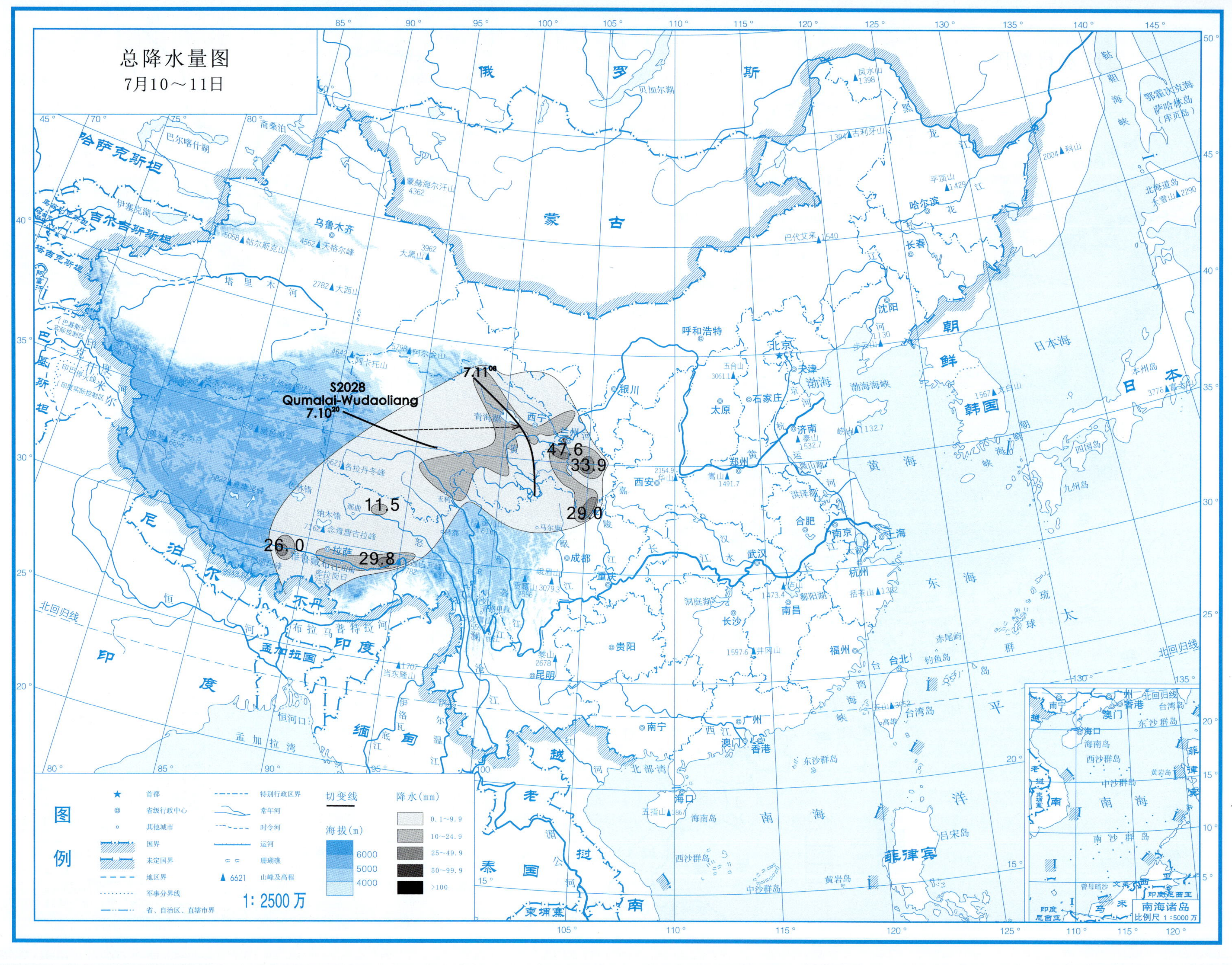
总降水量图
7月10～11日
S2028
Qumalai-Wudaoliang
7.10[20]
7.11[08]
47.6
33.9
29.0
11.5
26.0
29.8
图例
首都
省级行政中心
其他城市
国界
未定国界
地区界
军事分界线
省、自治区、直辖市界
特别行政区界
常年河
时令河
运河
珊瑚礁
6621 山峰及高程
1:2500万
切变线
海拔(m)
6000
5000
4000
降水(mm)
0.1～9.9
10～24.9
25～49.9
50～99.9
>100
南海诸岛
比例尺 1:5000万

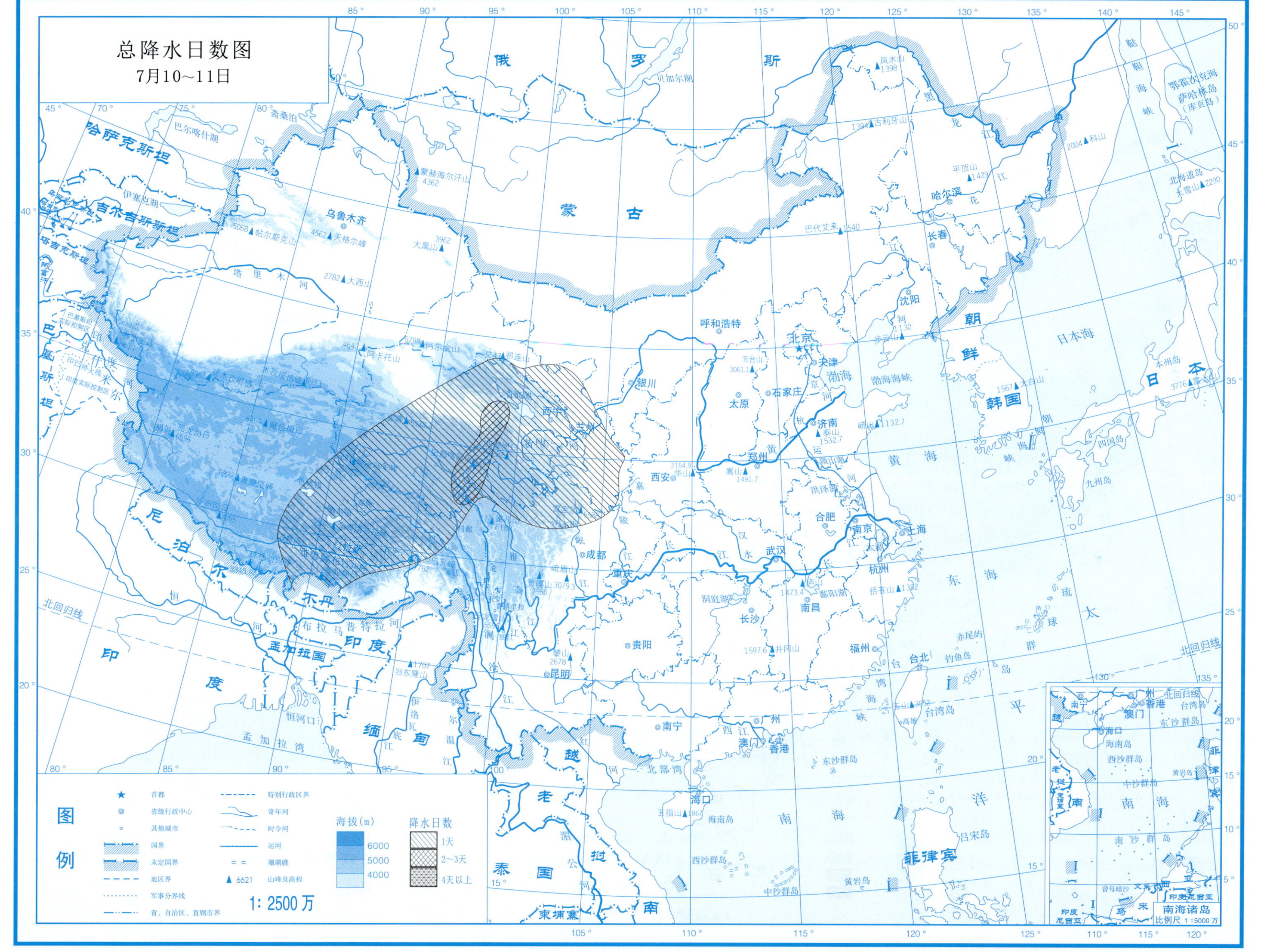
总降水日数图
7月10~11日
图例
首都
省级行政中心
其他城市
国界
未定国界
地区界
军事分界线
省、自治区、直辖市界
特别行政区界
常年河
时令河
运河
珊瑚礁
6621 山峰及高程
海拔(m)
6000
5000
4000
降水日数
1天
2~3天
4天以上
1: 2500万
南海诸岛
比例尺 1:5000万

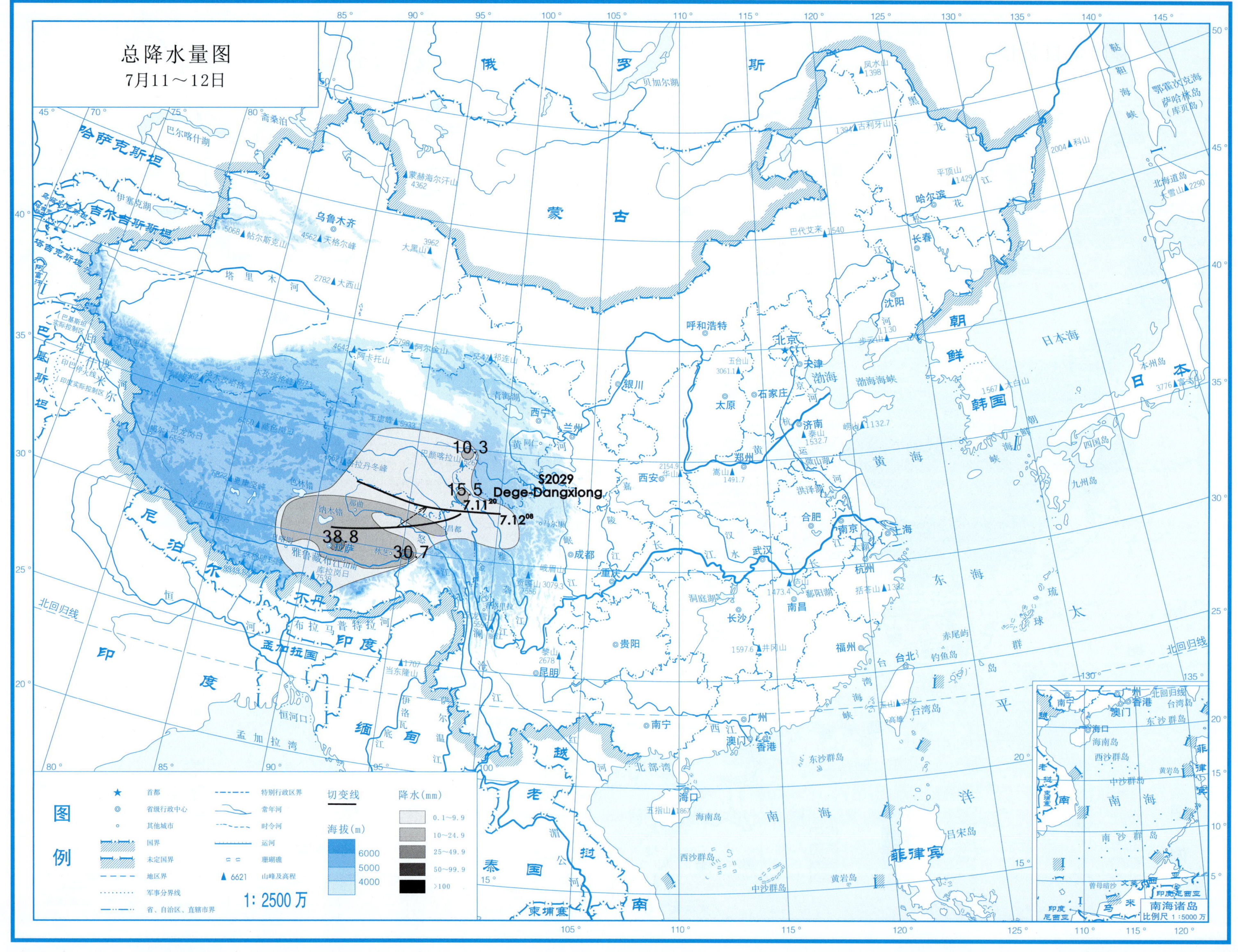
总降水量图
7月11～12日
10.3
15.5
S2029
Dege-Dangxiong
7.11^{20}
7.12^{08}
38.8
30.7
图例
切变线
降水(mm)
0.1～9.9
10～24.9
25～49.9
50～99.9
>100
海拔(m)
6000
5000
4000
1: 2500 万

总降水日数图

7月11～12日

图例

- ★ 首都
- ◎ 省级行政中心
- ∘ 其他城市
- 国界
- 未定国界
- 地区界
- 军事分界线
- 省、自治区、直辖市界
- 特别行政区界
- 常年河
- 时令河
- 运河
- 珊瑚礁
- ▲ 6621 山峰及高程

海拔(m)

- 6000
- 5000
- 4000

降水日数

- 1天
- 2～3天
- 4天以上

1: 2500 万

南海诸岛

比例尺 1:5000 万

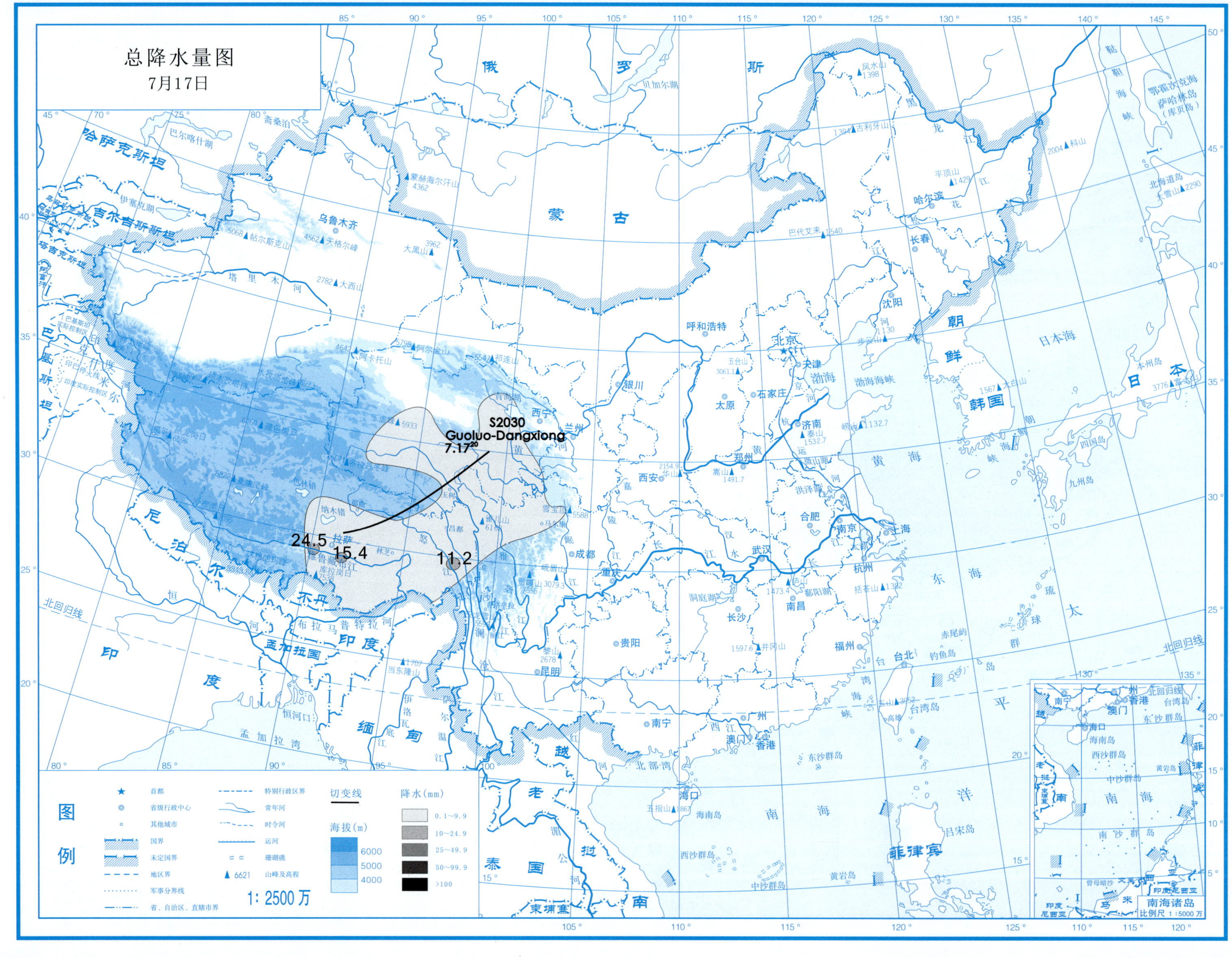

总降水量图
7月17日
S2030
Guoluo-Dangxiong
7.17[20]
24.5
15.4
11.2
图例
首都
省级行政中心
其他城市
国界
未定国界
地区界
军事分界线
省、自治区、直辖市界
特别行政区界
常年河
时令河
运河
珊瑚礁
山峰及高程
切变线
海拔(m)
6000
5000
4000
降水(mm)
0.1~9.9
10~24.9
25~49.9
50~99.9
>100
1: 2500万
南海诸岛
比例尺 1:5000万

总降水日数图

7月17日

图例

★ 首都
◎ 省级行政中心
○ 其他城市
国界
未定国界
地区界
军事分界线
省、自治区、直辖市界
特别行政区界
常年河
时令河
运河
珊瑚礁
▲ 6621 山峰及高程

海拔(m)
6000
5000
4000

降水日数
1天
2~3天
4天以上

1∶2500万

南海诸岛
比例尺 1∶5000万

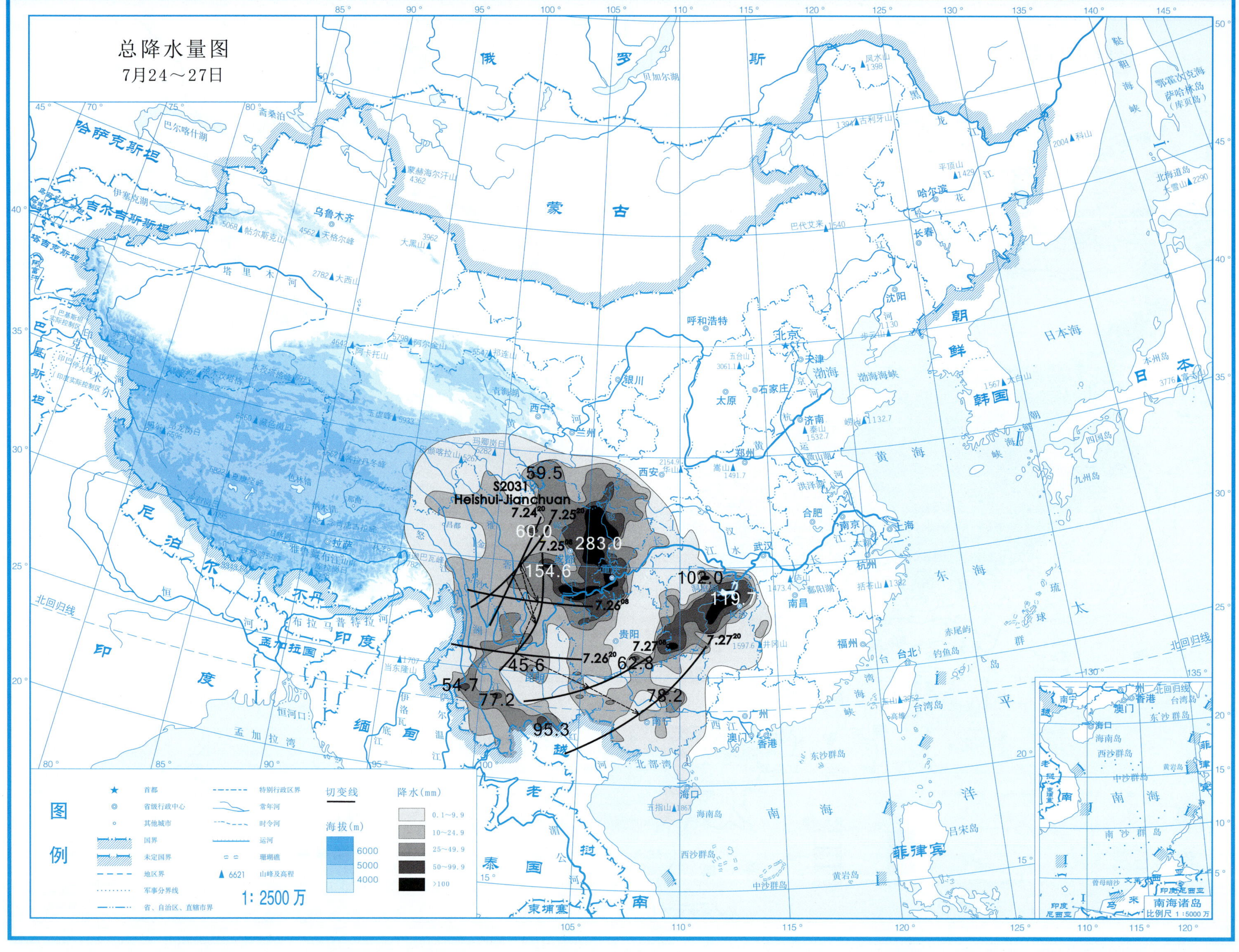
总降水量图
7月24～27日
S2031
Heishui-Jianchuan
59.5
60.0
283.0
154.6
102.0
119.7
45.6
62.8
54.7
77.2
78.2
95.3
图例
切变线
降水(mm)
0.1～9.9
10～24.9
25～49.9
50～99.9
>100
海拔(m)
6000
5000
4000
1：2500万
南海诸岛
比例尺 1：5000万

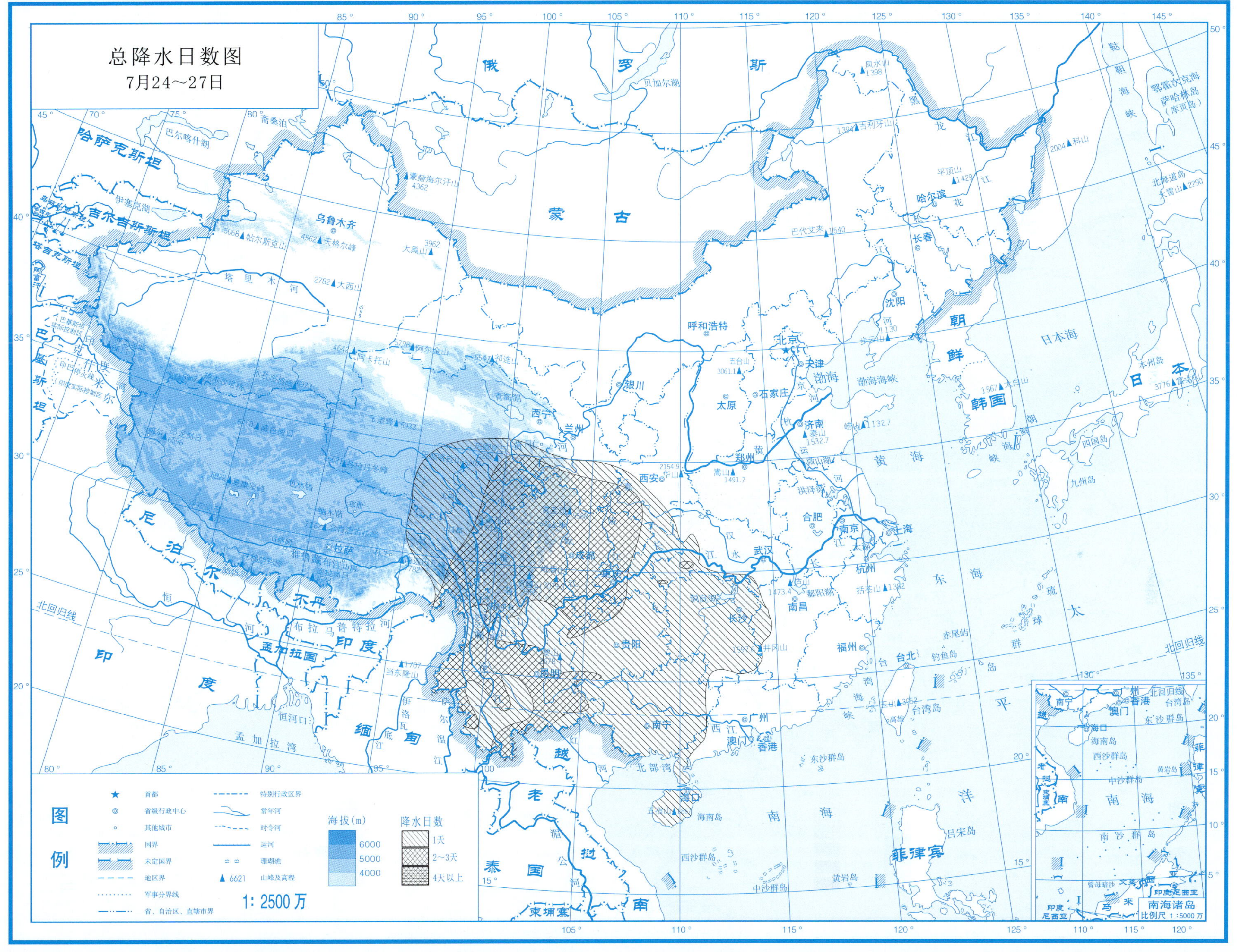

总降水日数图
7月24～27日
图例
首都
省级行政中心
其他城市
国界
未定国界
地区界
军事分界线
省、自治区、直辖市界
特别行政区界
常年河
时令河
运河
珊瑚礁
山峰及高程
海拔(m)
6000
5000
4000
降水日数
1天
2～3天
4天以上
1: 2500万
南海诸岛
比例尺 1:5000万

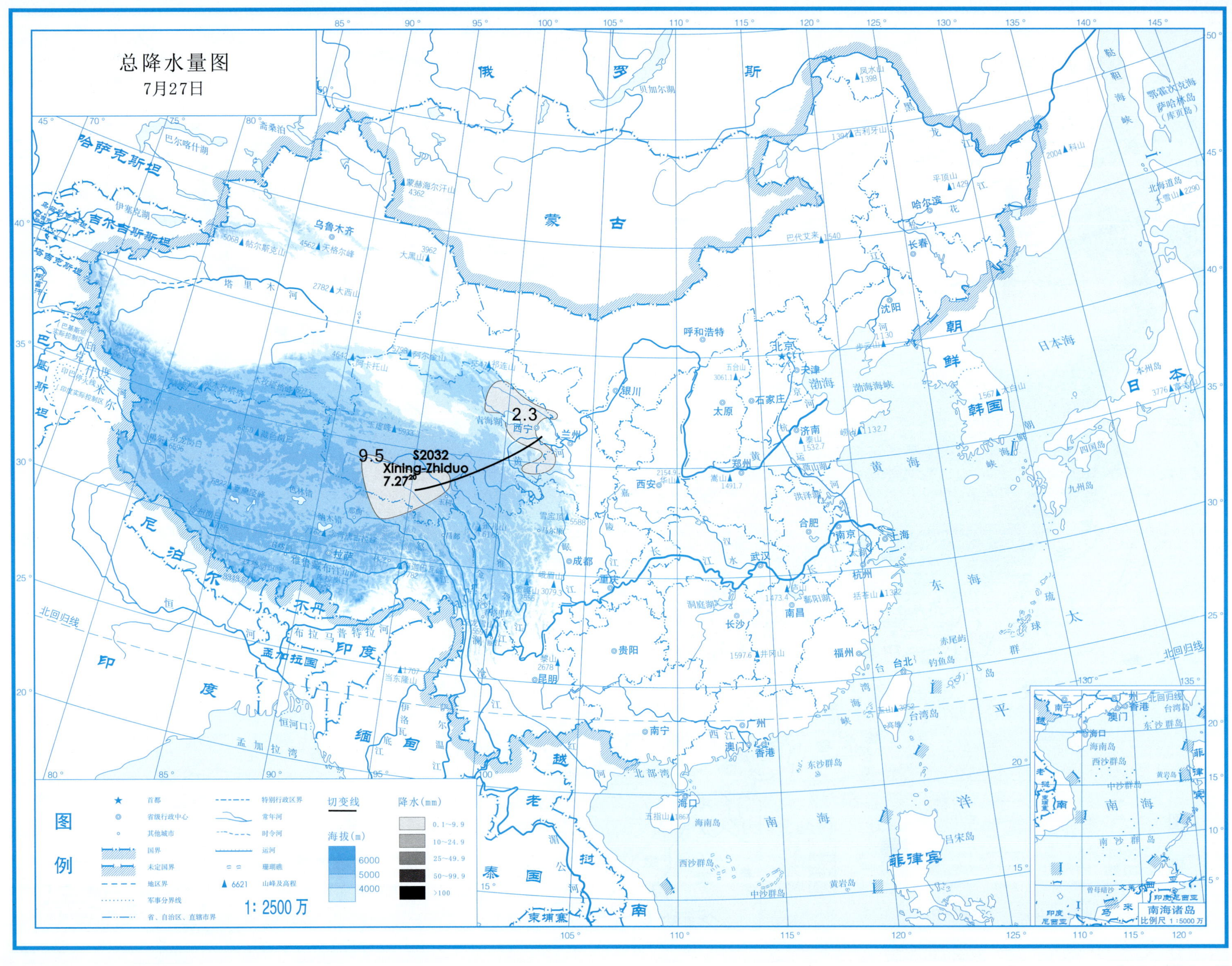
总降水量图
7月27日
9.5
2.3
S2032
Xining-Zhiduo
7.27[20]
图例
切变线
降水(mm)
0.1~9.9
10~24.9
25~49.9
50~99.9
>100
海拔(m)
6000
5000
4000
1: 2500万
南海诸岛

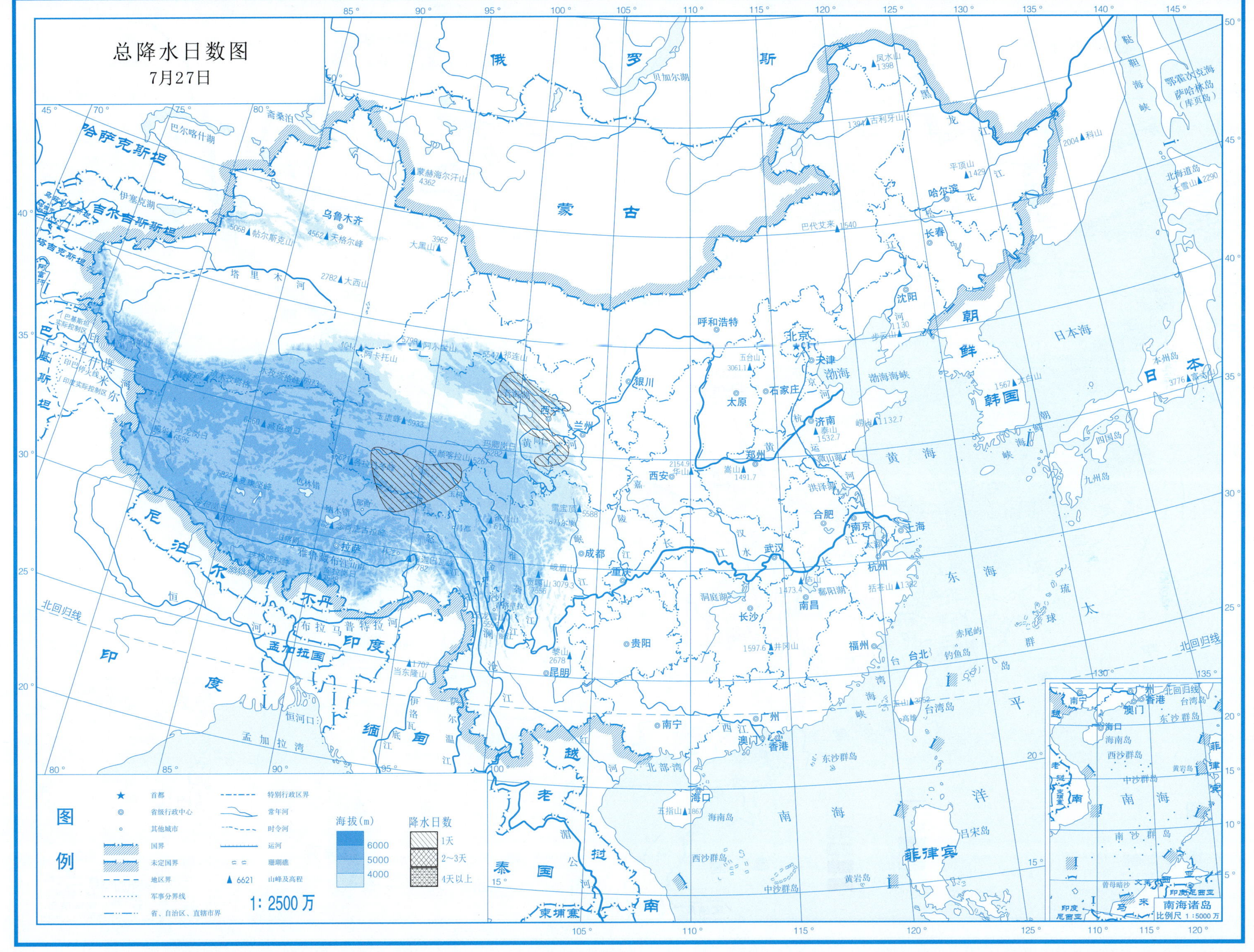

总降水日数图
7月27日
图例
首都
省级行政中心
其他城市
国界
未定国界
地区界
军事分界线
省、自治区、直辖市界
特别行政区界
常年河
时令河
运河
珊瑚礁
6621 山峰及高程
1:2500万
海拔(m)
6000
5000
4000
降水日数
1天
2~3天
4天以上
南海诸岛
比例尺 1:5000万

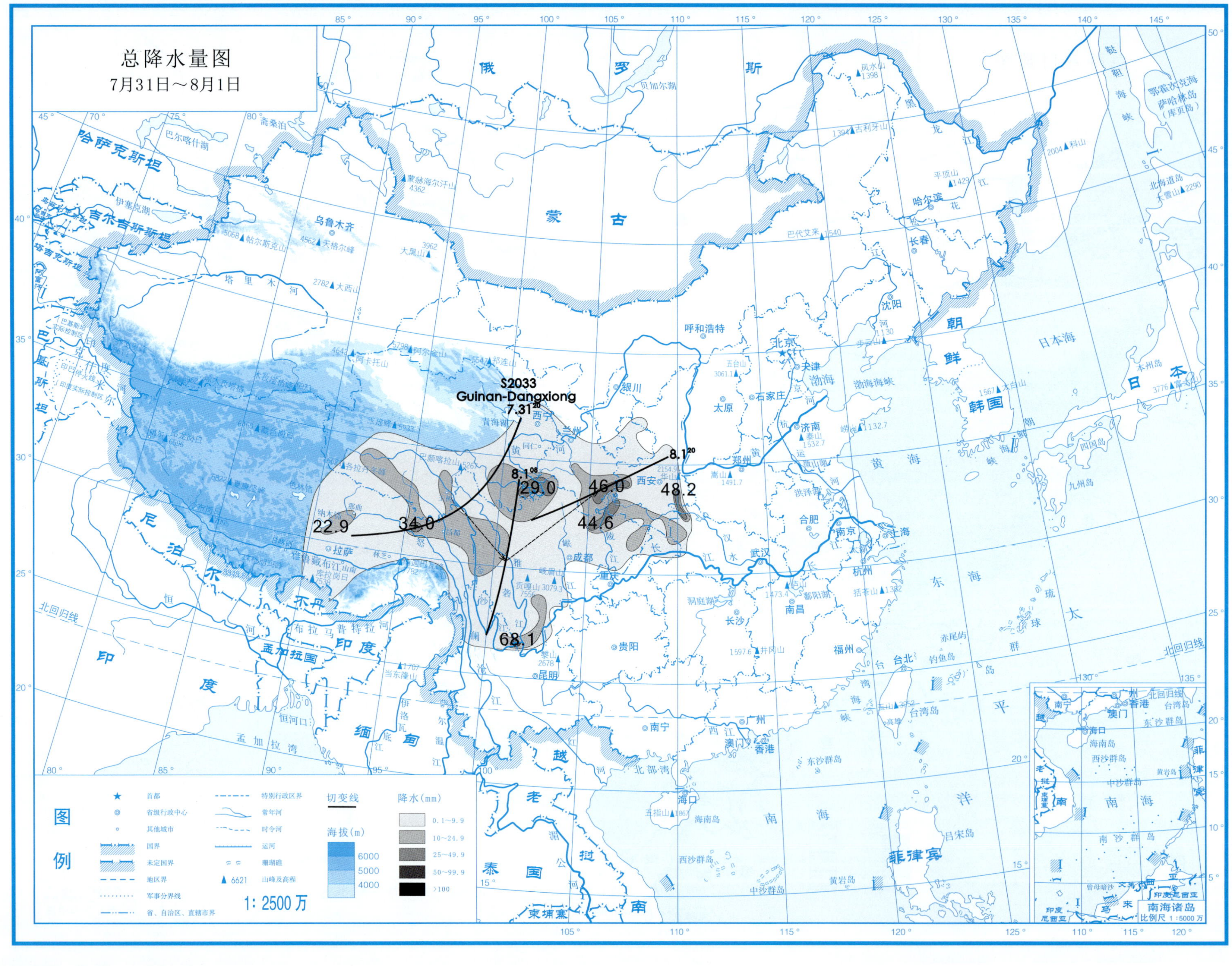
总降水量图
7月31日～8月1日
S2033
Guinan-Dangxiong
7.31[20]
8.1[08]
8.1[20]
22.9
34.0
29.0
46.0
48.2
44.6
68.1
俄
罗
斯
蒙
古
哈萨克斯坦
吉尔吉斯斯坦
塔吉克斯坦
巴基斯坦
尼
泊
尔
不丹
印度
孟加拉国
缅
甸
泰
国
老
挝
越
南
柬埔寨
菲律宾
朝
鲜
韩国
日
本
日本海
黄
海
东
海
南
海
太
平
洋
北京
天津
石家庄
太原
呼和浩特
沈阳
长春
哈尔滨
济南
郑州
西安
银川
兰州
西宁
成都
重庆
贵阳
昆明
拉萨
乌鲁木齐
南宁
广州
长沙
武汉
南昌
合肥
南京
上海
杭州
福州
台北
香港
澳门
海口
北回归线
南海诸岛
比例尺 1:5000万
图
例
首都
省级行政中心
其他城市
国界
未定国界
地区界
军事分界线
省、自治区、直辖市界
特别行政区界
常年河
时令河
运河
珊瑚礁
6621 山峰及高程
切变线
降水(mm)
0.1～9.9
10～24.9
25～49.9
50～99.9
>100
海拔(m)
6000
5000
4000
1: 2500 万

总降水日数图

7月31日～8月1日

图例

符号	说明	符号	说明
★	首都		特别行政区界
◎	省级行政中心		常年河
○	其他城市		时令河
	国界		运河
	未定国界		珊瑚礁
	地区界	▲ 6621	山峰及高程
	军事分界线		
	省、自治区、直辖市界		

海拔(m)

6000

5000

4000

降水日数

1天

2~3天

4天以上

1：2500万

南海诸岛

比例尺 1：5000万

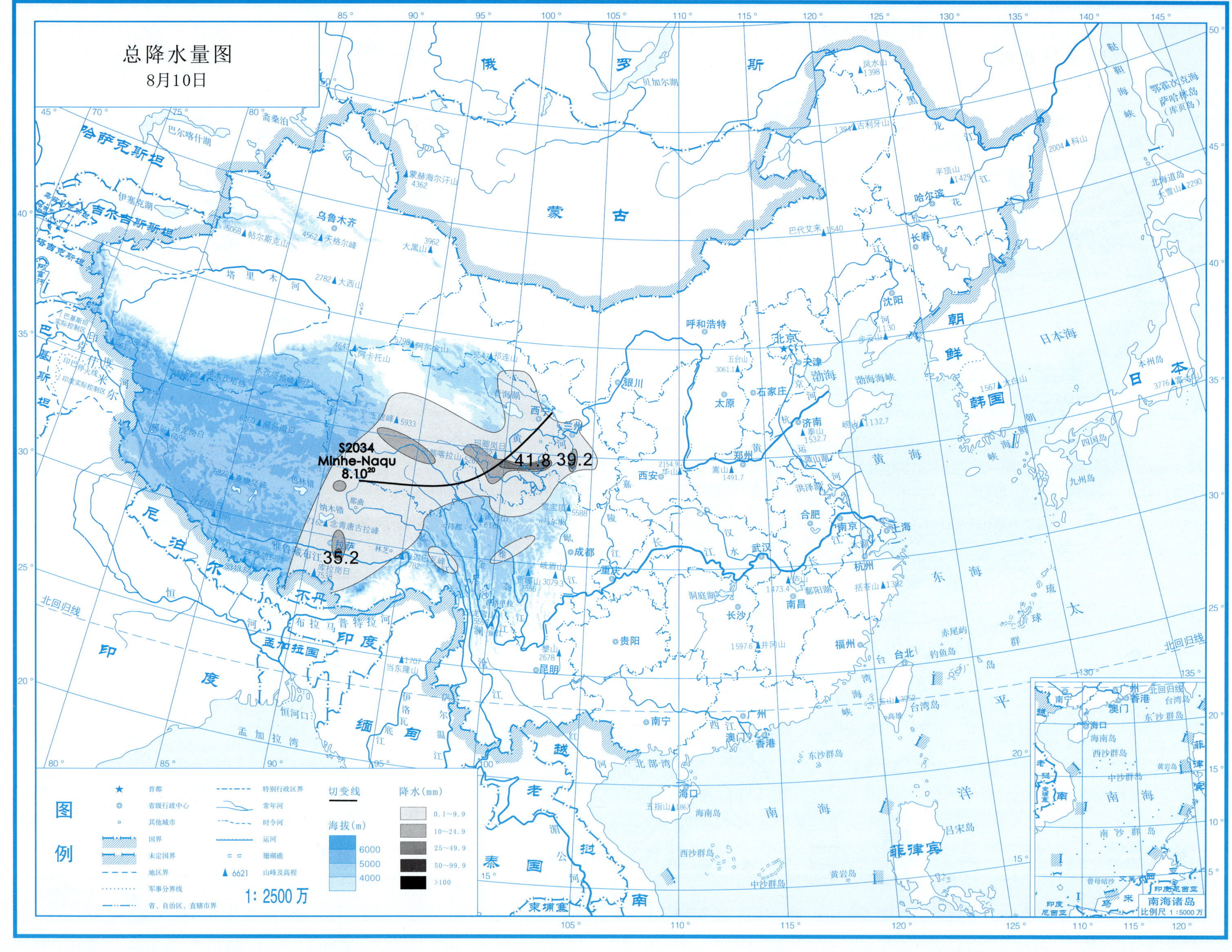
总降水量图
8月10日
S2034
Minhe-Naqu
8.10[20]
41.8
39.2
35.2
图例
首都
省级行政中心
其他城市
国界
未定国界
地区界
军事分界线
省、自治区、直辖市界
特别行政区界
常年河
时令河
运河
珊瑚礁
6621 山峰及高程
切变线
海拔(m)
6000
5000
4000
降水(mm)
0.1~9.9
10~24.9
25~49.9
50~99.9
>100
1:2500万
南海诸岛
比例尺 1:5000万

总降水日数图

8月10日

图例

★	首都		特别行政区界
◎	省级行政中心		常年河
○	其他城市		时令河
	国界		运河
	未定国界		珊瑚礁
	地区界	▲ 6621	山峰及高程
	军事分界线		
	省、自治区、直辖市界		

海拔(m)：6000、5000、4000

降水日数：1天、2~3天、4天以上

1：2500万

南海诸岛 比例尺 1：5000万

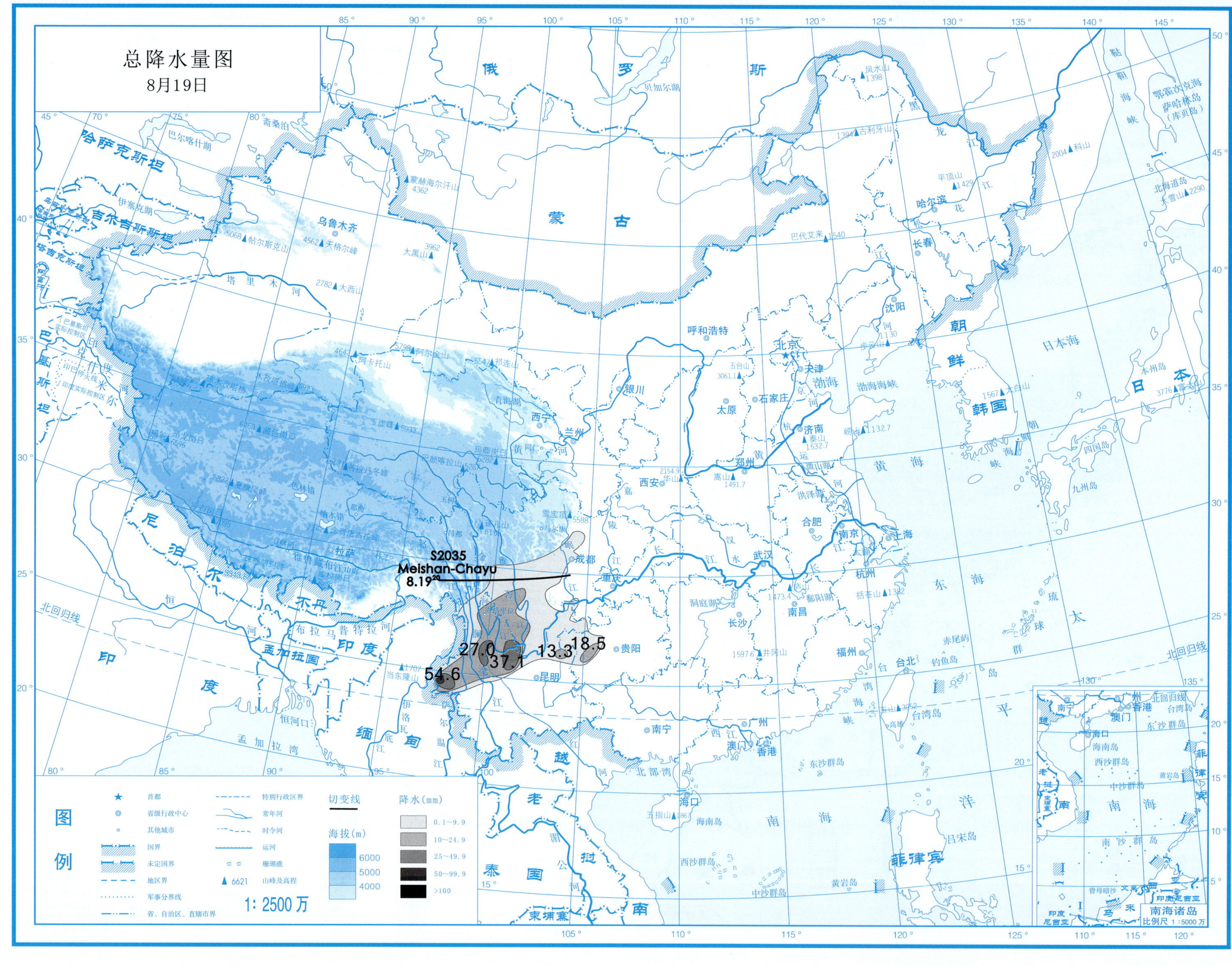
总降水量图
8月19日
S2035
Meishan-Chayu
8.19
54.6
27.0
37.1
13.3
18.5
图例
首都
省级行政中心
其他城市
国界
未定国界
地区界
军事分界线
省、自治区、直辖市界
特别行政区界
常年河
时令河
运河
珊瑚礁
6621 山峰及高程
1: 2500 万
切变线
海拔(m)
6000
5000
4000
降水(mm)
0.1~9.9
10~24.9
25~49.9
50~99.9
>100
南海诸岛
比例尺 1:5000 万

总降水日数图

8月19日

图例

- ★ 首都
- ◎ 省级行政中心
- ○ 其他城市
- 国界
- 未定国界
- 地区界
- 军事分界线
- 省、自治区、直辖市界
- 特别行政区界
- 常年河
- 时令河
- 运河
- 珊瑚礁
- ▲ 6621 山峰及高程

海拔(m)：6000、5000、4000

降水日数：1天、2~3天、4天以上

1:2500万

南海诸岛 比例尺 1:5000万

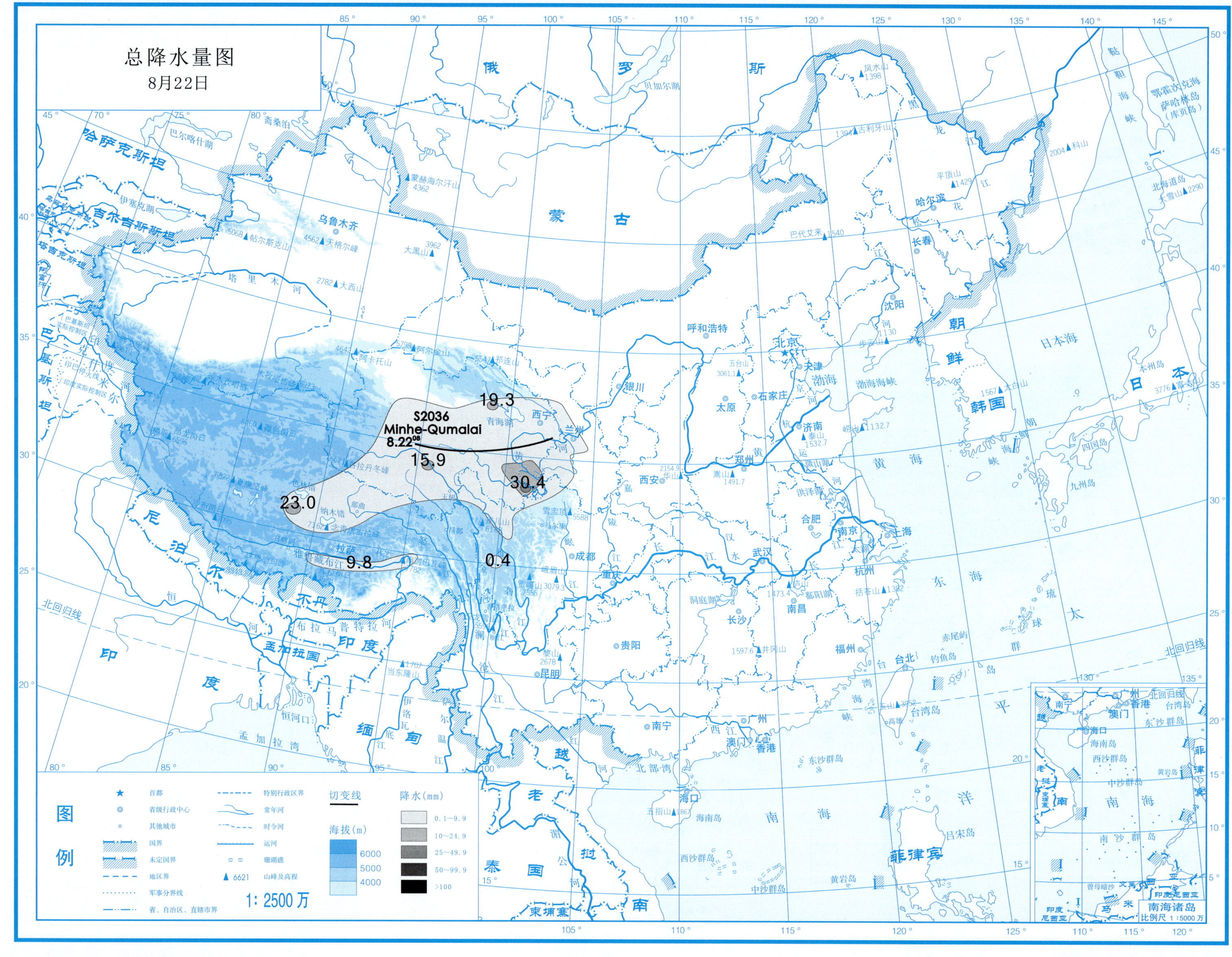
总降水量图
8月22日
S2036
Minhe-Qumalai
8.22⁰⁸
19.3
15.9
30.4
23.0
9.8
0.4
图例
首都
省级行政中心
其他城市
国界
未定国界
地区界
军事分界线
省、自治区、直辖市界
特别行政区界
常年河
时令河
运河
珊瑚礁
6621 山峰及高程
切变线
海拔(m)
6000
5000
4000
降水(mm)
0.1~9.9
10~24.9
25~49.9
50~99.9
>100
1:2500万
南海诸岛
比例尺 1:5000万

总降水日数图

8月22日

图例

★ 首都
◎ 省级行政中心
○ 其他城市
国界
未定国界
地区界
军事分界线
省、自治区、直辖市界
特别行政区界
常年河
时令河
运河
珊瑚礁
▲ 6621 山峰及高程

海拔(m)：6000、5000、4000

降水日数：1天、2~3天、4天以上

1: 2500 万

南海诸岛 比例尺 1:5000 万

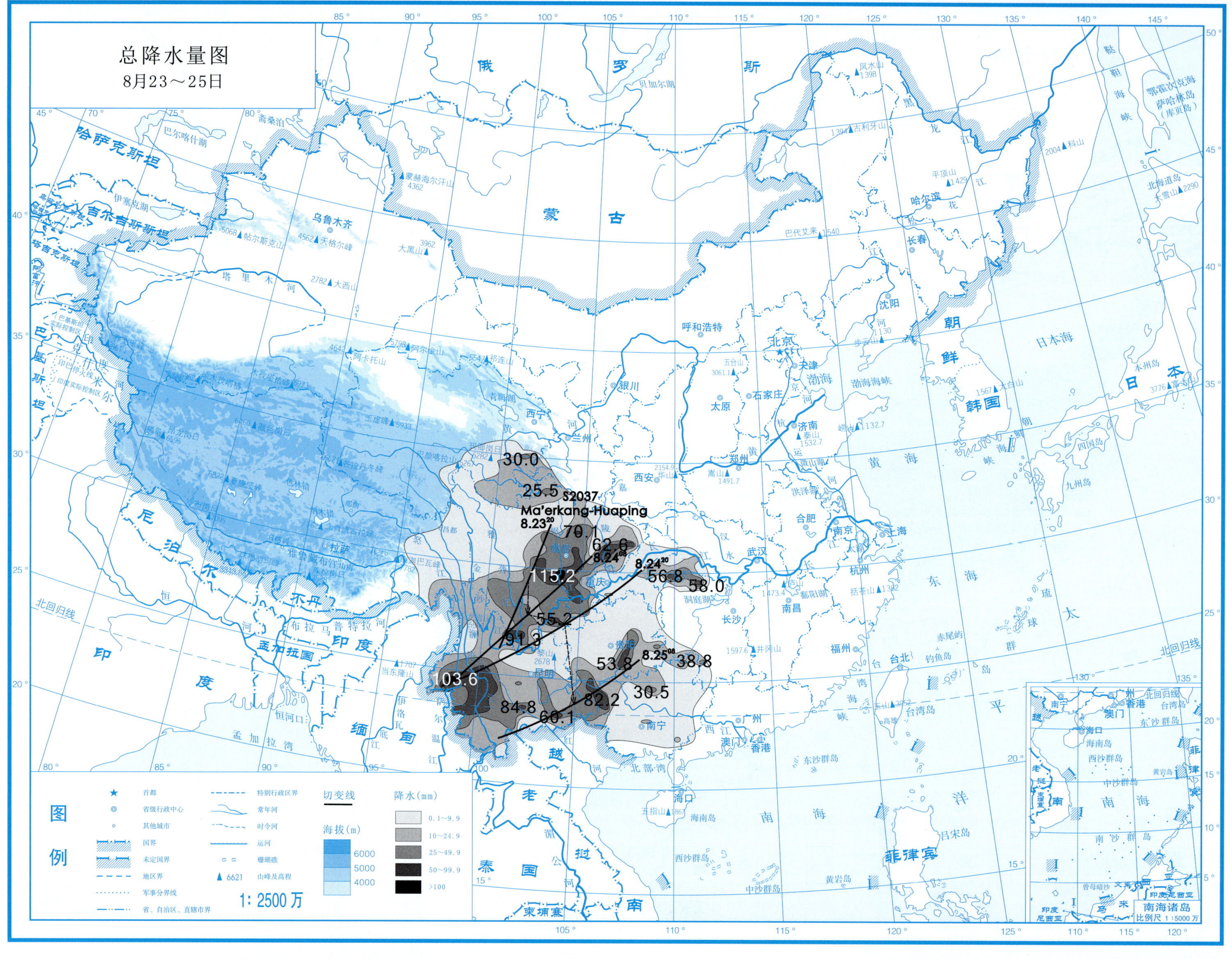

总降水量图
8月23～25日
S2037
Ma'erkang-Huaping
8.23
8.24
8.25
30.0
25.5
70.1
62.0
115.2
56.8
58.0
55.2
91.3
103.6
53.8
38.8
84.8
60.1
82.2
30.5
图例
首都
省级行政中心
其他城市
国界
未定国界
地区界
军事分界线
省、自治区、直辖市界
特别行政区界
常年河
时令河
运河
珊瑚礁
6621 山峰及高程
切变线
海拔(m)
6000
5000
4000
降水(mm)
0.1～9.9
10～24.9
25～49.9
50～99.9
>100
1：2500万
南海诸岛
比例尺 1：5000万

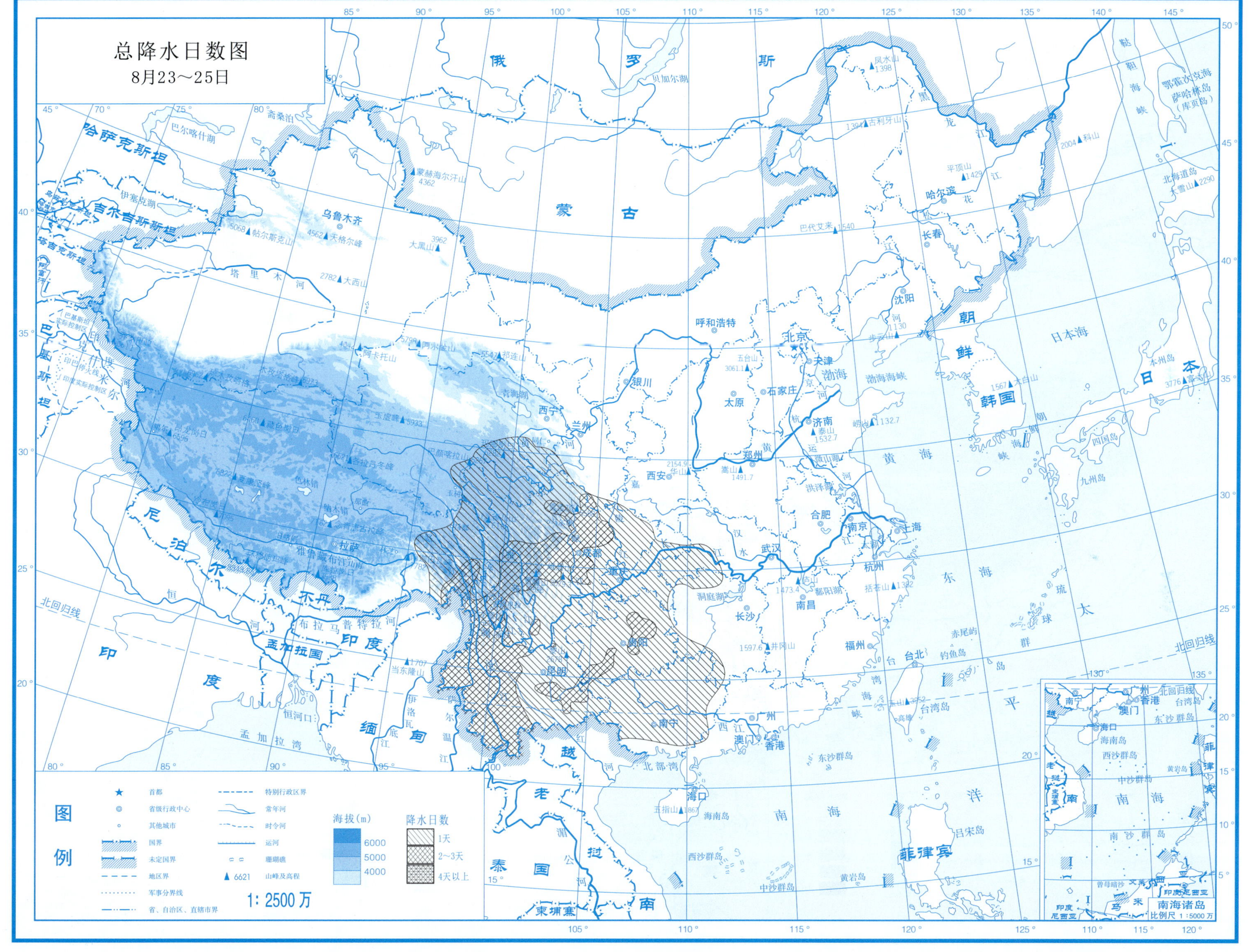
总降水日数图
8月23～25日
图例
首都
省级行政中心
其他城市
国界
未定国界
地区界
军事分界线
省、自治区、直辖市界
特别行政区界
常年河
时令河
运河
珊瑚礁
6621 山峰及高程
海拔(m)
6000
5000
4000
降水日数
1天
2~3天
4天以上
1: 2500万
南海诸岛
比例尺 1:5000万

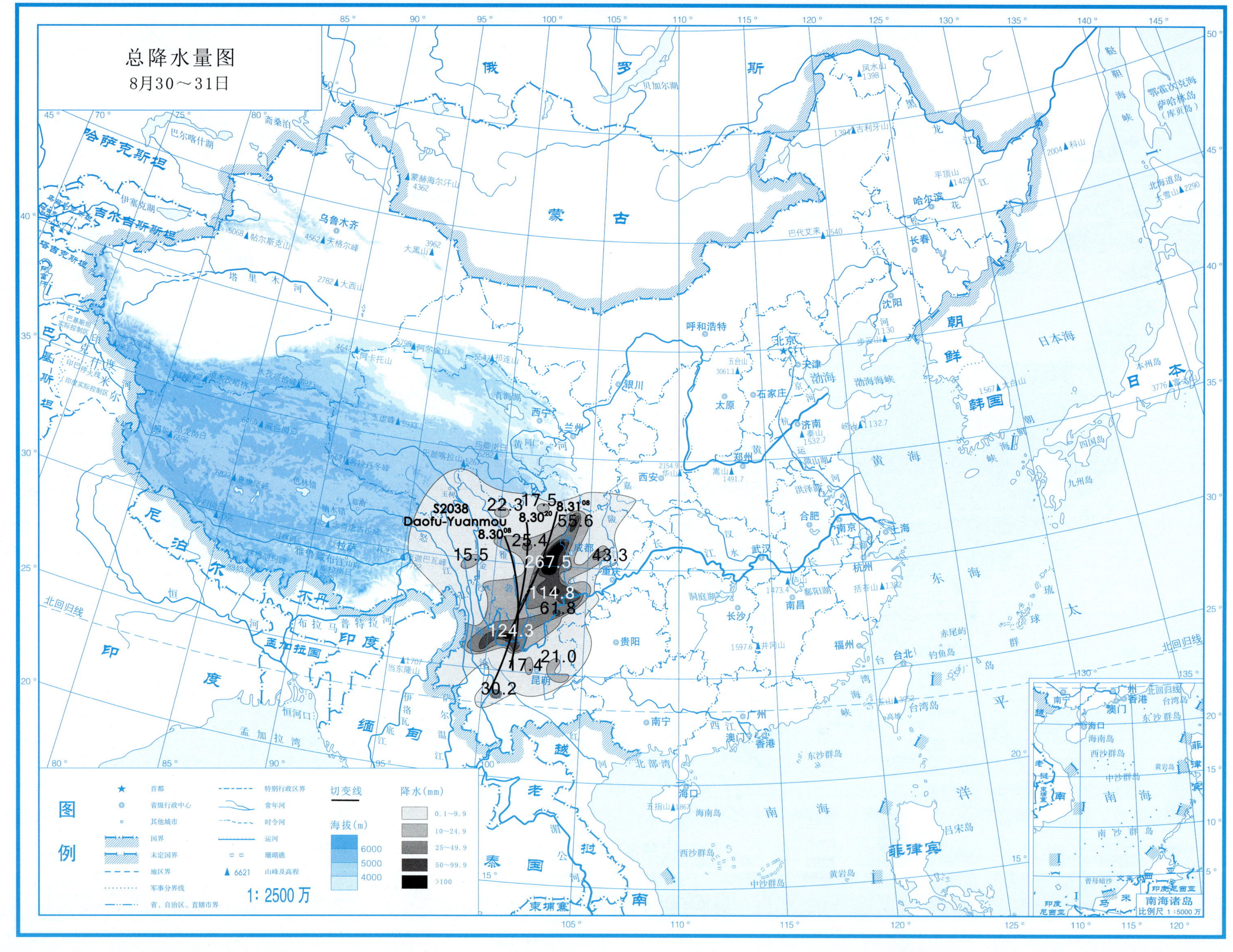
总降水量图
8月30～31日
S2038
Daofu-Yuanmou
8.30[08]
8.30[20]
8.31[08]
22.3
17.5
55.6
25.4
15.5
267.5
43.3
114.8
61.8
124.3
21.0
17.4
30.2
图例
首都
省级行政中心
其他城市
国界
未定国界
地区界
军事分界线
省、自治区、直辖市界
特别行政区界
常年河
时令河
运河
珊瑚礁
6621 山峰及高程
1:2500万
切变线
海拔(m)
6000
5000
4000
降水(mm)
0.1～9.9
10～24.9
25～49.9
50～99.9
>100
南海诸岛
比例尺 1:5000万

总降水日数图

8月30～31日

图例

符号	说明	符号	说明
★	首都		特别行政区界
◎	省级行政中心		常年河
◦	其他城市		时令河
	国界		运河
	未定国界		珊瑚礁
	地区界	▲ 6621	山峰及高程
	军事分界线		
	省、自治区、直辖市界		

海拔(m)：6000　5000　4000

降水日数：1天　2～3天　4天以上

1：2500万

南海诸岛　比例尺 1：5000万

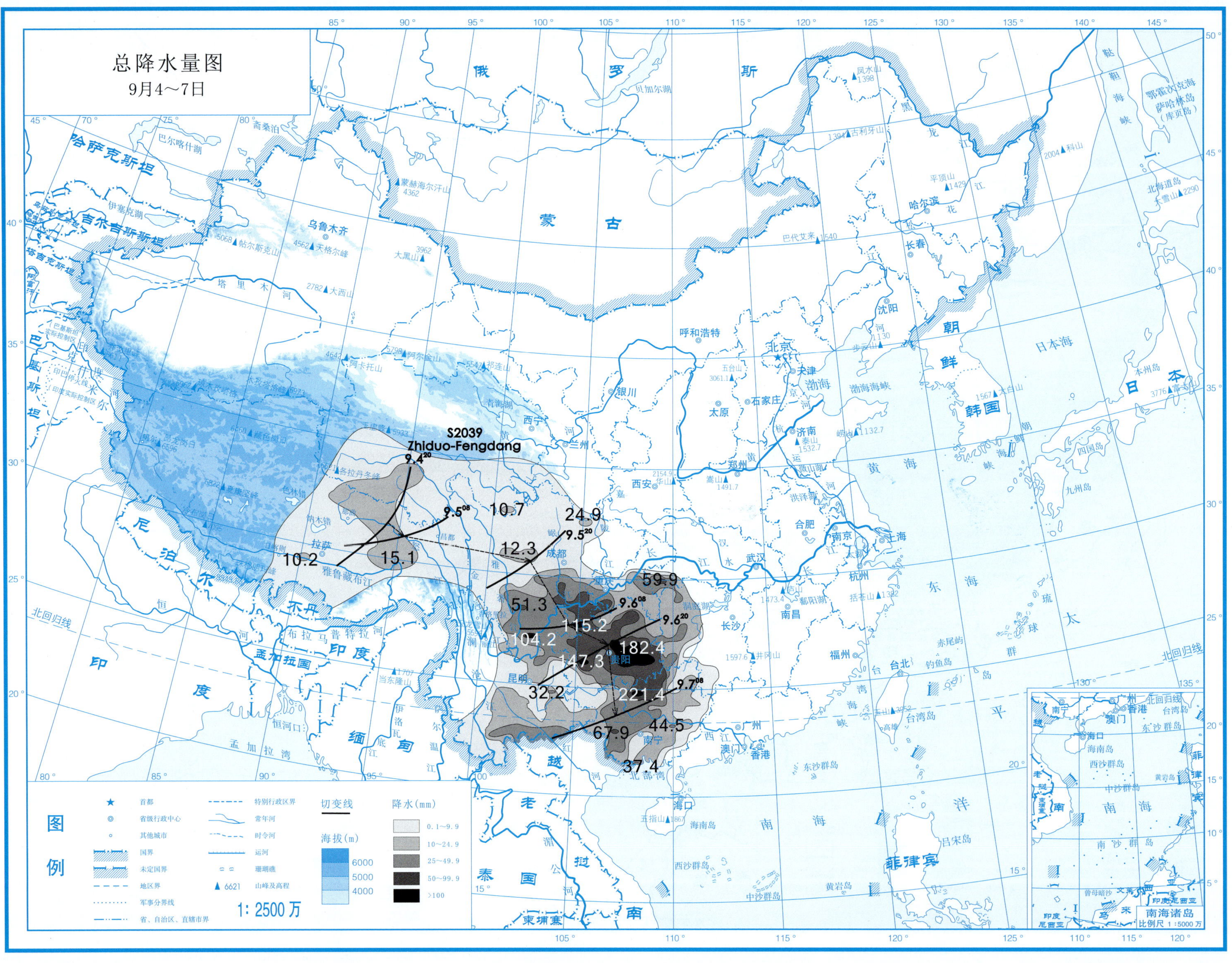

总降水量图
9月4～7日
S2039
Zhiduo-Fengdang
9.4[20]
9.5[08]
10.7
24.9
9.5[20]
10.2
15.1
12.3
59.9
51.3
9.6[08]
9.6[20]
115.2
104.2
182.4
147.3
32.2
221.4
9.7[08]
67.9
44.5
37.4
图例
首都
省级行政中心
其他城市
国界
未定国界
地区界
军事分界线
省、自治区、直辖市界
特别行政区界
常年河
时令河
运河
珊瑚礁
山峰及高程
1:2500万
切变线
海拔(m)
6000
5000
4000
降水(mm)
0.1～9.9
10～24.9
25～49.9
50～99.9
>100
南海诸岛
比例尺 1:5000万

总降水日数图

9月4～7日

图例

- ★ 首都
- ◎ 省级行政中心
- ○ 其他城市
- 国界
- 未定国界
- 地区界
- 军事分界线
- 省、自治区、直辖市界
- 特别行政区界
- 常年河
- 时令河
- 运河
- 珊瑚礁
- ▲6621 山峰及高程

海拔(m)

- 6000
- 5000
- 4000

降水日数

- 1天
- 2～3天
- 4天以上

1: 2500万

南海诸岛

比例尺 1: 5000万

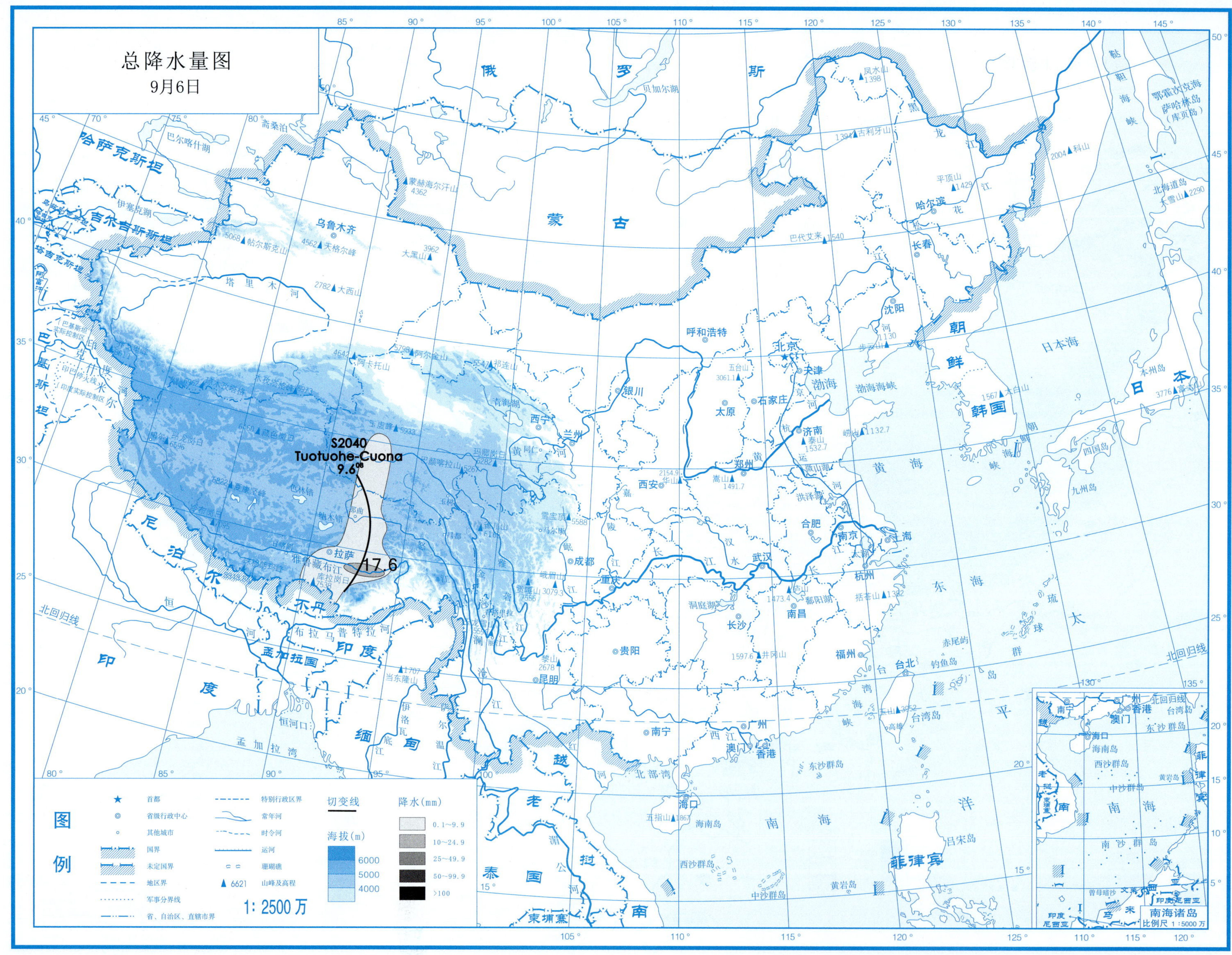
总降水量图
9月6日
S2040
Tuotuohe-Cuona
9.6 08
17.6
图例
首都
省级行政中心
其他城市
国界
未定国界
地区界
军事分界线
省、自治区、直辖市界
特别行政区界
常年河
时令河
运河
珊瑚礁
6621 山峰及高程
切变线
海拔(m)
6000
5000
4000
降水(mm)
0.1~9.9
10~24.9
25~49.9
50~99.9
>100
1: 2500 万
南海诸岛
比例尺 1:5000 万

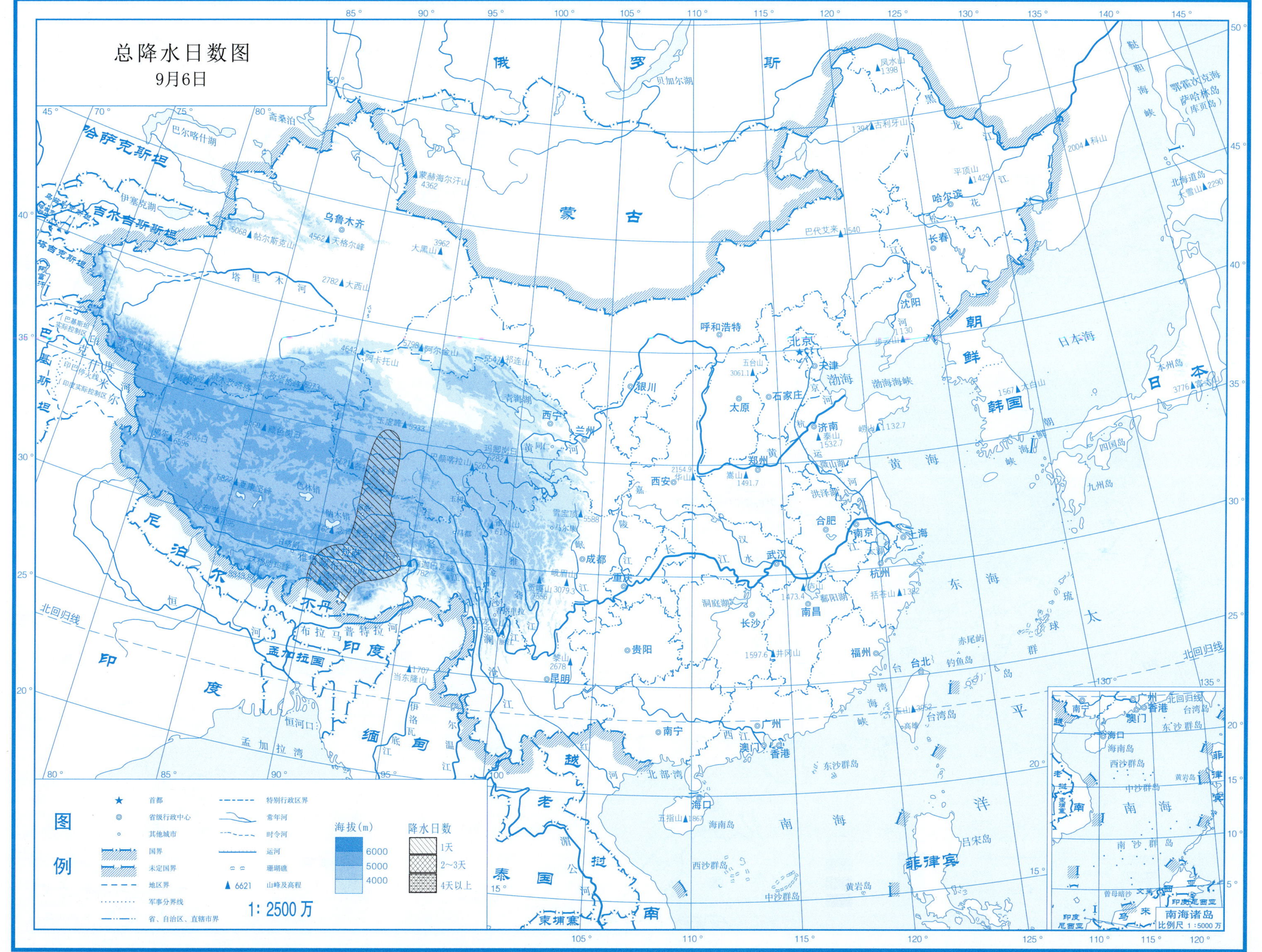
总降水日数图
9月6日
图例
首都
省级行政中心
其他城市
国界
未定国界
地区界
军事分界线
省、自治区、直辖市界
特别行政区界
常年河
时令河
运河
珊瑚礁
山峰及高程
海拔(m)
6000
5000
4000
降水日数
1天
2~3天
4天以上
1: 2500万
南海诸岛
比例尺 1:5000万

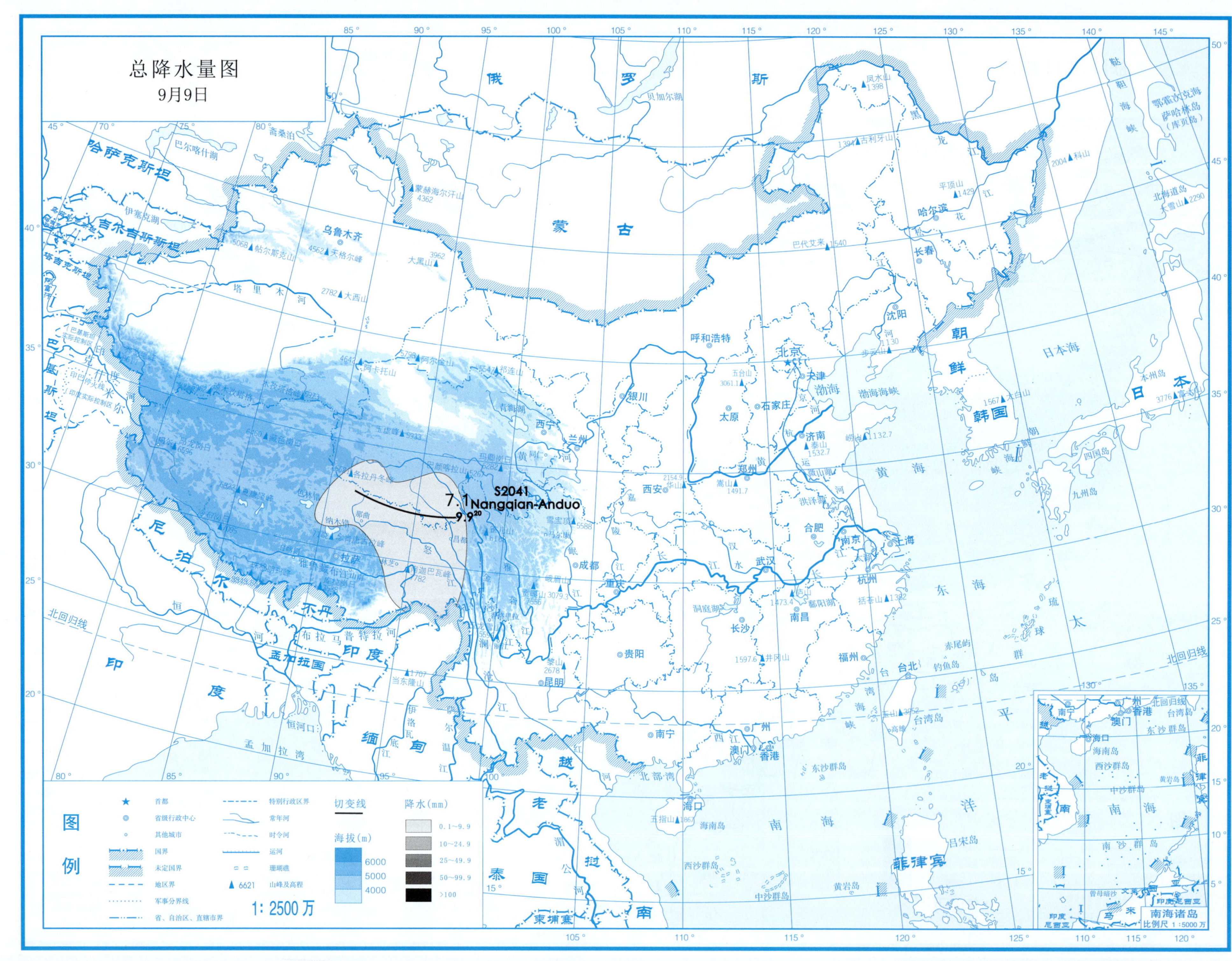

总降水量图
9月9日
S2041
Nangqian-Anduo
7.1
9.9[20]
图例
首都
省级行政中心
其他城市
国界
未定国界
地区界
军事分界线
省、自治区、直辖市界
特别行政区界
常年河
时令河
运河
珊瑚礁
6621 山峰及高程
切变线
海拔(m)
6000
5000
4000
降水(mm)
0.1~9.9
10~24.9
25~49.9
50~99.9
>100
1: 2500 万
南海诸岛
比例尺 1:5000 万

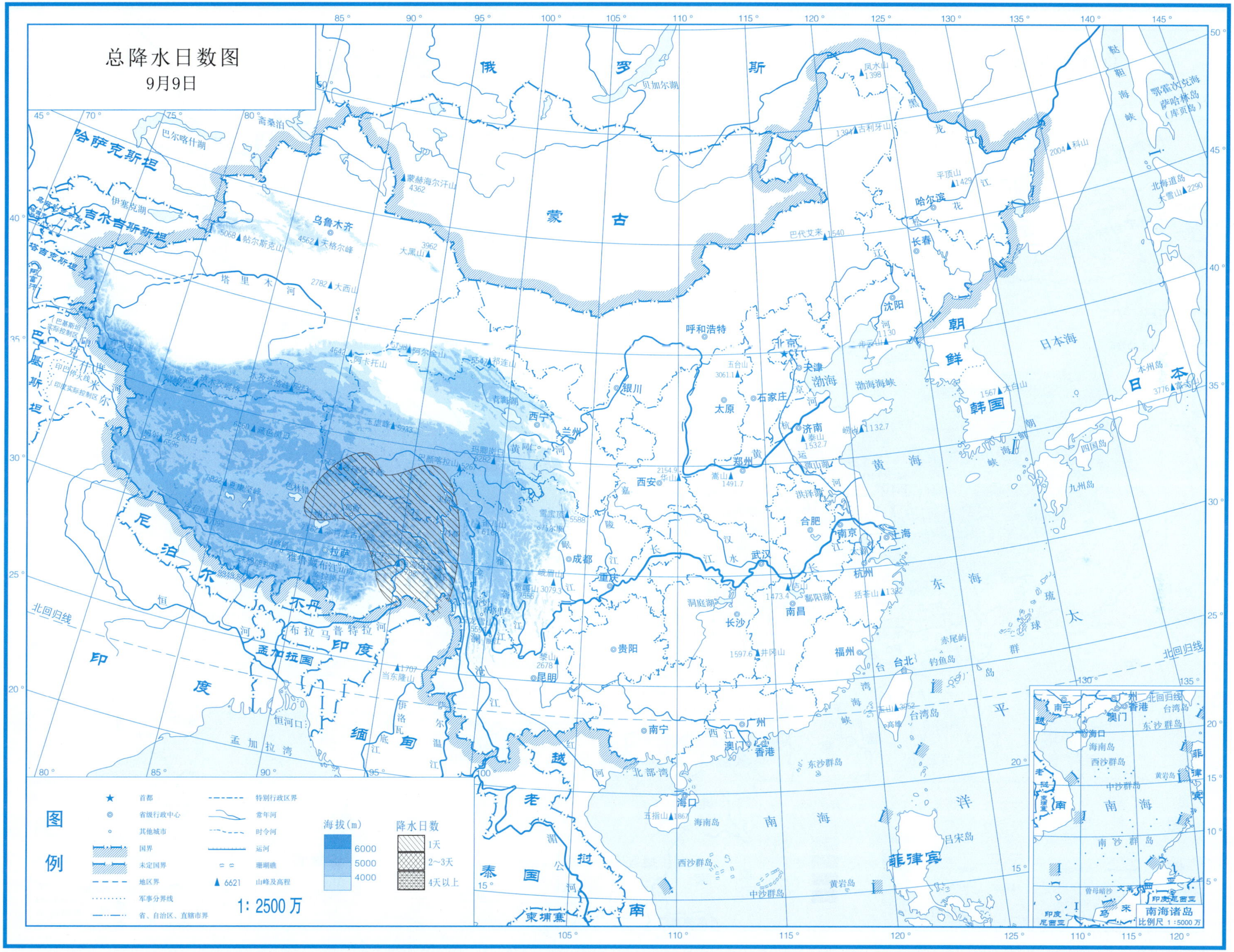

总降水日数图
9月9日
图例
首都
省级行政中心
其他城市
国界
未定国界
地区界
军事分界线
省、自治区、直辖市界
特别行政区界
常年河
时令河
运河
珊瑚礁
6621 山峰及高程
海拔(m)
6000
5000
4000
降水日数
1天
2~3天
4天以上
1: 2500万
南海诸岛
比例尺 1 : 5000万
俄罗斯
蒙古
哈萨克斯坦
吉尔吉斯斯坦
塔吉克斯坦
阿富汗
巴基斯坦
印度
尼泊尔
不丹
孟加拉国
缅甸
老挝
越南
泰国
柬埔寨
菲律宾
朝鲜
韩国
日本
北京
天津
石家庄
太原
呼和浩特
沈阳
长春
哈尔滨
济南
郑州
西安
银川
兰州
西宁
乌鲁木齐
拉萨
成都
重庆
武汉
合肥
南京
上海
杭州
南昌
长沙
贵阳
昆明
南宁
广州
福州
台北
香港
澳门
海口
黄海
东海
南海
渤海
日本海
太平洋
北回归线

Page...281

高原切变线

第2部分

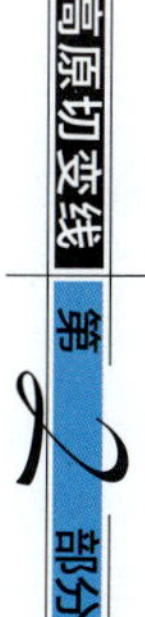

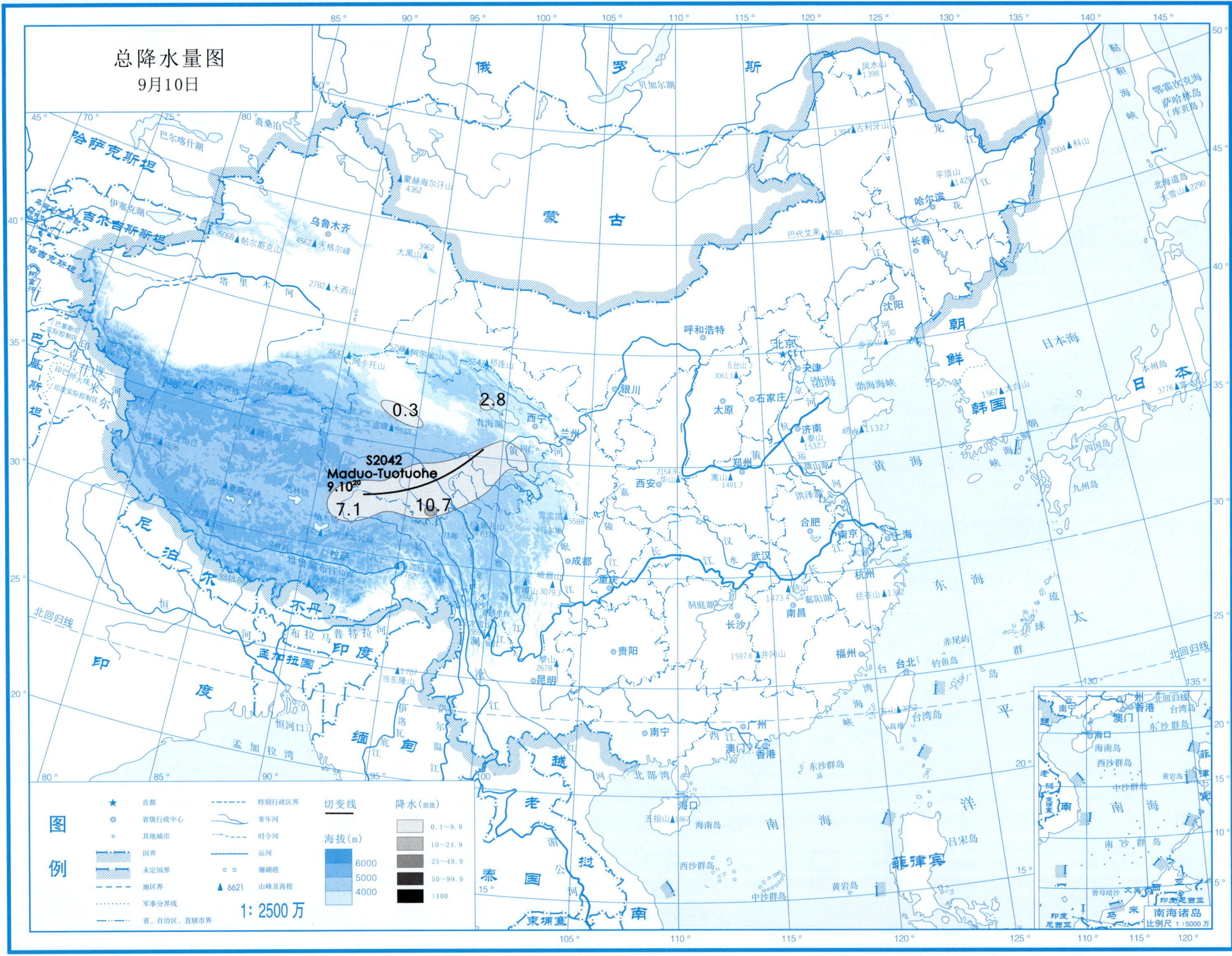
总降水量图
9月10日
S2042
Maduo-Tuotuohe
9.10[20]
0.3
2.8
7.1
10.7
图例
首都
省级行政中心
其他城市
国界
未定国界
地区界
军事分界线
省、自治区、直辖市界
特别行政区界
常年河
时令河
运河
珊瑚礁
6621 山峰及高程
1: 2500 万
切变线
海拔(m)
6000
5000
4000
降水(mm)
0.1~9.9
10~24.9
25~49.9
50~99.9
>100
南海诸岛
比例尺 1:5000 万

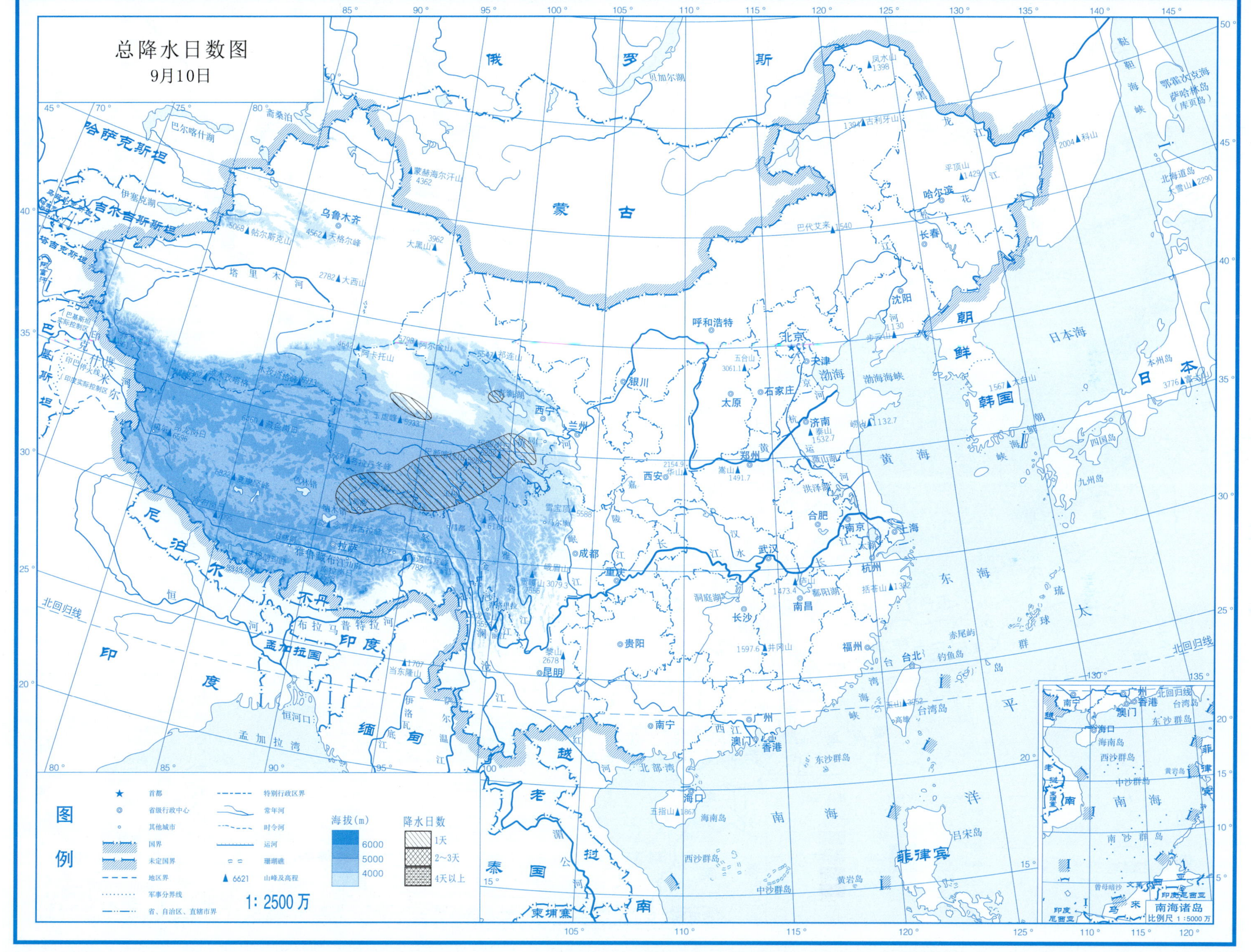

总降水日数图
9月10日
图例
首都
省级行政中心
其他城市
国界
未定国界
地区界
军事分界线
省、自治区、直辖市界
特别行政区界
常年河
时令河
运河
珊瑚礁
山峰及高程
海拔(m)
6000
5000
4000
降水日数
1天
2~3天
4天以上
1: 2500万
南海诸岛
比例尺 1:5000万

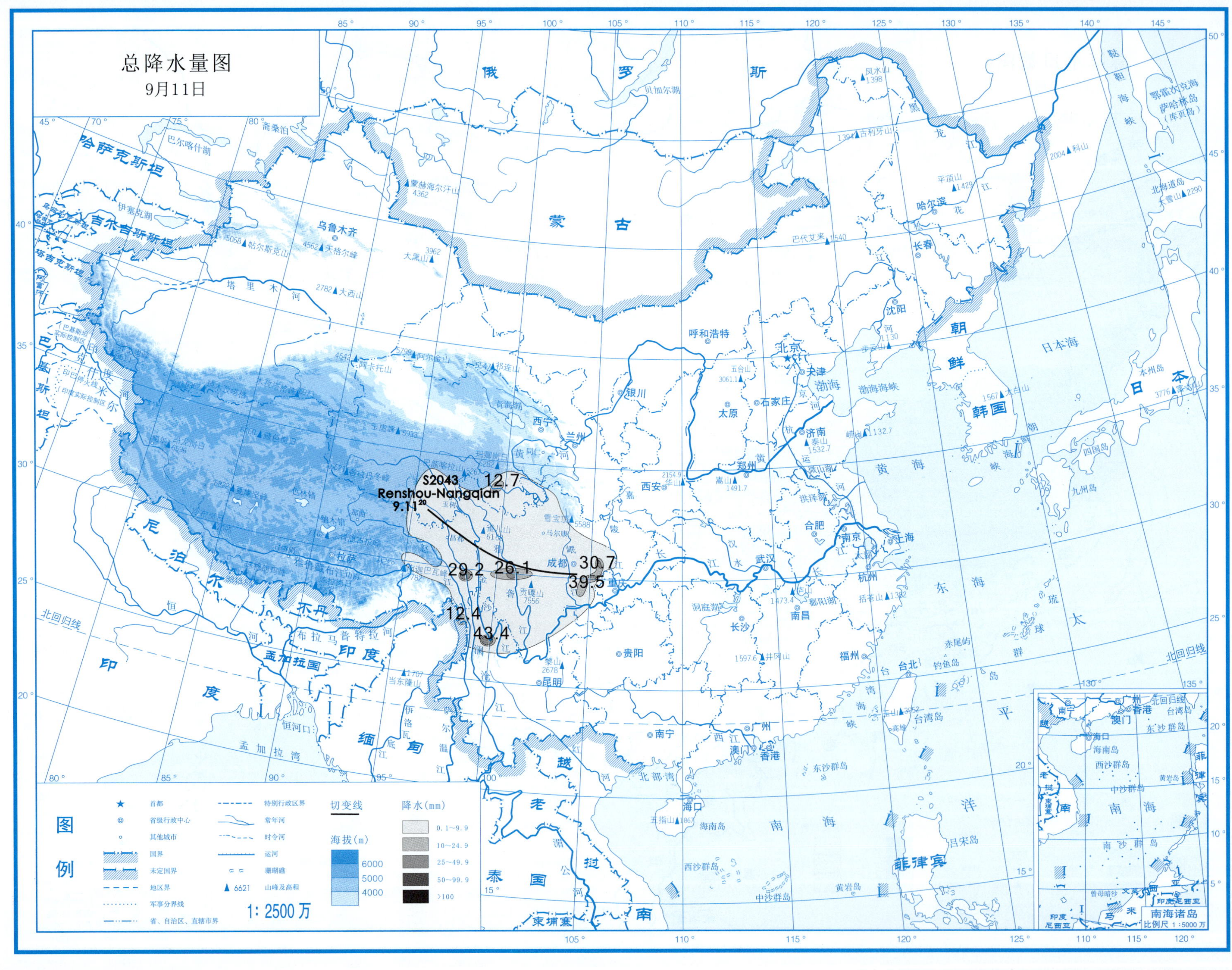
总降水量图
9月11日
S2043
Renshou-Nangqian
9.11[20]
12.7
29.2
26.1
30.7
39.5
12.4
43.4
图例
首都
省级行政中心
其他城市
国界
未定国界
地区界
军事分界线
省、自治区、直辖市界
特别行政区界
常年河
时令河
运河
珊瑚礁
6621 山峰及高程
切变线
海拔(m)
6000
5000
4000
1:2500万
降水(mm)
0.1~9.9
10~24.9
25~49.9
50~99.9
>100
南海诸岛
比例尺 1:5000万

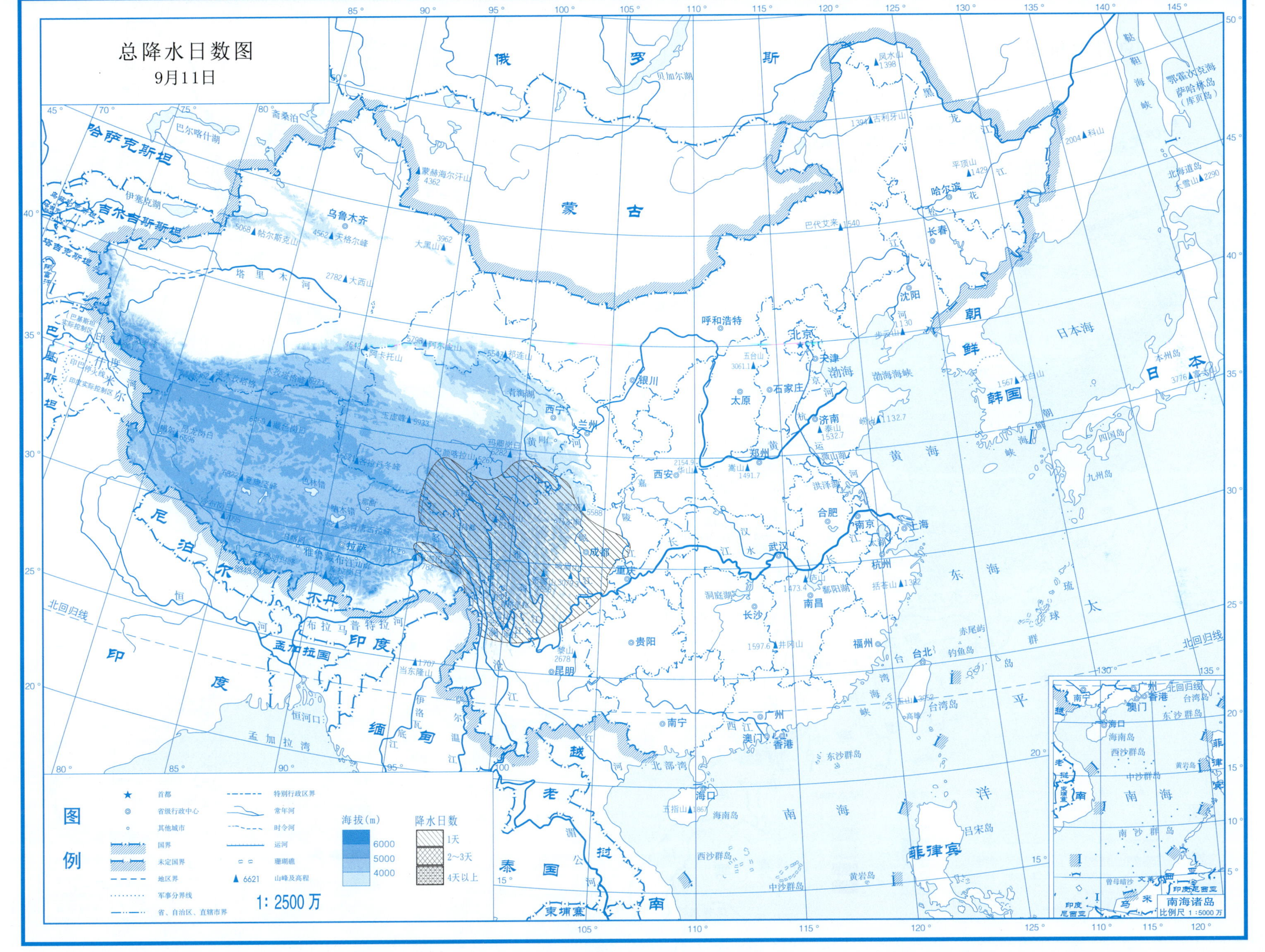

总降水日数图
9月11日
图例
首都
省级行政中心
其他城市
国界
未定国界
地区界
军事分界线
省、自治区、直辖市界
特别行政区界
常年河
时令河
运河
珊瑚礁
6621 山峰及高程
海拔(m)
6000
5000
4000
降水日数
1天
2~3天
4天以上
1: 2500 万
南海诸岛
比例尺 1 : 5000 万

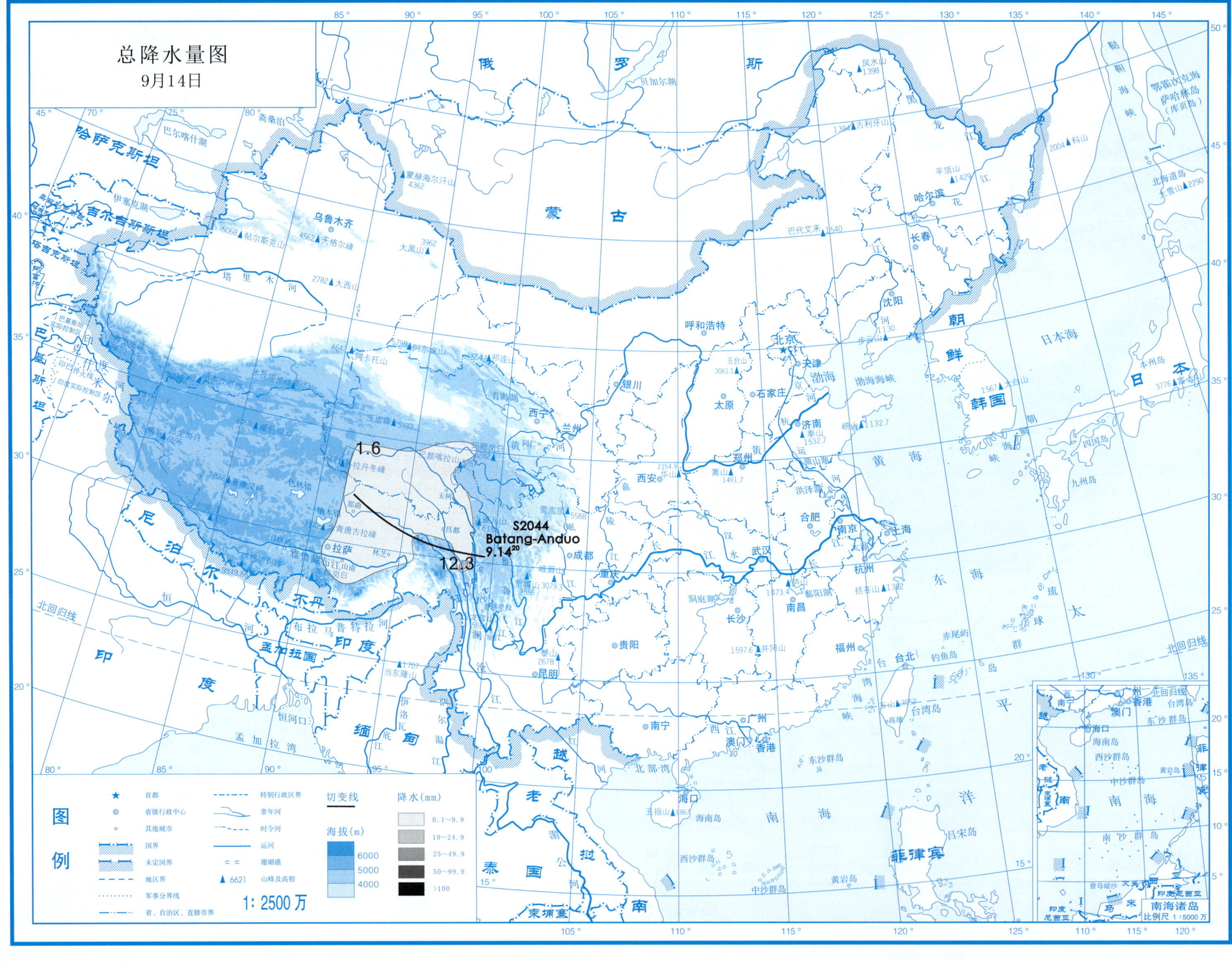
总降水量图
9月14日
1.6
12.3
S2044
Batang-Anduo
9.14[20]
图例
首都
省级行政中心
其他城市
国界
未定国界
地区界
军事分界线
省、自治区、直辖市界
特别行政区界
常年河
时令河
运河
珊瑚礁
6621 山峰及高程
切变线
海拔(m)
6000
5000
4000
降水(mm)
0.1~9.9
10~24.9
25~49.9
50~99.9
>100
1:2500万
南海诸岛
比例尺 1:5000万

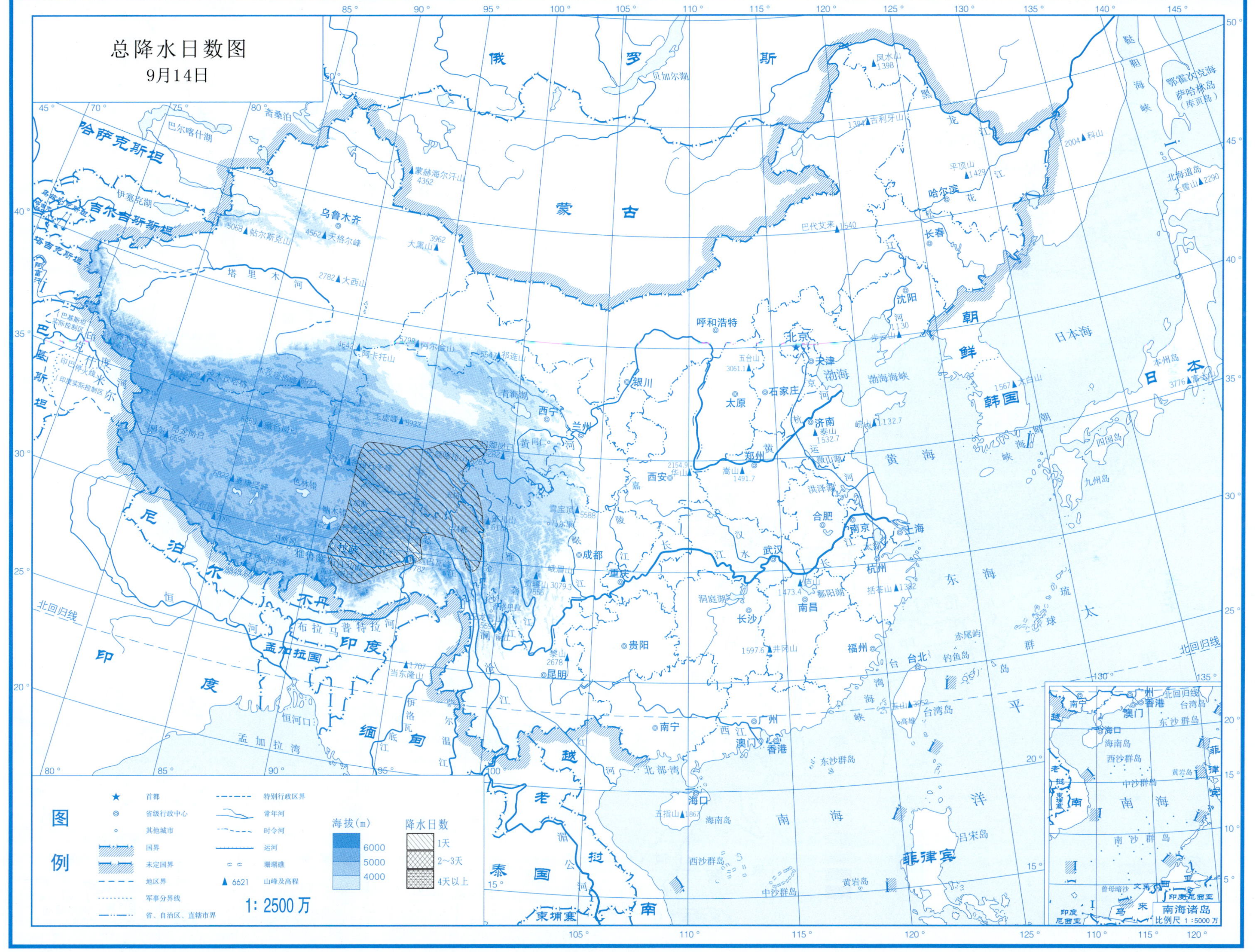

高原切变线

第2部分

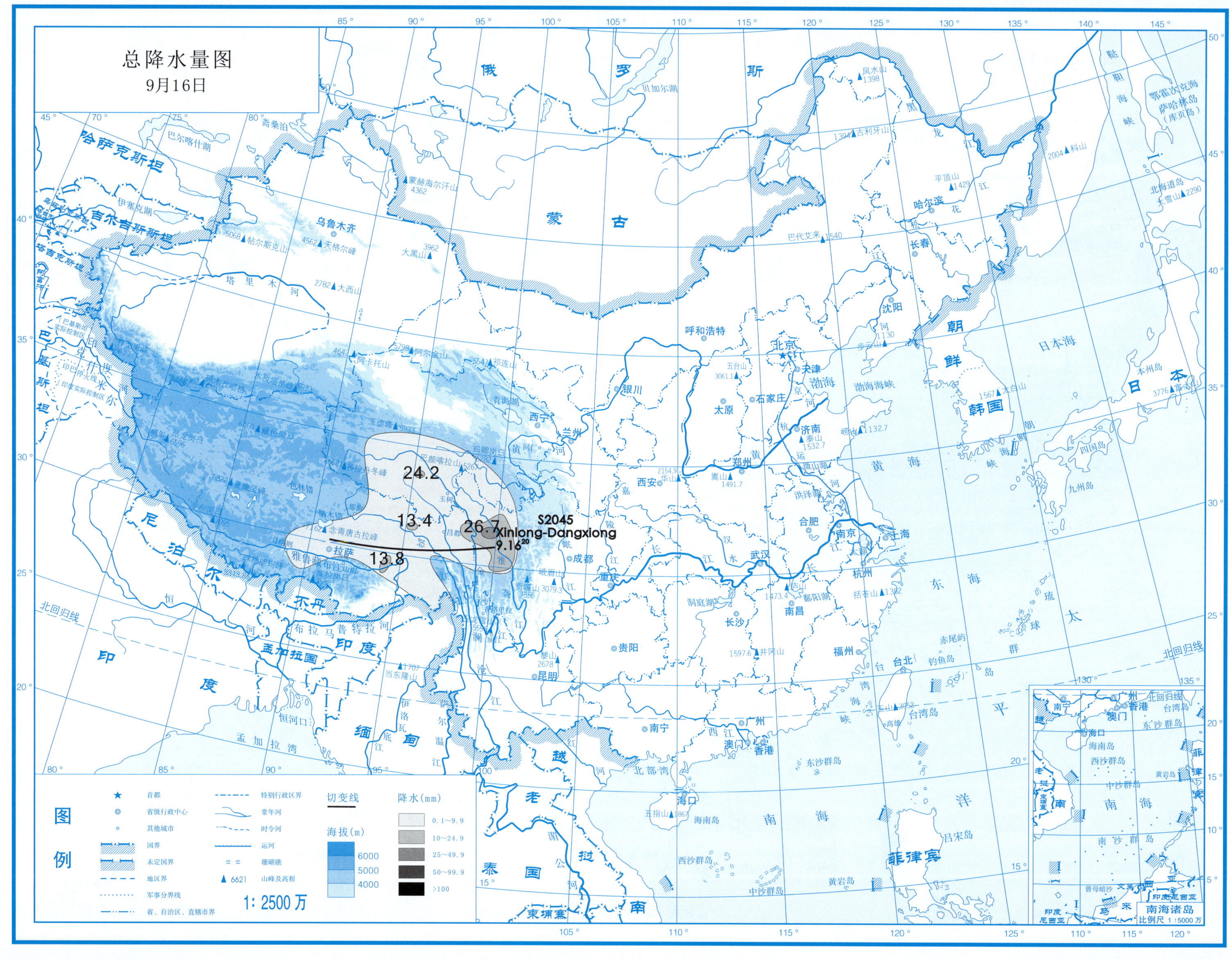
总降水量图
9月16日
24.2
13.4
26.7
13.8
S2045
Xinlong-Dangxiong
9.16[20]
图例
首都
省级行政中心
其他城市
国界
未定国界
地区界
军事分界线
省、自治区、直辖市界
特别行政区界
常年河
时令河
运河
珊瑚礁
6621 山峰及高程
切变线
降水(mm)
0.1~9.9
10~24.9
25~49.9
50~99.9
>100
海拔(m)
6000
5000
4000
1: 2500 万
南海诸岛
比例尺 1:5000 万

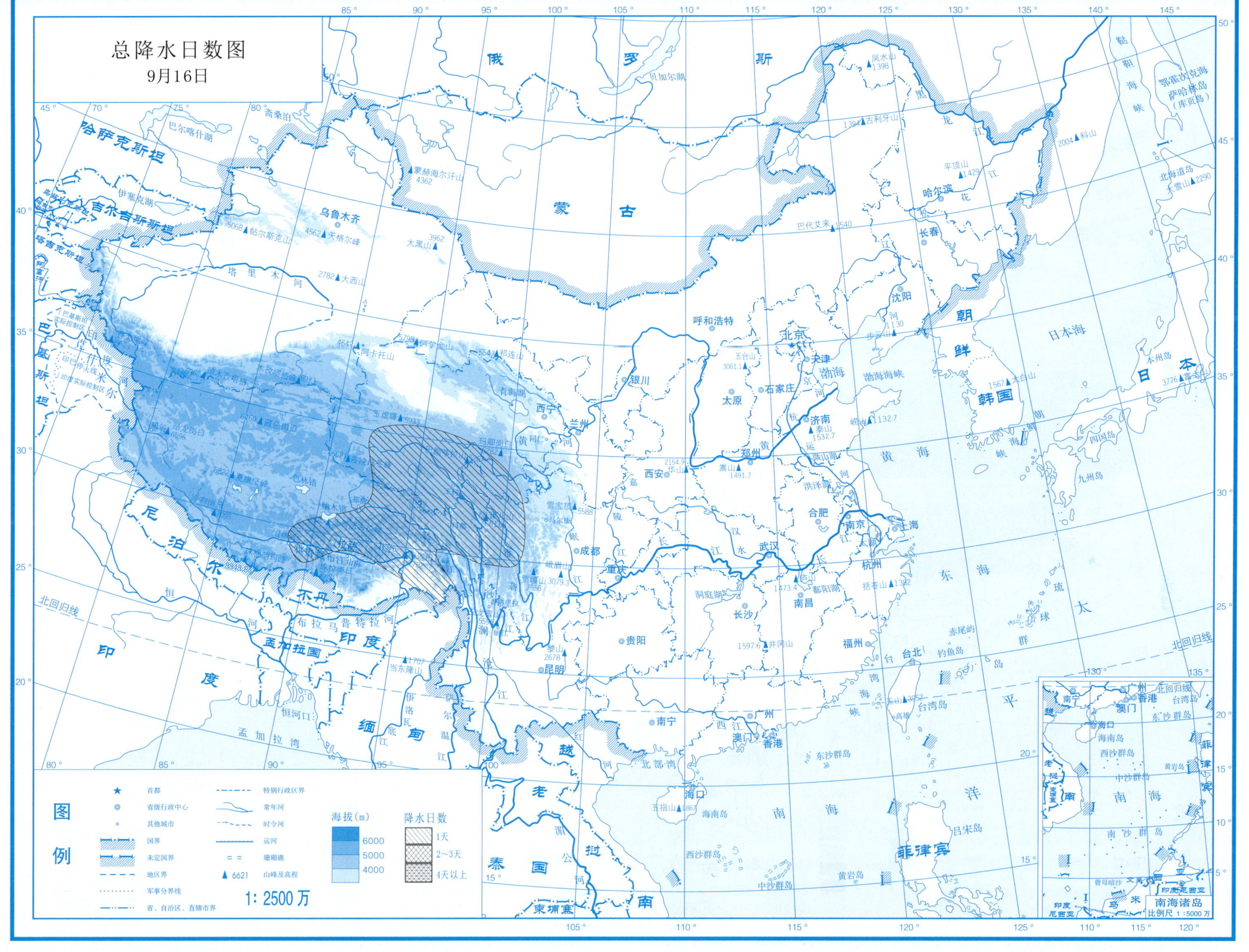

Page...289

高原切变线 第2部分

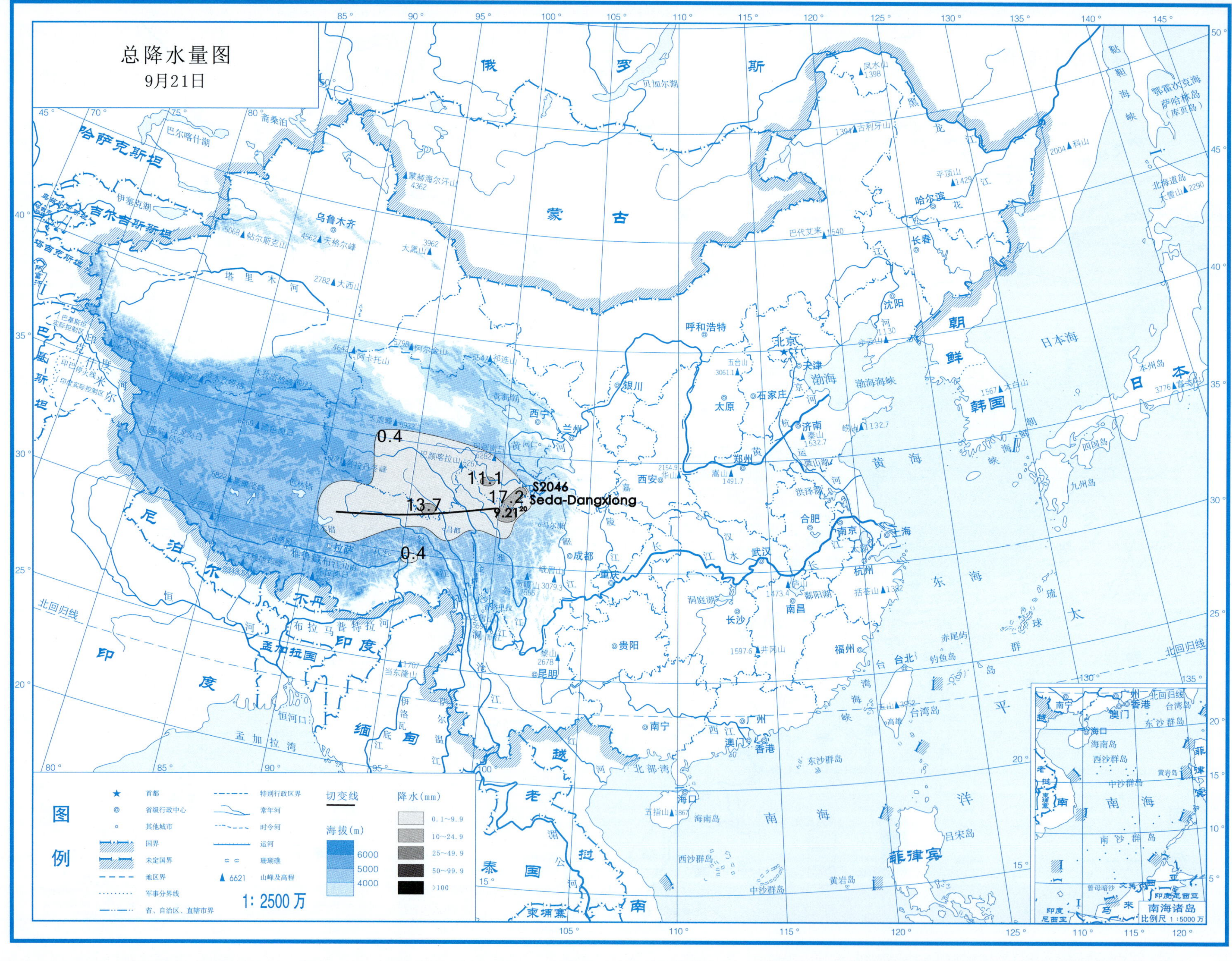
总降水量图
9月21日
0.4
11.1
17.2
13.7
0.4
S2046
Seda-Dangxiong
9.21[20]
图例
首都
省级行政中心
其他城市
国界
未定国界
地区界
军事分界线
省、自治区、直辖市界
特别行政区界
常年河
时令河
运河
珊瑚礁
山峰及高程
切变线
海拔(m)
6000
5000
4000
降水(mm)
0.1～9.9
10～24.9
25～49.9
50～99.9
>100
1:2500万
南海诸岛
比例尺 1:5000万

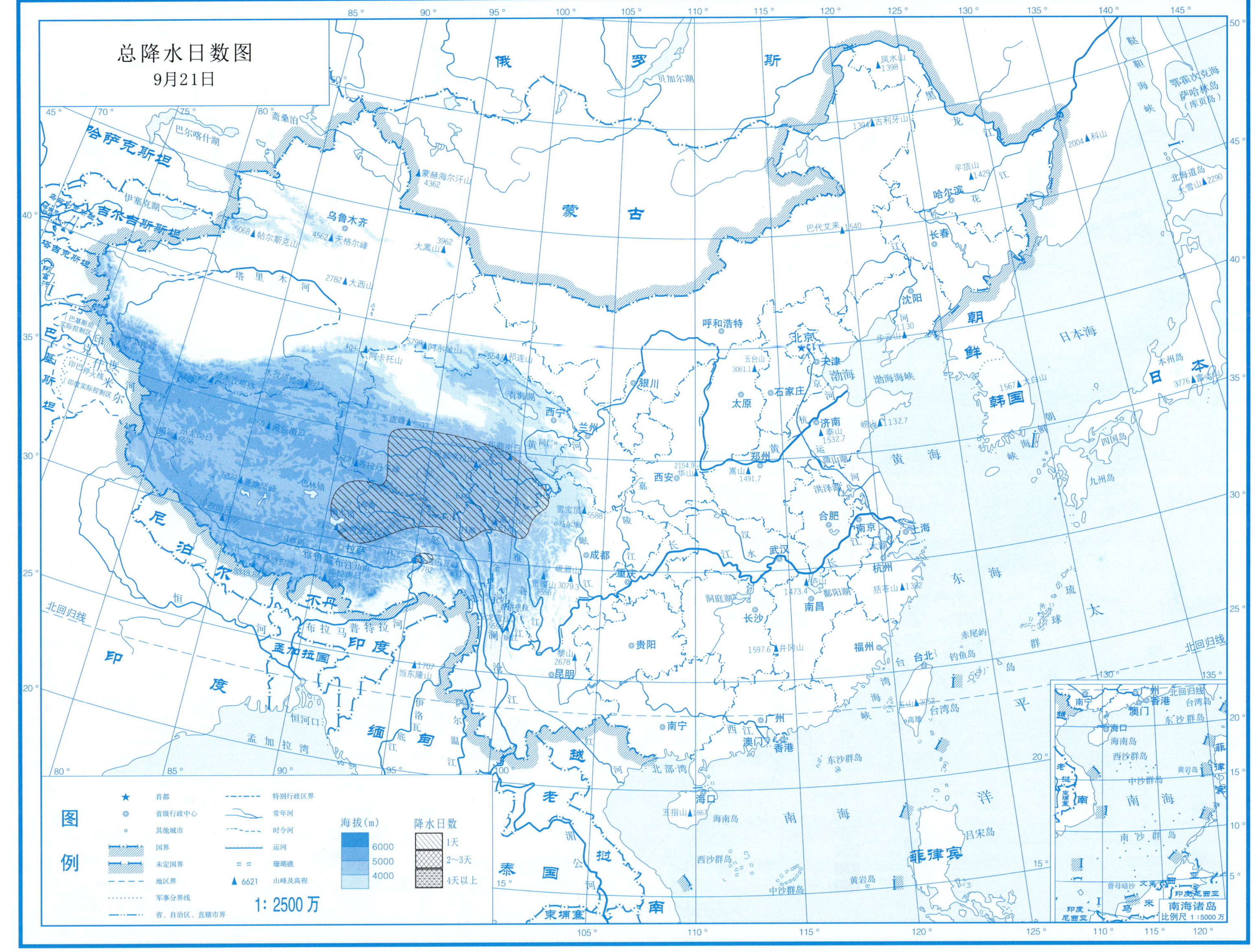

总降水日数图
9月21日
图例
首都
省级行政中心
其他城市
国界
未定国界
地区界
军事分界线
省、自治区、直辖市界
特别行政区界
常年河
时令河
运河
珊瑚礁
6621 山峰及高程
海拔(m)
6000
5000
4000
降水日数
1天
2~3天
4天以上
1: 2500万
南海诸岛
比例尺 1:5000万

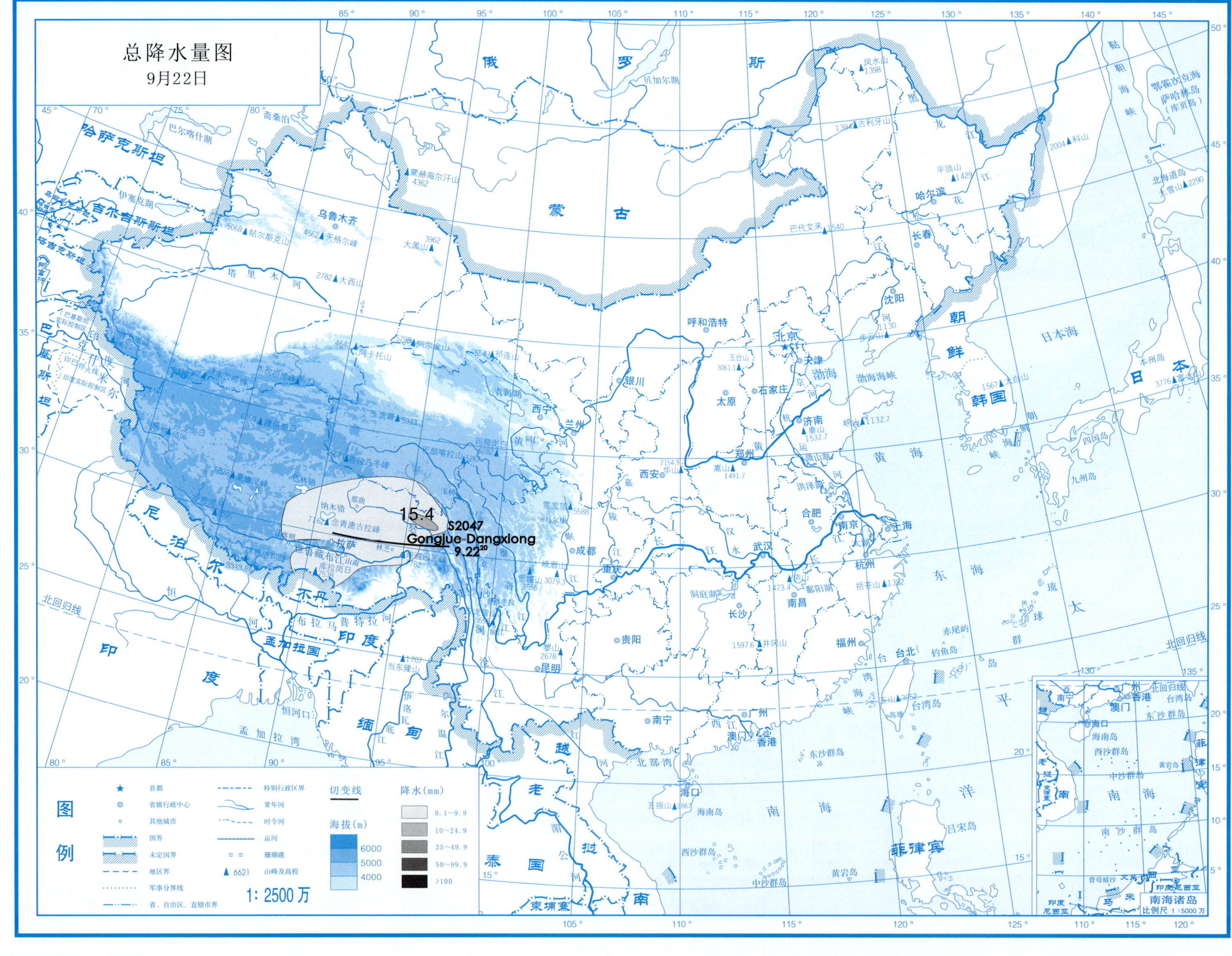

总降水量图
9月22日
15.4
S2047
Gongjue-Dangxiong
9.22[20]
图例
首都
省级行政中心
其他城市
国界
未定国界
地区界
军事分界线
省、自治区、直辖市界
特别行政区界
常年河
时令河
运河
珊瑚礁
6621 山峰及高程
切变线
海拔(m)
6000
5000
4000
降水(mm)
0.1~9.9
10~24.9
25~49.9
50~99.9
>100
1: 2500万
南海诸岛
比例尺 1:5000万

总降水日数图

9月22日

图例

★ 首都
◎ 省级行政中心
○ 其他城市
国界
未定国界
地区界
军事分界线
省、自治区、直辖市界
特别行政区界
常年河
时令河
运河
珊瑚礁
▲ 6621 山峰及高程

海拔(m)

6000
5000
4000

降水日数

1天
2~3天
4天以上

1: 2500万

南海诸岛
比例尺 1:5000万

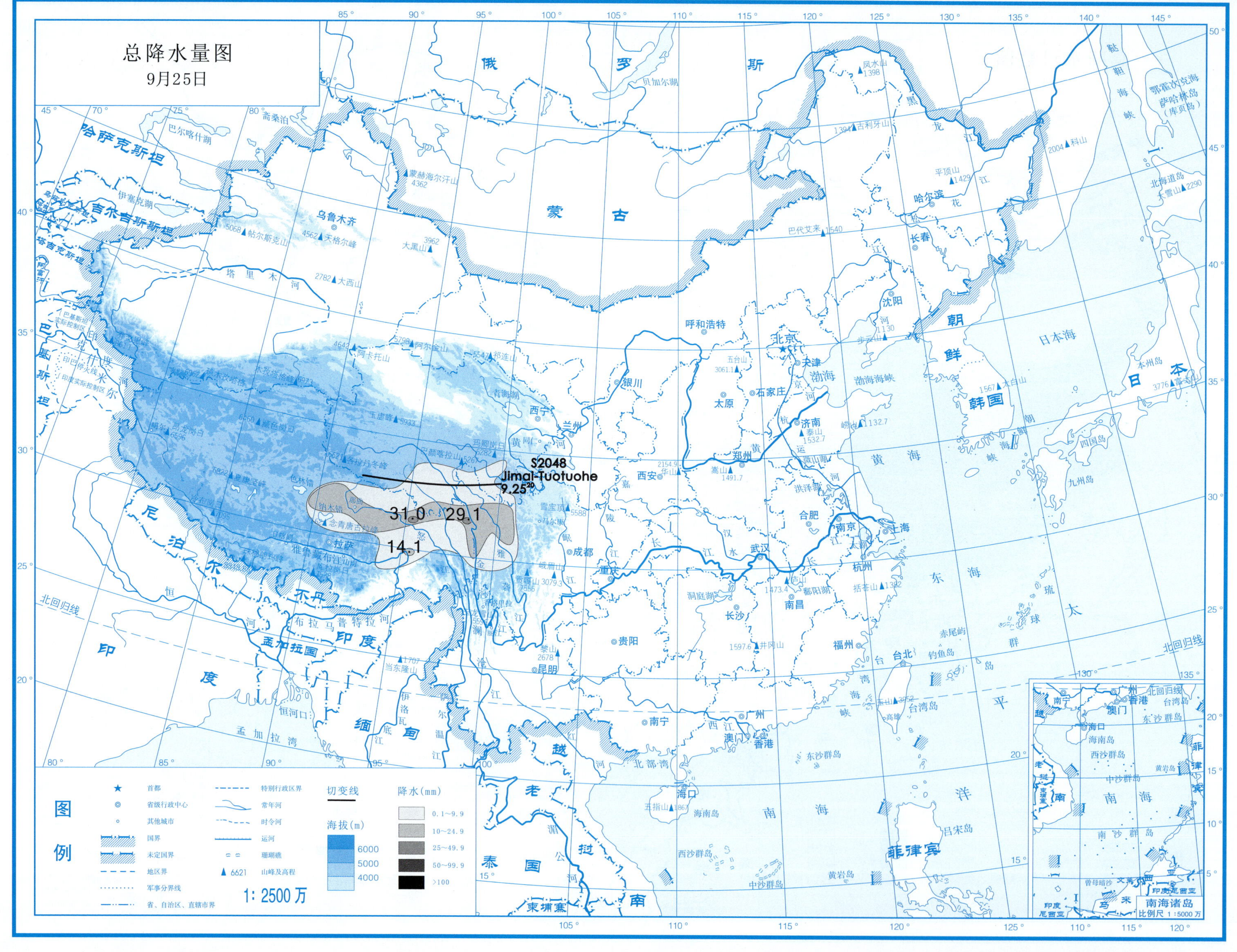

总降水量图
9月25日
S2048
Jimai-Tuotuohe
9.25²⁰
31.0
29.1
14.1
图例
首都
省级行政中心
其他城市
国界
未定国界
地区界
军事分界线
省、自治区、直辖市界
特别行政区界
常年河
时令河
运河
珊瑚礁
6621 山峰及高程
1：2500万
切变线
海拔(m)
6000
5000
4000
降水(mm)
0.1～9.9
10～24.9
25～49.9
50～99.9
>100
南海诸岛
比例尺 1：5000万

总降水日数图

9月25日

图例

- ★ 首都
- ◎ 省级行政中心
- ○ 其他城市
- 国界
- 未定国界
- 地区界
- 军事分界线
- 省、自治区、直辖市界
- 特别行政区界
- 常年河
- 时令河
- 运河
- 珊瑚礁
- ▲ 6621 山峰及高程

海拔（m）
- 6000
- 5000
- 4000

降水日数
- 1天
- 2~3天
- 4天以上

1：2500万

南海诸岛
比例尺 1：5000万

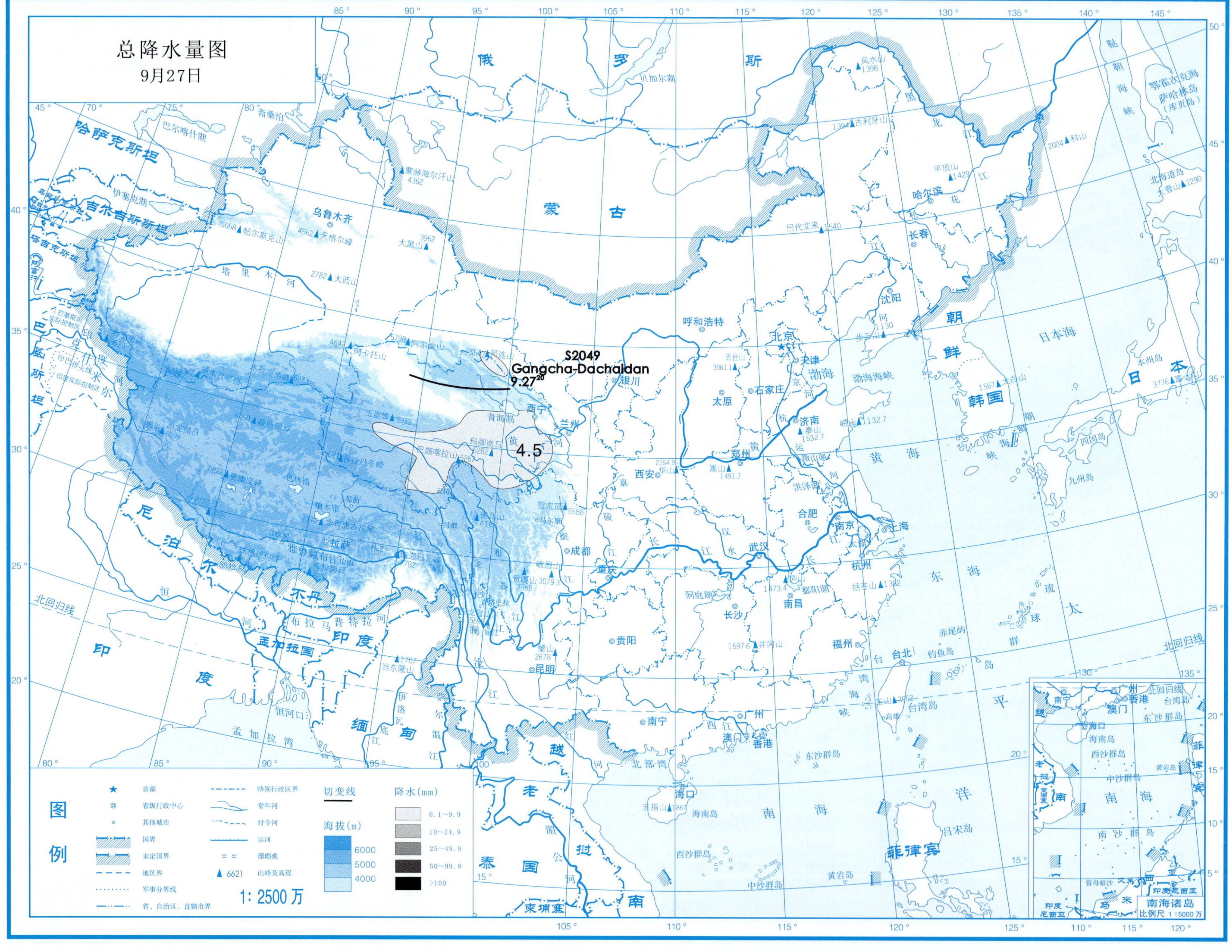
总降水量图
9月27日
S2049
Gangcha-Dachaidan
9.27[20]
4.5
图例
首都
省级行政中心
其他城市
国界
未定国界
地区界
军事分界线
省、自治区、直辖市界
特别行政区界
常年河
时令河
运河
珊瑚礁
山峰及高程
切变线
海拔(m)
6000
5000
4000
降水(mm)
0.1~9.9
10~24.9
25~49.9
50~99.9
>100
1: 2500万
南海诸岛
比例尺 1:5000万

总降水日数图

9月27日

图例

- ★ 首都
- ◎ 省级行政中心
- ○ 其他城市
- 国界
- 未定国界
- 地区界
- 军事分界线
- 省、自治区、直辖市界
- 特别行政区界
- 常年河
- 时令河
- 运河
- 珊瑚礁
- ▲ 6621 山峰及高程

海拔（m）：6000、5000、4000

降水日数：1天、2~3天、4天以上

1：2500万

南海诸岛

比例尺 1：5000万

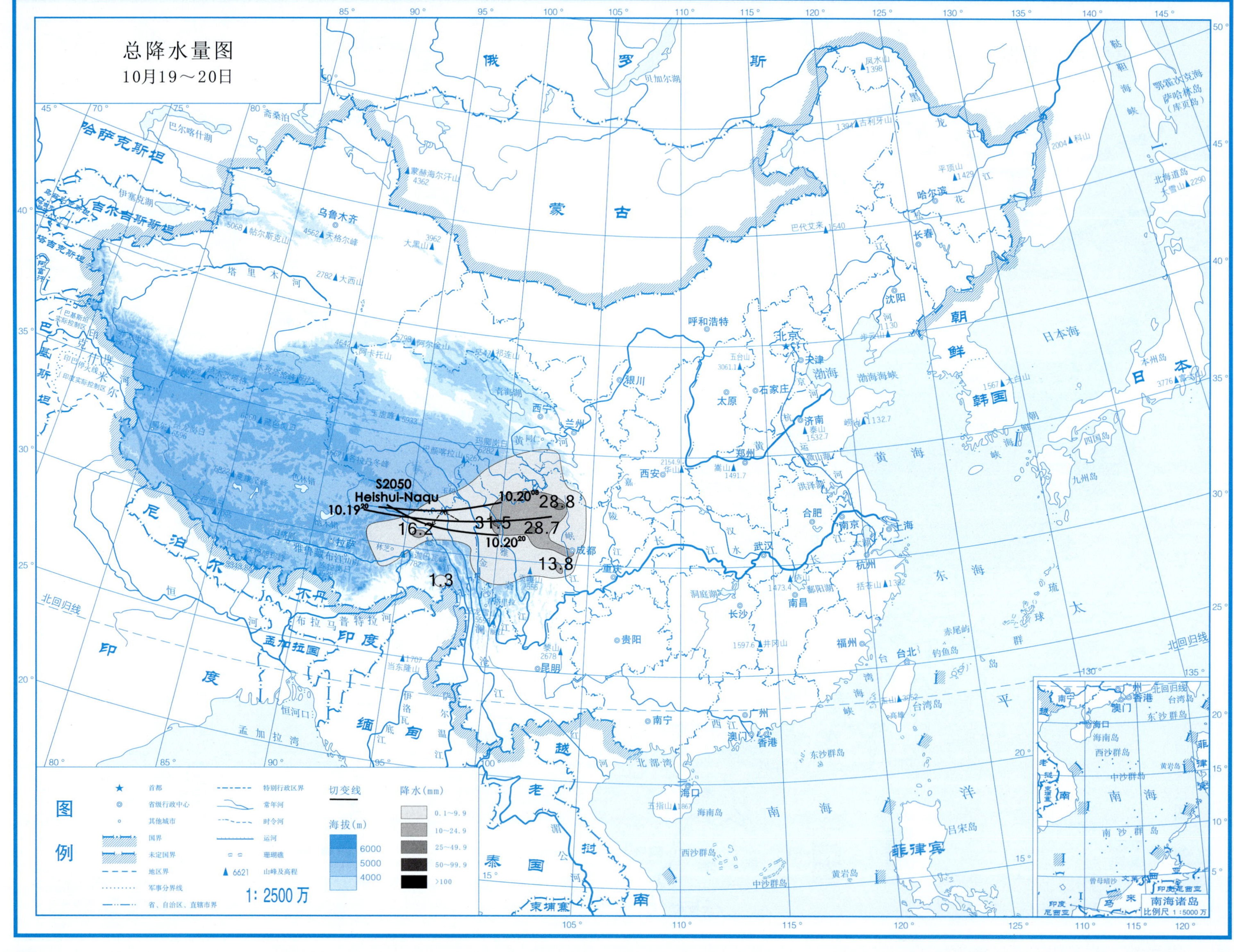

总降水量图
10月19～20日
S2050
Heishui-Naqu
10.19[20]
10.20[08]
10.20[20]
28.8
31.5
28.7
16.2
13.8
1.3
图例
首都
省级行政中心
其他城市
国界
未定国界
地区界
军事分界线
省、自治区、直辖市界
特别行政区界
常年河
时令河
运河
珊瑚礁
山峰及高程
切变线
海拔(m)
6000
5000
4000
降水(mm)
0.1～9.9
10～24.9
25～49.9
50～99.9
>100
1：2500万
南海诸岛
比例尺 1：5000万

总降水日数图

10月19～20日

图例

符号	含义	符号	含义
★	首都	— - —	特别行政区界
◎	省级行政中心	～	常年河
∘	其他城市	- - -	时令河
	国界	——	运河
	未定国界	⊏⊐	珊瑚礁
- - -	地区界	▲ 6621	山峰及高程
······	军事分界线		
—·—	省、自治区、直辖市界		

海拔(m)：6000、5000、4000

降水日数：1天；2～3天；4天以上

1：2500 万

南海诸岛 比例尺 1：5000 万

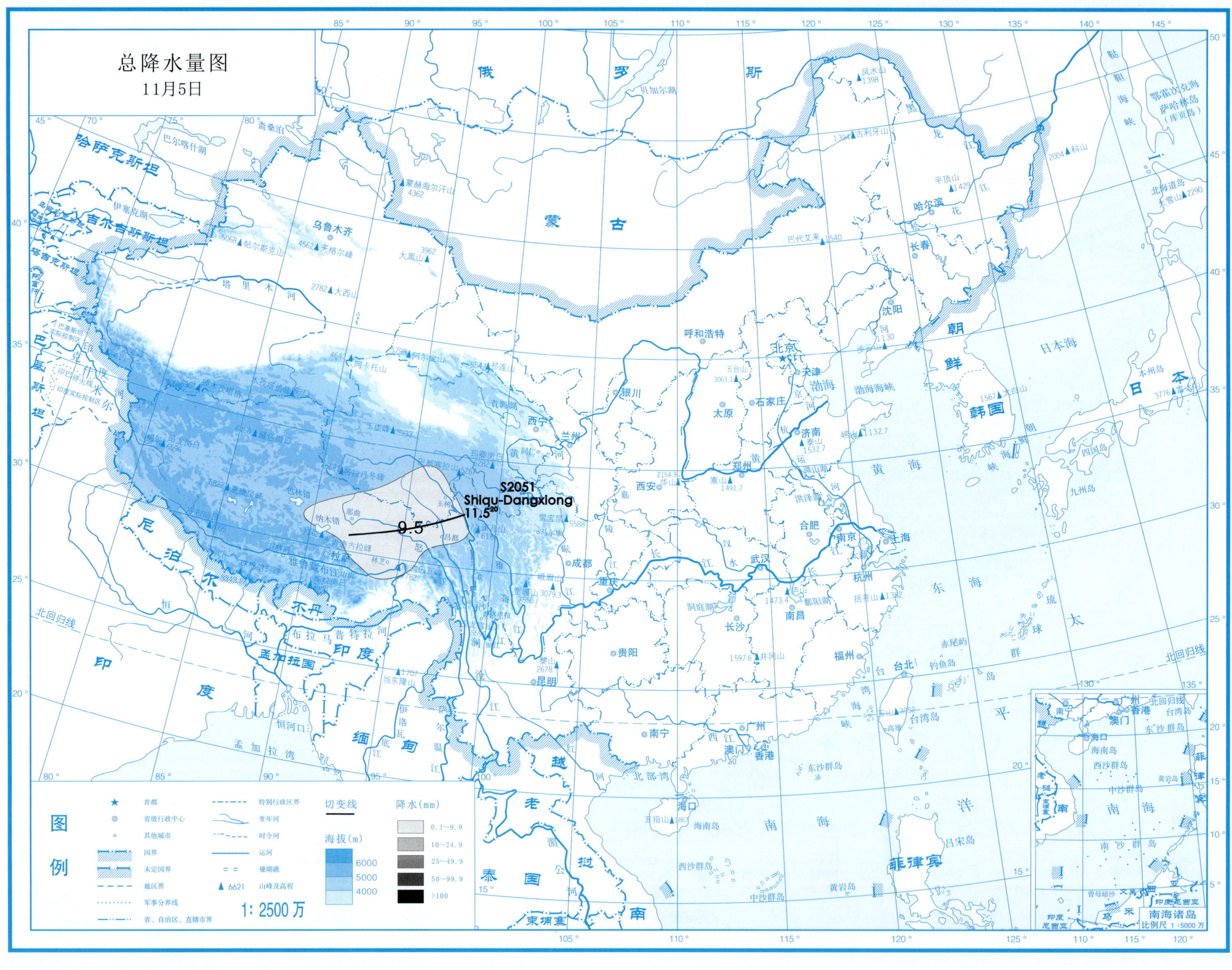

总降水量图
11月5日
S2051
Shiqu-Dangxiong
11.5[20]
9.5
图例
首都
省级行政中心
其他城市
国界
未定国界
地区界
军事分界线
省、自治区、直辖市界
特别行政区界
常年河
时令河
运河
珊瑚礁
6621 山峰及高程
切变线
降水(mm)
0.1~9.9
10~24.9
25~49.9
50~99.9
>100
海拔(m)
6000
5000
4000
1: 2500万
南海诸岛
比例尺 1:5000万

总降水日数图

11月5日

图例

★ 首都
◎ 省级行政中心
○ 其他城市
国界
未定国界
地区界
军事分界线
省、自治区、直辖市界
特别行政区界
常年河
时令河
运河
珊瑚礁
▲ 6621 山峰及高程

海拔(m)
6000
5000
4000

降水日数
1天
2~3天
4天以上

1∶2500万

南海诸岛
比例尺 1∶5000万

高原切变线位置资料表

月	日	时	起点位置		中点位置		拐点位置		终点位置		切变线两侧最大风速	
			东经/(°)	北纬/(°)	东经/(°)	北纬/(°)	东经/(°)	北纬/(°)	东经/(°)	北纬/(°)	北侧 / (m/s)	南侧 / (m/s)
① 1月26日												
(S2001)昌都–拉萨，Changdu–Lasa												
1	26	20	99.2	30.6	95.0	30.4			91.1	30.5	8	10
消失												
② 2月8日												
(S2002)玛曲–沱沱河，Maqu–Tuotuohe												
2	8	20	102.8	34.6	97.5	33.4			92.4	32.8	6	8
消失												
③ 2月20日												
(S2003)兴海–嘉黎，Xinghai–Jiali												
2	20	20	99.2	31.0	95.8	30.5			92.4	30.1	14	10
消失												
④ 3月3日												
(S2004)新龙–当雄，Xinlong–Dangxiong												
3	3	20	100.0	31.0	96.0	30.4			91.8	30.2	8	8
消失												
⑤ 3月16日												
(S2005)松潘–五道梁，Songpan–Wudaoliang												
3	16	20	103.5	32.4	97.3	33.4			91.0	35.9	10	18
消失												

高原切变线位置资料表(续-1)

月	日	时	起点位置		中点位置		拐点位置		终点位置		切变线两侧最大风速	
			东经/(°)	北纬/(°)	东经/(°)	北纬/(°)	东经/(°)	北纬/(°)	东经/(°)	北纬/(°)	北侧 /(m/s)	南侧 /(m/s)
⑥ 3月20日												
(S2006)玉树-安多，Yushu-Anduo												
3	20	20	97.2	32.6	94.5	32.5			91.9	32.7	10	8
消失												
⑦ 4月3日												
(S2007)托勒-五道梁，Tuole-Wudaoliang												
4	3	08	98.0	38.0	94.9	37.5			91.6	36.5	14	8
消失												
⑧ 4月4日												
(S2008)吉迈-察隅，Jimai-Chayu												
4	4	20	100.0	33.0	98.2	31.2			96.3	29.2	8	12
消失												
⑨ 4月10日												
(S2009)兴海-五道梁，Xinghai-Wudaoliang												
4	10	08	99.4	35.1	96.7	34.9			94.0	35.1	8	12
消失												

高原切变线位置资料表(续-2)

月	日	时	起点位置		中点位置		拐点位置		终点位置		切变线两侧最大风速	
			东经/(°)	北纬/(°)	东经/(°)	北纬/(°)	东经/(°)	北纬/(°)	东经/(°)	北纬/(°)	北侧/(m/s)	南侧/(m/s)
⑩ 4月21～24日												
(S2010)刚察–安多，Gangcha–Anduo												
4	21	20	100.0	33.4	96.3	33.3			92.5	33.2	10	12
	22	08	104.3	34.6	98.6	33.5			92.5	32.7	12	16
		20	100.0	32.8	95.9	32.0			92.0	32.3	10	14
	23	08	98.3	32.2	95.0	31.3			91.8	30.8	4	10
		20	100.0	31.0	96.2	30.5			92.1	30.3	8	16
	24	08	97.8	30.4	94.5	29.8			91.7	29.2	6	12
消失												
⑪ 4月27日												
(S2011)贡觉–当雄，Gongjue–Dangxiong												
4	27	20	97.8	32.0	94.6	31.4			91.7	30.8	6	10
消失												
⑫ 4月28～30日												
(S2012)甘孜–安多，Ganzi–Anduo												
4	28	20	100.0	31.4	95.8	32.3			92.2	33.1	6	12
	29	08	103.2	31.5	97.6	31.2			91.3	30.9	6	8
		20	103.9	32.5	98.1	31.0			92.0	30.4	8	10
	30	08	107.2	32.0	100.5	31.0			94.0	32.2	10	10
消失												

高原切变线位置资料表(续-3)

月	日	时	起点位置		中点位置		拐点位置		终点位置		切变线两侧最大风速	
			东经/(°)	北纬/(°)	东经/(°)	北纬/(°)	东经/(°)	北纬/(°)	东经/(°)	北纬/(°)	北侧/(m/s)	南侧/(m/s)
⑬5月10日												
(S2013)石渠–安多，Shiqu–Anduo												
5	10	20	98.3	32.4	95.2	32.6			91.9	33.1	4	12
消失												
⑭5月13日												
(S2014)小金–当雄，Xiaojin–Dangxiong												
5	13	20	102.8	31.3	97.3	30.8			92.0	30.3	10	12
消失												
⑮5月21~22日												
(S2015)色达–拉萨，Seda–Lasa												
5	21	20	100.0	30.7	95.4	30.2			91.1	29.5	6	12
	22	08	98.5	31.2	94.6	30.5			90.8	31.2	8	10
消失												
⑯5月23日												
(S2016)果洛–索县，Guoluo–Suoxian												
5	23	08	98.6	35.2	96.2	33.8			92.9	32.8	8	10
消失												

高原切变线位置资料表(续-4)

月	日	时	起点位置		中点位置		拐点位置		终点位置		切变线两侧最大风速	
			东经/(°)	北纬/(°)	东经/(°)	北纬/(°)	东经/(°)	北纬/(°)	东经/(°)	北纬/(°)	北侧 / (m/s)	南侧 / (m/s)
⑰ 5月30日 (S2017)色达–那曲，Seda–Naqu												
5	30	20	100.0	32.6	96.0	31.8			91.8	31.0	8	8
消失												
⑱ 6月2～3日 (S2018)囊谦–那曲，Nangqian–Naqu												
6	2	08	97.1	32.3	94.3	32.2			92.2	32.6	6	12
		20	100.0	31.0	95.9	31.4			91.8	32.4	8	12
	3	08	100.0	32.5	95.8	32.3			91.7	32.9	10	10
		20	100.0	33.4	96.1	33.1			92.2	33.5	10	8
消失												
⑲ 6月4日 (S2019)德格–沱沱河，Dege–Tuotuohe												
6	4	20	97.8	32.0	94.5	32.7			92.0	33.2	6	8
消失												
⑳ 6月13日 (S2020)石渠–安多，Shiqu–Anduo												
6	13	20	97.8	32.4	94.9	32.3			92.1	32.2	6	10
消失												

高原切变线位置资料表(续-5)

月	日	时	起点位置		中点位置		拐点位置		终点位置		切变线两侧最大风速	
			东经/(°)	北纬/(°)	东经/(°)	北纬/(°)	东经/(°)	北纬/(°)	东经/(°)	北纬/(°)	北侧/(m/s)	南侧/(m/s)
㉑6月18日												
(S2021)托勒-索县，Tuole-Suoxian												
6	18	20	97.2	38.2	96.0	35.0			92.9	32.5	8	12
消失												
㉒6月19日												
(S2022)外斯-丁青，Waisi-Dingqing												
6	19	20	102.5	34.2	99.5	32.9			96.5	31.7	16	10
消失												
㉓6月26日												
(S2023)贵德-五道梁，Guide-Wudaoliang												
6	26	08	102.0	36.0	97.1	35.0			92.8	35.3	6	10
消失												
㉔6月29日												
(S2024)大柴旦-杂多，Dachaidan-Zaduo												
6	29	20	96.3	37.8	95.5	35.2			93.3	32.7	6	6
消失												
㉕7月3日												
(S2025)新龙-索县，Xinlong-Suoxian												
7	3	20	100.0	30.9	97.1	31.5			94.3	32.0	10	10
消失												

高原切变线位置资料表(续-6)

月	日	时	起点位置		中点位置		拐点位置		终点位置		切变线两侧最大风速	
			东经/(°)	北纬/(°)	东经/(°)	北纬/(°)	东经/(°)	北纬/(°)	东经/(°)	北纬/(°)	北侧 / (m/s)	南侧 / (m/s)
㉖7月5日												
(S2026)北川–囊谦，Beichuan–Nangqian												
7	5	20	104.7	32.0	100.5	31.8			96.4	32.0	8	10
消失												
㉗7月9日												
(S2027)玛多–当雄，Maduo–Dangxiong												
7	9	20	96.2	35.2	94.7	32.5			91.2	30.8	12	14
消失												
㉘7月10~11日												
(S2028)曲麻莱–五道梁，Qumalai–Wudaoliang												
7	10	20	96.2	35.0	93.4	35.7			90.5	36.0	18	6
	11	08	97.8	38.5	101.0	36.2			101.9	33.5	12	10
消失												
㉙7月11~12日												
(S2029)德格–当雄，Dege–Dangxiong												
7	11	20	97.9	32.1	94.5	31.1			91.1	30.6	6	16
	12	08	100.0	32.2	96.0	32.3			92.0	32.8	6	12
消失												
㉚7月17日												
(S2030)果洛–当雄，Guoluo–Dangxiong												
7	17	20	99.0	35.0	95.5	32.5			91.6	30.4	12	8
消失												

高原切变线位置资料表(续-7)

月	日	时	起点位置		中点位置		拐点位置		终点位置		切变线两侧最大风速	
			东经/(°)	北纬/(°)	东经/(°)	北纬/(°)	东经/(°)	北纬/(°)	东经/(°)	北纬/(°)	北侧 / (m/s)	南侧 / (m/s)
㉛ 7月24～27日 (S2031)黑水–剑川，Heishui–Jianchuan												
7	24	20	102.5	32.1	101.1	29.5			100.3	27.0	8	6
	25	08	102.6	30.5	102.5	27.3			100.9	25.0	8	8
		20	103.0	32.0	101.4	29.9			99.1	27.8	14	6
	26	08	105.3	28.2	102.5	28.4			98.8	28.5	12	8
		20	105.0	25.8	101.6	25.9			98.3	26.0	18	8
	27	08	108.5	26.0	105.4	24.6			102.2	23.7	14	12
		20	111.4	26.5	107.9	23.4			104.4	21.4	8	12
消失												
㉜ 7月27日 (S2032)西宁–治多，Xining–Zhiduo												
7	27	20	102.1	36.2	98.8	34.5			95.2	33.2	16	10
消失												
㉝ 7月31日～8月1日 (S2033)贵南–当雄，Guinan–Dangxiong												
7	31	20	100.8	36.8	97.9	32.5			92.2	30.5	10	8
8	1	08	101.1	34.0	100.6	30.4			100.2	26.8	10	12
		20	109.4	35.4	105.4	33.9			101.9	32.2	8	14
消失												

高原切变线位置资料表(续-8)

月	日	时	起点位置		中点位置		拐点位置		终点位置		切变线两侧最大风速	
			东经/(°)	北纬/(°)	东经/(°)	北纬/(°)	东经/(°)	北纬/(°)	东经/(°)	北纬/(°)	北侧 / (m/s)	南侧 / (m/s)
㉞ 8月10日 (S2034)民和–那曲，Minhe–Naqu												
8	10	20	102.5	36.9	98.1	33.5			92.0	32.8	10	14
消失												
㉟ 8月19日 (S2035)眉山–察隅，Meishan–Chayu												
8	19	20	104.0	30.0	100.6	29.7			97.0	29.2	8	6
消失												
㊱ 8月22日 (S2036)民和–曲麻莱，Minhe–Qumalai												
8	22	08	102.5	36.0	98.5	35.1			94.7	35.0	6	10
消失												
㊲ 8月23～25日 (S2037)马尔康–华坪，Ma'erkang–Huaping												
8	23	20	103.2	32.0	102.0	29.5			101.0	26.2	10	4
	24	08	105.6	30.7	102.2	28.0			98.5	24.2	12	8
		20	108.2	30.2	104.2	27.6			98.2	24.2	10	10
	25	08	108.2	26.0	105.0	24.0			101.3	22.1	10	14
消失												

高原切变线位置资料表(续-9)

月	日	时	起点位置		中点位置		拐点位置		终点位置		切变线两侧最大风速	
			东经/(°)	北纬/(°)	东经/(°)	北纬/(°)	东经/(°)	北纬/(°)	东经/(°)	北纬/(°)	北侧/(m/s)	南侧/(m/s)
㊳ 8月30～31日 (S2038)道孚–元谋，Daofu–Yuanmou												
8	30	08	100.4	31.2	101.5	28.2			101.3	25.2	12	12
		20	101.5	32.0	101.4	28.0			100.3	24.0	8	8
	31	08	103.2	32.5	102.3	29.8			101.2	27.0	12	8
消失												
㊴ 9月4～7日 (S2039)治多–锋当，Zhiduo–Fengdang												
9	4	20	95.1	34.3	94.3	31.7			92.0	29.3	14	4
	5	08	97.5	32.3	95.2	31.2			92.2	30.3	10	8
		20	104.0	32.1	102.2	30.7			100.0	29.3	14	12
	6	08	107.0	28.7	104.5	27.9			102.0	27.6	8	16
		20	109.4	28.1	106.6	27.2			103.3	25.0	10	12
	7	08	110.2	25.1	107.1	23.9			104.0	22.6	8	10
消失												
㊵ 9月6日 (S2040)沱沱河–错那，Tuotuohe–Cuona												
9	6	08	91.8	33.4	93.1	30.7			92.3	28.1	4	4
消失												
㊶ 9月9日 (S2041)囊谦–安多，Nangqian–Anduo												
9	9	20	97.2	32.3	94.5	32.4			91.5	32.8	6	6
消失												

高原切变线位置资料表(续-10)

月	日	时	起点位置		中点位置		拐点位置		终点位置		切变线两侧最大风速	
			东经/(°)	北纬/(°)	东经/(°)	北纬/(°)	东经/(°)	北纬/(°)	东经/(°)	北纬/(°)	北侧/(m/s)	南侧/(m/s)
㊷9月10日												
(S2042)玛多–沱沱河，Maduo–Tuotuohe												
9	10	20	98.9	35.3	96.2	33.7			92.6	32.6	12	6
消失												
㊸9月11日												
(S2043)仁寿–囊谦，Renshou–Nangqian												
9	11	20	104.3	30.2	99.6	30.8			95.9	32.5	6	6
消失												
㊹9月14日												
(S2044)巴塘–安多，Batang–Anduo												
9	14	20	99.5	30.3	95.1	30.9			92.0	32.3	8	10
消失												
㊺9月16日												
(S2045)新龙–当雄，Xinlong–Dangxiong												
9	16	20	100.0	30.9	95.2	30.4			91.0	30.2	16	14
消失												
㊻9月21日												
(S2046)色达–当雄，Seda–Dangxiong												
9	21	20	99.8	32.5	95.5	31.9			91.2	31.3	14	10
消失												

高原切变线位置资料表(续-11)

月	日	时	起点位置		中点位置		拐点位置		终点位置		切变线两侧最大风速	
			东经/(°)	北纬/(°)	东经/(°)	北纬/(°)	东经/(°)	北纬/(°)	东经/(°)	北纬/(°)	北侧 / (m/s)	南侧 / (m/s)
㊼ 9月22日 (S2047)贡觉–当雄，Gongjue–Dangxiong												
9	22	20	97.4	30.3	94.2	30.2			91.0	30.1	10	12
消失												
㊽ 9月25日 (S2048)吉迈–沱沱河，Jimai–Tuotuohe												
9	25	20	100.0	33.5	96.1	33.2			92.2	33.0	6	14
消失												
㊾ 9月27日 (S2049)刚察–大柴旦，Gangcha–Dachaidan												
9	27	20	100.2	37.8	97.2	37.7			94.2	37.8	4	12
消失												
㊿ 10月19～20日 (S2050)黑水–那曲，Heishui–Naqu												
10	19	20	102.8	32.1	97.7	31.6			92.5	31.4	8	16
	20	08	100.0	32.6	96.8	32.0			93.4	31.6	8	16
		20	100.0	31.1	96.3	31.2			93.7	31.8	10	14
消失												
51 11月5日 (S2051)石渠–当雄，Shiqu–Dangxiong												
11	5	20	98.2	32.4	95.1	31.6			92.1	30.8	10	14
消失